HZ BOOKS

華 章 圖 書

智能科学与技术丛书

Mobile Sensors and Context-Aware Computing

移动传感器与情境感知计算

[美] 玛尼什·J. 贾加（Manish J. Gajjar）◎ 著

陈彦如 张媛媛 陈良银 ◎ 译

机械工业出版社
China Machine Press

图书在版编目（CIP）数据

移动传感器与情境感知计算 /（美）玛尼什·J. 贾加（Manish J. Gajjar）著；陈彦如，张媛媛，陈良银译 .
—北京：机械工业出版社，2019.7
（智能科学与技术丛书）
书名原文：Mobile Sensors and Context-Aware Computing

ISBN 978-7-111-63300-6

I. 移… II. ① 玛… ② 陈… ③ 张… ④ 陈… III. 智能传感器 – 研究 IV. TP212.6

中国版本图书馆 CIP 数据核字（2019）第 154373 号

本书版权登记号：图字 01-2018-4800

注意

　　本书涉及领域的知识和实践标准在不断变化。新的研究和经验拓展我们的理解，因此须对研究方法、专业实践或医疗方法作出调整。从业者和研究人员必须始终依靠自身经验和知识来评估和使用本书中提到的所有信息、方法、化合物或本书中描述的实验。在使用这些信息或方法时，他们应注意自身和他人的安全，包括注意他们负有专业责任的当事人的安全。在法律允许的最大范围内，爱思唯尔、译文的原文作者、原文编辑及原文内容提供者均不对因产品责任、疏忽或其他人身或财产伤害及 / 或损失承担责任，亦不对由于使用或操作文中提到的方法、产品、说明或思想而导致的人身或财产伤害及 / 或损失承担责任。

出版发行：机械工业出版社（北京市西城区百万庄大街 22 号　邮政编码：100037）
责任编辑：张志铭　　　　　　　　　　　　责任校对：李秋荣
印　　刷：大厂回族自治县益利印刷有限公司　　版　　次：2019 年 9 月第 1 版第 1 次印刷
开　　本：185mm×260mm　1/16　　　　　　印　　张：14.5
书　　号：ISBN 978-7-111-63300-6　　　　　定　　价：99.00 元

客服电话：(010) 88361066　88379833　68326294　　　投稿热线：(010) 88379604
华章网站：www.hzbook.com　　　　　　　　　　　　读者信箱：hzjsj@hzbook.com

版权所有·侵权必究
封底无防伪标均为盗版
本书法律顾问：北京大成律师事务所　韩光 / 邹晓东

本书旨在介绍移动计算和传感器生态系统领域的基础知识，以及多个行业的示例。移动计算是指当用户在移动中使用各种类型的计算设备进行交互时发生的计算。通过硬件、软件、通信协议等组件，可以进行用户到计算机、计算机到计算机间的通信与计算。对于移动计算，情境可以被定义为围绕用户或设备的环境或情况，可用于认证用户或设备的身份、定位、授权数据以及提供服务等。情境感知计算能够感知计算设备、计算基础设施或用户情境。由于用户在计算或连接时处于移动状态，通常需要对这些设备的空间、重量和形状因素施加限制，因此引入了传感器技术。传感器生态系统由许多重要的组件、参与者、支持技术（如传感器类型和无线协议）、制造商、开发人员、市场和消费者组成。传感器及传感器技术在丰富用户体验方面起着关键作用，可为用户提供个性化服务。今天，传感器类型和可用性变得更加复杂，可以在平板电脑、可穿戴设备、智能手机甚至传统的笔记本电脑和台式机等设备上实现大量的情境感知计算。因此，为了做出智能决策、预测用户操作和更改设备功能，情境感知正成为各种计算设备和应用程序的必要条件。

本书介绍了如何将硬件、软件、传感器和操作系统融合起来，以创建新型情境感知移动应用，并结合移动计算展示了创新的移动和传感器解决方案。本书作者 Manish J. Gajjar 是 Intel 公司传感器解决方案的早期原型平台架构师和技术项目主管。本书从传感器和情境计算的基本概念开始介绍，图文并茂、概念清楚、深入浅出，不仅适合计算机从业者，对非专业领域的读者来说也非常友好。

本书的翻译工作由陈彦如、张媛媛和陈良银共同完成，在翻译过程中得到了许多学生的帮助，对此，译者深表感谢。关于书中的术语，译者尽量采用中文已有的对应术语，对于部分没有标准译法的术语，译者尽力采用贴切的名称来反映原文。译者力求还原作者本意，但限于时间与水平，翻译错误和不当之处在所难免，敬请各位读者加以指正。

此外，译者致力于提供物联网解决方案，详情参阅 www.scu-iot.com，邮箱 chenliangyin @scu.edu.cn。

　　如今，科学技术正在各个领域快速发展，诸如虚拟现实、混合现实、无人机、自动驾驶、人工智能、电子游戏等呈现百花齐放之状。对于所有这些应用而言，传感器以及传感器技术在从根本上丰富用户体验的过程中起着关键作用，并且让用户真正成为所有操作或应用的核心。例如，在先进无人机、摄像头与计算机技术的结合下，虚拟现实在搜索和救援任务中可以帮助人们挽救生命；或者确保救援人员在安全距离下进行危险地区的勘察，进而确保救援人员的安全；还可以协助跨国汽车公司模拟和环视他们正在开发的引擎，就好像与引擎在同一个房间一样。

　　在我 20 余载的 Intel 硬件开发、验证和原型设计的工作生涯中，有幸能够接触传感器这样一个令人激动的领域。如今，业界有不同的传感器相关技术的实施架构。在试图理解这些概念和技术时，我发现有必要记录和梳理这个领域的基本概念，以便推动产品规划、架构、开发、原型设计和验证。

　　本书旨在向读者介绍快速增长的移动计算和传感器生态系统领域的基础知识，包括该领域的各个方面，如传感器和传感器使用、传感器平台、软硬件融合体系结构、原型设计架构和产品生命周期等增强用户体验的内容。

　　随着任何新技术的转变，在驱动新技术主流所需的其他生态系统之前，硬件通常都是市场上的首选。本书强调了软硬件协同的重要性以及原型平台的使用，通过相互配合，以降低总体成本并缩短上市时间。

　　我在加利福尼亚州立大学任职期间意识到参考书的重要性，因此本书旨在用作研究生或本科选修课程的综合参考。本书也适用于研究人员，以及对研究和开发活动感兴趣，并希望将不同智能传感器技术领域的经验和情境感知计算结合起来以作为参考的计算机从业者。

我将这本书献给我的父母，他们的决心、牺牲和奋斗为我提供了最好的生活环境，这也是支撑我今天所做的一切的原因。我的父亲是一位退休的物理和电子学教授，一直是我的指路明灯、朋友和榜样。我的母亲是我的第一位老师，是我一生灵感和动力的强大源泉。我向他们鞠躬致敬，并愿来世还能成为他们的孩子。我也想感谢我可爱的妹妹 Jigisha，她和我的父母一起努力克服生活中的每一个障碍，为我铺平了成功的道路。

我很感谢 Suresh Vadhva 博士（美国加州州立大学萨克拉门托分校计算机体系结构与软件工程系教授）和 S.K. Ramesh 博士（美国加州州立大学北岭分校工程与计算机科学院院长）。他们在大学里无私地培养了我，并且在职业生涯中也一直为我提供指导。他们使我有能力为 Intel 做出贡献，并在加利福尼亚大学担任教师／行业顾问。我还要感谢学校的所有老师和教授。

我要感谢所有的审稿人、指导者、行业技术专家和 Intel 的管理者，他们使我能更好地为大家展示本书的内容。

特别感谢我生命中不可缺少的朋友 Tushar Toprani 博士，如果没有他，我将无法度过人生的困境。我还要感谢所有在关键时刻给予我支持的朋友。

最后，感谢我的妻子 Neeta、儿子 Aryan 和女儿 Amani 给了我一个美好的家庭。

目　录

绪　　论

本章内容
- 移动计算的定义
- 移动计算系统面临的约束与挑战
- 历史视角与市场影响
- 市场趋势与发展领域

1.1　移动计算的定义

移动计算（mobile computing）是指当用户在移动中使用各种类型的计算设备进行交互时发生的计算。硬件组件（如计算芯片、各种传感器与 I/O 设备）、软件组件（如与底层硬件通信的程序、设备驱动程序、应用程序以及支持通信协议的软件堆栈）以及通信协议（如 Wi-Fi 协议和超文本传输协议（HTTP）等）是移动计算的一些主要组件。通过这些组件，可以进行用户到计算机或计算机到计算机间的通信与计算。

以下是移动计算的三大主要分支：

- **手机**：手机主要用于语音通信，但随着智能手机的出现，通过 Wi-Fi 或其他无线网络，手机可以进行应用程序、游戏和数据访问等计算，计算能力也越来越强。
- **便携式计算机**：便携式计算机是仅具有基本计算组件和 I/O 端口的设备。它去除了诸如磁盘驱动器之类的不重要的 I/O 设备，转而使用紧凑型硬盘驱动器等，使其重量比台式机轻。当然在必要时可通过 USB 和 Firewire 等额外连接端口来连接外部 I/O 驱动器或其他设备。这些小巧轻便的计算机具有全字符集键盘和操作系统，如 Windows、Android 和 Mac OS 等。便携式计算机包括笔记本电脑、平板电脑等。
- **可穿戴计算机**：这些移动计算设备可以通过无线通信协议连接到外部世界网络，并且具有时尚价值。这些设备具备感应、计算、运行应用程序、发送通知以及连接等功能。例如手表、手环、项链、无键植入物等，它们可以接受语音命令，或感测各种环境或健康参数，并与移动电话、便携式计算机或互联网进行通信。

让我们评估一下移动计算设备与其他计算设备的差异，如表 1-1 所示。

表 1-1　不同形式的移动计算设备的快速比较

	智能手机	平板电脑	笔记本电脑	可穿戴设备
主要用途	语音通信、短信	上网、视频聊天、网络社交	计算，但不能拨打电话（需要使用 VOIP 或软件来拨打电话）	时尚 + 感测环境或健康参数
特点	屏幕上的虚拟键盘	屏幕上的虚拟键盘	全键盘（包括虚拟键盘）、更好的多媒体体验、更大的屏幕	传感器、没有键盘、没有多媒体（如果有，屏幕非常小）
连接	Wi-Fi、3G/4G 等	Wi-Fi、3G/4G 等（有时需要额外成本）	Wi-Fi，但 3G/4G 等连接会带来额外成本	Wi-Fi、语音网络（3G/ 4G 等）

（续）

	智能手机	平板电脑	笔记本电脑	可穿戴设备
用途	拨打电话、上网、拍照、拍摄视频、与朋友聊天、网络社交	连接和基本计算、观看视频、网络社交	基本的计算功能，在网上观看视频和收听 MP3 歌曲，拍照或拍摄视频，网络社交，播放 CD 或 DVD	在用户周围感测、计算以及报告用户的健康或环境参数
形态	便携，可以放在口袋里	比手机重，但比笔记本电脑更轻更小	较重，拥有更大的屏幕和更多的 I/O 设备（如 CD 或 DVD 驱动器）	取决于设计师的形状设计，用户可以穿戴
应用程序	分为 Apple iOS、Android 和 Windows；按需下载其他自定义应用程序	Apple iOS、Android、Windows、Linux；按需下载其他自定义应用程序	几乎可以运行所有桌面软件和操作系统	用于收集、计算和报告传感数据的自定义操作系统和应用程序

1.2　移动计算系统面临的约束与挑战

由于用户在计算或连接时正处于移动状态，通常需要对这些设备的空间、重量和形状因素施加限制，因此移动计算设备的体积比传统台式机小，而体积的限制又会对设备的技术和设计增加约束。以下简单列出了一些约束。

1.2.1　资源不足

计算机系统需要各种组件来处理、计算或连接外部设备，因此计算机系统中的（或连接到计算机系统的）任何设备都是资源。这些资源可以是物理或虚拟组件，包括 CPU、RAM、硬盘、存储设备、各种 I/O 设备（如打印机）以及连接组件（如 Wi-Fi 或调制解调器）。然而移动计算设备的资源是有限的，例如，屏幕和键盘很小、I/O 连接和 RAM 较少、电力存储不足等，这都会使得它们的使用、编程和操作具有挑战性。

我们可以通过使用输入、存储、数据处理等替代方法来缓解资源的限制。例如，可以使用语音或手写识别替代键盘输入，可以使用云存储代替硬盘，云计算也可用于其他计算处理，从而节省设备 CPU 的电量消耗。不过，这些方法需要设备具有高效的通信功能。

1.2.2　低安全性和低可靠性

所有计算设备都有重要的资源且存储着有价值的数据和程序，所以通过用户识别和认证来保护对这些计算资源和数据的访问是非常重要的。在执行相关的隐私准则和协议时，应该部署适当的安全机制来保护底层数据和应用程序。由于设备大多处于移动状态，非法设备可能使用无线信道、公共资源或网络轻松地访问这些移动系统，因此移动设备的安全问题变得越来越具有挑战性。

随着智能手机使用的爆炸式增长，很多个人信息被保存在智能手机中。用户使用智能手机进行通信、规划、组织活动以及访问和处理金融交易。

因此，支持这些功能的智能手机和信息系统会携带越来越多的敏感数据，从而引发新的安全风险，同时增加隐私访问和处理的复杂性。

一些安全风险的来源如下：

- 通过消息系统，如短信、彩信。
- 通过连接渠道，如 Wi-Fi 网络、GSM。

- 通过软件或操作系统漏洞进行外部攻击。
- 通过恶意软件和欺骗用户。

一些缓解措施如下：

- 使用加密方法（有线等效保密：WEP；Wi-Fi 保护访问：WPA/WPA2）。
- 使用 VPN 或 HTTPS 访问 Wi-Fi/Internet。
- 只允许已知的 MAC 地址加入或连接到已知的 MAC 地址。

1.2.3　间断性连接 [1]

移动计算设备可能会远离各种通信基础设施（如 Wi-Fi 或互联网）相当长的一段时间。但是，要访问存储在远程位置的数据和程序，即使只是间断性连接，也必须要为其提供相应的支持。这种间断性连接需要一种不同类型的数据传输机制，可以处理电源管理、数据包丢失问题等。

移动设备需要缓冲数据，以应对仅可以与网络进行间断性连接的情况。为防止数据丢失，移动设备中的数据传输机制需要处理比网络连接更频繁地生成或接收数据的任务，还可能存在中断、干扰、停机等，进而导致通信链路中断。电力不足也可能导致设备断开通信。在这种情况下，移动设备及其数据传输机制应该能够高效地管理所有的可用资源和连接，同时避免用户数据丢失。

移动设备还应该能够处理和部署额外的机制，以支持通信协议之间的互操作性（速率、路由和寻址方法），因为它可能会在设备传输期间从一种协议动态移动到另一种协议。

1.2.4　能耗限制 [2]

由于缺乏体积更小、资源更紧凑的电源来满足电力存储、复杂的数据管理、安全要求以及连接性要求，因此能源可用性和电池寿命成为移动设备的关键约束。

此外，移动设备使用耗电的传感、存储和通信功能，同时也具有一些非常严格的功耗和散热要求。这些设备没有风扇，有表面积限制，且经常与用户皮肤紧密接触，因此它们的峰值功耗需要受到限制，以保证用户体验不会受到设备温度的影响。这进一步强调了为什么电源管理和电池寿命是移动设备的关键设计参数。

针对这些挑战的解决方式包括强调平台电源优化和用户体验优化的电源管理：

- **平台电源优化**：电源管理政策应包含移动平台的可用硬件资源，并管理其运行以提高能效。
- **用户体验优化**：移动设备的使用从 CPU 或图形密集型使用扩展到传感器使用。各种基于位置的服务和应用需要传感器（如加速度计、陀螺仪和摄像头）的支持。使用触摸功能的应用程序需要从功耗管理状态中快速退出，而游戏应用程序需要更高的吞吐量和更亮的显示。电源管理系统应考虑这些使用情况以及相应的系统响应要求。

因此，移动设备需要能够提供各种低功耗状态以及能量感知操作系统和应用的硬件资源。硬件和软件都应该是智能的，以便将用户交互、传感器输入、计算和协议优化及其动态行为或负载结合起来。

1.3　历史视角与市场影响

以下是影响移动计算的一些关键因素，其中一些因素也影响移动计算的形式。

1.3.1   增强用户体验

移动计算改变了我们的连接方式：怎样连接到不同的地理位置、不同的文化、不同的用户以及使用怎样的过程。它改变了我们基于各种传感应用和基于位置的服务来收集、交互和处理信息的方式。移动计算增强了我们对数字世界的认知，并将数字世界与我们的物理世界融为一体；它增加了我们对传统独立式和固定式计算机的计算能力，同时使我们能够将这种增强的计算体验带到任何需要的地方。

改进应用程序以利用硬件资源：许多领先的供应商（如 Apple 和 Google）都提供了大量扩展智能手机和其他移动设备功能范围的应用程序，例如使用智能手机后置摄像头来测量心率的应用程序。这些应用程序使用硬件来实现主要功能以外的其他功能，从而将移动设备的功能扩展到传统应用之外。

1.3.2   改进相关技术

随着技术的改进，移动设备现在具有更长的电池寿命、更快的处理器、更好的用户体验度、更轻便的制造材料、更高能效且更灵活的显示器和更高带宽的网络。这些设备还拥有众多传感器，如生物识别传感器、温度和压力传感器、污染传感器和位置传感器。另外还有红外键盘、手势和回放跟踪传感器、增强的人工智能以及情境感知用户界面。所有这些功能都可以增加视频、图像、文本等的清晰度，随之出现了新的使用方案和应用程序，从而可以制作出各种形状和设计风格的移动设备。

1.3.3   新的影响因素

用户与移动设备的交互方式以及用户使用移动设备的方式都将随着底层技术的进步而改变。例如，用户必须每天多次（通常每天 150 次）从口袋中掏出智能手机来满足日常使用，但随着时间的推移，可穿戴设备用户量增加，与智能设备的交互将变得更加容易。同时，从移动设备上传的数据量和内容也在以惊人的速度增长，上传的内容包括图像、视频、音乐等。随着可穿戴设备（如 Nike Fuel 和 Google Glass）的使用日益增多，更多与健身、财务、位置服务等有关的个人数据将被上传。

1.3.4   新增的连接项 / 计算项

现在，通过蜂窝移动网络、无线局域网、蓝牙、ZigBee、超宽带网络、Wi-Fi 和卫星网络等手段可以获得大量的无线连接；此外，随着云计算的诞生，用户还可以获得共享资源和连接，而无须再被绑定到特定的位置或设备以上传、访问或共享数据。个人和企业用户可以使用多种连接和"共享计算"，在这些网络上添加更多的移动设备或计算设备，以提高其可移动性并降低商业或个人的数据共享成本。

1.4   市场趋势与发展领域

移动计算设备的发展有三个基本的驱动因素：新传感器技术和产品、传感器融合以及新应用领域。

1.4.1   新传感器技术和产品 [3-5]

传感器是移动设备功能增长的基础。诸如麦克风、摄像头、加速度计、陀螺仪和磁力计等移动 MEMS（微电子机械系统）传感器的技术进步和功能增强，使导航、环境感知、基于位置的服务和移动增强现实等在移动计算设备中得以实现。

　　摄像机和显示技术在触摸传感器、灵活且高效节能的显示器方面展现出相当大的创新性，这些显示器为图像、视频乃至 3D 感知提升了真实感。例如，使用多台摄像机来跟踪用户的眼球运动，以突出显示屏的相关部分，同时屏蔽显示屏其他部分中"不需要"的文本或图像。

　　还有一些新的可穿戴技术纷纷涌现，特别是与健康和健身相关的技术，这些技术极大地依赖于测量身体温度、压力、湿度、身体活动和其他关键方面的传感器。

　　预计到 2019 年[⊖]，全球可穿戴计算设备市场[6]（可穿戴设备）将达到 1.261 亿个的规模，终端用户对可穿戴设备的接受程度越来越高，越来越多的设备供应商将会进入市场。

　　目前市场分析主要有以下内容：
- 2019 年不运行第三方应用的基础可穿戴设备将达到 5230 万个。
- 运行第三方应用程序的智能可穿戴设备的增长速度将高于基础可穿戴设备，预计 2019 年将达到 7380 万个。
- 到 2019 年，腕戴式可穿戴设备将占所有可穿戴设备出货量的 80%。
- 到 2019 年，全球可穿戴设备市场的收入预计将达到 279 亿美元。

未来 5 年市场分析可能受到以下潜在情境的影响：
- 移动市场到达平稳状态，PC 市场重获牵引力，MEMS 市场冷却。这看上去似乎不太可能，但 5 年前没有人预测到 PC 市场会像现在这样停滞。
- 可穿戴设备起着很大的促进作用，从 Google Glass 到 Kindle Glass 和 iGlass，为 MEMS 传感器带来了更大的提升。
- 新型器件出现，推动对 MEMS 的需求。

图 1-1 展示了基础和智能可穿戴设备的全球占有量。

图 1-1　2017 ～ 2019 年按产品类别划分的全球可穿戴设备出货量[7]

图 1-2 显示了基础和智能可穿戴设备的全球平均售价（ASP）。

⊖　由于本书英文版出版于 2017 年，因此书中的预计内容都是立足于 2017 年来考虑的。——编辑注

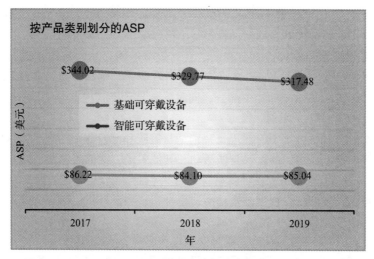

图 1-2   2017 ～ 2019 年按产品类别划分的全球可穿戴技术 ASP [7]

图 1-3 显示了基础和智能可穿戴设备的全球设备收入。

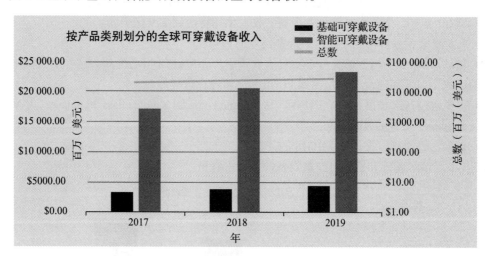

图 1-3   2017 ～ 2019 年按产品类别划分的全球可穿戴设备收入 [7]

1.4.2　传感器融合

传感器融合（sensor fusion）[7] 是对来自不同传感器的数据进行合并的过程，使得最终输出数据所传递的信息比每个传感器所传递的信息都要多。

由于无法完全利用和重新定义固有传感器的功能，今天的智能手机和平板电脑并不是完美的传感平台。如今，制造商试图保持产品紧凑和价格竞争力，且因为传感器受到磁性异常、温度变化、冲击和振动等不利影响，底层传感器的可靠性受到损害。

开发人员可能会认为传感器数据不准确或不可靠，并且避免开发需要使用或增强底层传感器数据的应用程序。以下是影响传感器数据准确性和可靠性的两个依赖关系：

- **带有传感器的移动设备的操作系统**：Android、iOS 和 Windows Phone 可能不适合处理实时任务，例如按需传感器采样。因此传感器样本上的时间戳是不可靠的。
- **传感器数据的过滤和死区**：如今的传感器数据使用低通滤波和死区方法进行处理，

这些方法可能会丢弃其他有用的数据，从而使传感器的可靠性降低，响应能力变弱。（死区是不会发生任何动作的。）

例如，陀螺仪有很多误差源，其中一个误差源是陀螺仪偏置，偏置是陀螺仪在没有任何旋转时的信号输出，代表旋转速度。这种偏置会随着温度、时间、噪声等变化而变化。当设备处于静止状态时，带有 XY°/s 偏置的陀螺仪可能会产生旋转误差（如图 1-4 所示）。

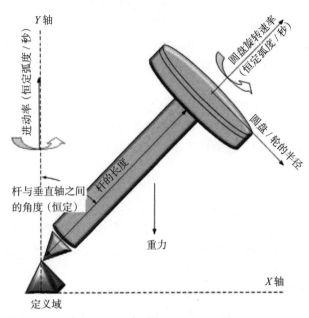

图 1-4　陀螺仪的基本知识[8]

磁力计测量地球的磁场，其读数用于计算刚体的航向，但是它也存在导致航向误差的错误（例如来自传感器中磁性材料和传感器内部磁性部件的噪声，或者附近铁质物体的噪声等）。

加速度计测量重力加速度，这是物体相对于自由落体所经历的加速度，也是人和物体感受到的加速度；但它也有偏差，这种偏差是理想的 0g 输出和传感器报告的 0g 输出之间的差异。在一个完美的水平面上，如果没有偏置误差，那么传感器输出将读取 X 轴和 Y 轴上理想的 0g 偏置电压，以及 Z 轴上的 +1g 输出电压，但由于偏置误差，会显示其他值而非理想值。

可见，每个单独的传感器都有偏差和错误。传感器融合是一种可以处理来自同一事件不同传感器的传感器测量值，以分离出实际数据和噪声 / 传感器误差的算法。通过适当采用这些算法，可以保持理想的响应感知，同时弥补单个传感器的偏置误差和缺点，从而提供有用和可靠的结果。

例如，如果使用陀螺仪、加速度计和磁力计来确定设备的绝对方向（3D 旋转角度），则传感器融合过程可通过收集三个不同传感器的数据来合成信息，并执行数学计算以消除个体传感器的偏差和错误，将结果数据转换成开发人员可用的格式，并表示为同一形式的"解释事件"。这样的解释事件可视为"虚拟传感器"的输出，并以与原始传感器事件相同的形式来表示。这些虚拟传感器提供了无法从任何单个传感器获得的解决方案和测量结果，虚拟传感器的测量结果介于实际传感器测量值和开发人员所需的理想测量值之间。传感器融合算法可以驻留在底层代码、传感器本身，或作为应用程序的一部分，这种算法可以消除偏差和错误，从而为设计人员提供更大的选择和组合传感器组件的灵活性。

Android 传感器框架可以访问许多传感器，其中一些是基于硬件的，而另一些则是基于软件的。基于软件的传感器通过从多个硬件传感器获取数据来模拟硬件传感器。这些虚拟传感器也被称为合成传感器。

Android 提供了四个主要的虚拟传感器[9]：

- TYPE_GRAVITY：这种传感器类型可以用硬件或软件来实现，它可以测量移动设备在 X、Y 和 Z 物理轴上的重力，测量单位是 m/s²。
- TYPE_LINEAR_ACCELERATION：这种传感器类型可以用硬件或软件实现，它可以测量分别从 X、Y 和 Z 物理轴方向施加在移动设备上的加速力（不包括重力），测量单位是 m/s²。
- TYPE_ROTATION_VECTOR：该传感器类型可以用硬件或软件实现，它提供设备旋转向量的元素，该设备的旋转向量代表设备旋转角 θ 与轴 <X,Y,Z>。
- TYPE_ORIENTATION：该传感器类型可以用软件实现，它提供设备围绕三个物理轴（X,Y,Z）旋转的角度。

同样，Windows 8 有四个虚拟传感器[10]：

- ORIENTATION SENSOR：该传感器提供有关三维设备旋转的信息。它类似于 Android 的 TYPE_ROTATION_VECTOR 传感器，而不是 Android 的 TYPE_ORIENTATION。
- INCLINOMETER：该传感器提供与设备 X、Y 和 Z 轴旋转角度相对应的欧拉角（偏航角、俯仰角、滚动角）值的信息。
- TILT-COMPENSATED COMPASS：该传感器根据垂直于重力的平面内的传感器能力，提供关于设备相对于真北或磁北的航向（设备的方向[11]）信息。
- SHAKE：此传感器在设备振动时（任何方向）报告事件。

上述 Android 和 Windows 虚拟传感器是通过传感器融合实现的，它们提供与用户情境相关的信息，因此有助于开发情境感知应用程序。

图 1-5 是由基础传感器产生的融合传感器罗盘示例[11]。

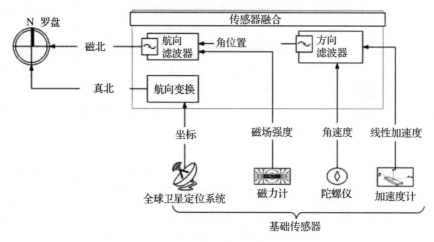

图 1-5 通过组合来自多个传感器（罗盘）的输出来进行传感器融合

图 1-6 是由基础传感器产生的用于设备定向的融合传感器示例。

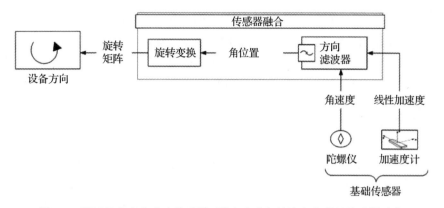

图 1-6　通过组合来自多个传感器（设备方向）的输出来进行传感器融合

图 1-7 是由基础传感器产生的融合传感器倾角仪示例

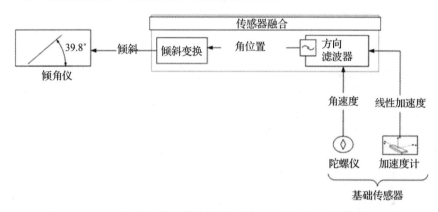

图 1-7　通过组合来自多个传感器（倾角仪）的输出来进行传感器融合

1.4.3　新应用领域

随着新改进的传感器和传感器算法的出现，新的应用和模型也将应运而生。下面给出一些示例：

- **智能手机的配套设备**：这些是基于传感器的附加设备，可以向智能手机发送通知，例如可以连接到用户的智能手表并向其发送通知或健身信息，或者可以连接到智能手机健身应用程序，还可以提供电话通知和音乐控制功能。
- **医疗保健产品**：随着基于这些传感器的生物传感器和医疗保健应用的出现，新的设备正在开发中，可以测量压力、葡萄糖和心率等各种生物数据，并上传到专用的云服务，以便数据能与家人和医生共享。例如，光照强度传感器可以测量每日总暴露量，其相关的应用程序可以根据用户的习惯和皮肤类型提供防晒建议，同时给用户发送有关何时涂抹防晒霜、戴帽子或戴太阳镜的通知。使用这类设备 / 传感器应用的个人健康市场正在快速增长。
- **专业运动产品**：专业运动员总是期待分析他们的表现。例如，传感器可用于测量网球运动员球拍的陀螺仪数据和振动数据，相关应用程序可提供一些提示来改进击球和控制的技巧。通过传感器实时测量棒球、高尔夫球或网球的挥杆数据，专业人士可以使用这些数据来完善挥杆动作。对于游泳运动员，心跳传感器可以提供心率的即时视觉反馈。另外，带有低功率传感器的 GPS 手表和健身追踪器可以在健身训练过程中跟踪使用者。这些设备和传感器在专业体育和教练市场中都价格不菲。

- **生活记录设备**：生活记录设备和应用程序可帮助用户将内容直接上传到社交网站。这些设备具有 Wi-Fi、蓝牙、LTE 和蜂窝网络功能，可以通过云服务直接向社交网站传输内容。像极限运动爱好者那样，可以在社交应用中分享实时内容。
- **纳米传感器**：这是正在开发的新型柔性传感器，可用于衣服、身体和其他物体，以跟踪应变、压力、触觉和生物电子信号等。这些设备将促进诸如衣服等物体中嵌入式传感器的创新，并且可以在体育（运动员健康追踪）、医疗保健（精确的病人监控）、游戏（沉浸式和精确控制）以及娱乐（手势控制）等领域广泛应用。

据预测[12]，到 2020 年，可穿戴设备的应用数量将以每年 81.5% 的复合增长率增长。智能手表应用程序、游戏和企业级智能眼镜将支持增强现实技术，并将推动增长。

人工智能和机器学习应用领域也有望出现显著增长，这对可穿戴设备、汽车和家庭环境中的用户体验至关重要。

1.5 参考文献

[1] Ho M, Fall K. Delay tolerant networking for sensor networks, poster.

[2] Umit Y, Ayoub RZ, Kadjo D. Managing mobile power, Publication: ICCAD 2013.

[3] Kingsley-Hughes A. for Hardware 2.0 | May 29, 2013 | Topic: Mobility. Mobile micro sensors estimated to generate almost $8 billion by 2018: report, online report/news.

[4] Juniper research report.

[5] Llamas RT. U.S. wearable computing device 2014−2018 forecast and analysis, IDC: Market Analysis.

[6] Llamas RT. Worldwide wearables 2015−2019 forecast, IDC: Market Analysis.

[7] Steele J, Sensor Platforms. Electronic design: understanding virtual sensors: from sensor fusion to context-aware applications, July 10, 2012.

[8] Gyroscope Physics, online reference from Real World Physics problems.

[9] Sensors Overview: Android, <http://developer.android.com/guide/topics/sensors/sensors_overview.html>, online Android reference.

[10] Gael H (Intel), Added September 4, 2013. Intel: Ultrabook™ and Tablet Windows* 8 Sensors development guide.

[11] Course (navigation). <https://en.wikipedia.org/wiki/Course_(navigation)>.

[12] Jackson J, Llamas RT. Worldwide wearable applications forecast update, 2016−2020, Market Forecast.

情境感知计算

本章内容
- 情境感知计算
- 情境
- 位置感知
- 手机的位置来源
- 定位算法
- 导航
- 其他定位手段

2.1 情境感知计算简介

让我们从探索情境的意义开始。情境意味着用户的偏好、兴趣、位置以及用户的活动、周围环境情况等。周围环境包括与天气、气候、交通、时间或用户物理位置有关的信息。它也可能是与用户计算设备有关的信息，例如电池电量、可用网络带宽、可用 Wi-Fi 基础设施等。

现在我们把情境的基本定义扩展到情境计算。情境感知计算（context-aware computing）是指能够感知计算设备、计算基础设施或用户情境的计算环境。计算设备可以是各种设备中的任何一种，包括智能手机、平板电脑、可穿戴设备或传统设备（如笔记本电脑和台式机）。计算基础设施包括硬件、软件、应用程序、网络带宽、Wi-Fi 带宽和协议以及电池信息。

例如，智能手机是一种能够感知周围情境的计算设备。计算基础设施（如其操作系统）获取这个情境，存储并对其进行处理，然后通过调整其功能与行为来响应此情境，继而做出一些情境感知的决策。计算基础设施可以处理并响应情境，而用户只需要很少的输入。一些情境感知基础设施响应情境的示例如下：

- 智能手机可以检测到位于机场、火车站或购物中心等拥挤的地方，并自动更改设备行为来实现噪声消除。这将使设备能够更好地响应用户的语音命令。
- 智能手机可以检测用户的位置并改变其功能。例如，如果用户在会议中，则自动增加或减少扬声器音量，或改为静音模式；基于用户所在场景（比如在家、在办公室或在汽车旅行中）来改变铃声。
- 如果用户在办公室或在开车，那么智能手机可以自动通过短信响应某些呼叫，甚至可以根据用户的位置情境阻止一些来电。
- 可穿戴设备可以使用环境背景，并自动计算用户的卡路里消耗。
- 智能手表可以根据位置环境自动调整夏令时或时区。
- 传统或现代智能设备可以使用基于位置的服务来建议用餐地点、娱乐场所，以及诸如医院和紧急护理中心等紧急服务。

情境感知设备可以通过各种机制获取情境数据，例如通过特定的传感器、互联网、

GPS，或者历史记录、过去的决策、位置或动作等。今天，传感器类型和可用性已经增加并变得更加复杂，可以在平板电脑、可穿戴设备、智能手机甚至传统的笔记本电脑和台式机等设备上实现大量的情境感知计算。即使是基本的陀螺仪、加速度计和磁力计也可以获取方向和位置数据，从而预测使用情况，如检测到意外坠落时关闭设备，或者基于当前用户的位置来提示前方的餐厅或加油站等。

因此，为了做出智能决策、预测用户操作并更改设备功能，以降低用户手动输入情境相关信息的需求，情境感知现在正成为各种计算设备和基础设施（包括应用程序）的必要条件（如图 2-1 所示）。

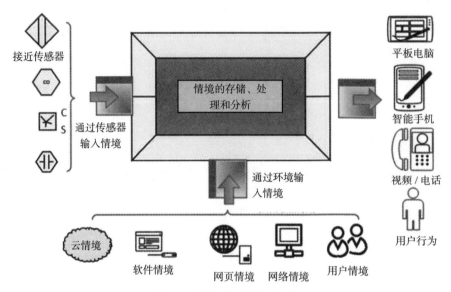

图 2-1 情境感知计算的概念

2.1.1 情境感知基础设施的交互级别

情境感知计算、基础设施或应用程序具有三级交互性：

- **个性化**：用户指定自己的配置 / 环境，以控制情境感知基础设施（硬件、软件、应用程序等）在给定情况下的行为或响应。
- **被动情境感知**：在这种情况下，情境感知基础设施为用户提供来自传感器的信息或在上一个情境中发生的更改；但是基础设施不会在此基础上做出决定或改变行为。用户基于更新的情境信息来决定操作过程。
- **主动情境感知**：在这种情况下，情境感知基础设施收集、处理并根据传感器或情境信息采取所有必需的操作。它通过主动做出决定来减轻用户的工作负担。

表 2-1 列出了一些基于用户交互级别的情境感知应用程序和服务的类别 [1]。

表 2-1 基于情境的移动计算服务

服务	个性化	被动情境感知	主动情境感知
振铃设置	用户手动进行振铃设置	设备为用户提供了基于位置传感器数据来更改振铃设置的选项；例如，在电影院或餐厅中的设置与在会议室或教室中的设置是不同的	设备根据位置传感器数据自动更改振铃设置；例如，在电影院或餐厅中的设置与在会议室或教室中的设置是不同的

（续）

服务	个性化	被动情境感知	主动情境感知
餐饮服务	用户手动搜索合适的餐饮场所	设备根据用户的偏好或以前的选择向用户推荐餐饮场所	设备根据用户的位置、时间和用户标准（评论、费用、菜单选择等）来推荐用餐场所
文件搜索	用户在设备上手动搜索需要的文档	根据用户的偏好，设备提供文档的加载、下载或显示	设备根据用户的位置、偏好和时间自动加载、下载或显示文档
基于位置的服务（例如，识别附近的朋友，更改设备配置文件、显示背景、声音和内容）	用户在优先服务中执行手动搜索/更改；用户将设备设置为显示用户的情况/位置；用户可以根据位置手动设置其他偏好/服务	设备根据用户位置向用户提供搜索/更改；设备可以提示用户向潜在的呼叫者显示用户的状态、位置等，或者阻止呼叫	设备根据用户位置自动执行搜索/更改优先服务；设备自动向潜在的呼叫者显示用户的状态、位置等，甚至可以根据用户位置或者附近的已知联系人或好友的提示来阻止某些呼叫

2.1.2　普适计算

普适（ubiquitous）这个词意味着无所不在的、普遍的、全球化的或永远存在的。普适计算代表一种计算环境，它似乎无处不在，随时随地都在计算。与传统的未连接网络的台式计算机不同（台式机是静止的，只有坐在它前面才能访问），普适计算指在任意位置、以任意形式、在给定的任意时间通过使用任意设备或基础设施来提供计算能力。

今天，用户通过许多不同的设备与计算环境交互，如笔记本电脑、智能手机、平板电脑，甚至连接网络的家用电器（如微波炉或冰箱等）。随着智能手表和 Google Glass 等可穿戴设备的出现，对底层计算环境的访问变得非常普遍。

计算基础设施有许多重要组件，能够实现普适计算。这些组件包括：互联网、无线网络或网络协议、支持普适行为的操作系统、中间件或固件、传感器和情境感知设备、微处理器以及其他计算机硬件。

普适计算可以为用户提供两个关键的增强用户体验的特性：隐身性和主动性。例如，想象一种完全情境感知的购物体验，用户无须在传统的收银台排队等待，而是可以自动扫描购物篮和用户的设备/身份，根据用户的相关信用卡信息优先刷卡结账。在这种情况下，结账的过程对用户是完全不可见的，系统可以主动识别用户和支付方式，从而在时间和便捷性方面增强用户的购物体验。

在普适计算中，计算机不再像计算机房或实验室那样与物理空间相关联，而是可以在全球任意位置进行部署和访问。基于这种现象，计算设备发生了以下变化：

- 外形尺寸变化：这些简单的外形尺寸、硬件尺寸等变化支持计算机在传统房间外的物理移动，但是，这种计算机对周围环境缺乏敏感性。
- 情境敏感的变更：需要进行变更以克服对周围环境不敏感的缺点。最初，灵敏度仅限于检测附近的其他计算设备，后来扩展到其他参数，如白天/夜晚的时间和光强度、当前物理位置附近手机的流量、计算机用户的身份或角色、计算机附近其他人的角色，以及振动幅度等。

一般来说，情境感知计算尝试使用 When（时间）、Where（位置）、Who（身份）、What（活动）和 Why（用途）作为其决策算法的一部分。

示例：在健身室中，情境感知计算将感知并推断用户偏好以控制音乐的类型，并相应地实时控制音响系统。或者在某些其他用例中，算法可以使用其他环境参数（如声音或光照水平）来推断是否可以向用户发送特定消息。

2.1.3 普适计算面临的挑战

传感器及其网络的关键问题 [2] 在于，由于传感器不准确，使得计算环境具有不确定性和概率性。以下是一些不确定性的例子：

- **不确定位置**：位置传感器报告在 X、Y 和 Z 空间上"真实"位置的位置概率。
- **不确定是谁**：人脸识别传感器通过概率分布返回刚才看到某人的概率。
- **不确定是什么**：试图识别物体的相机传感器将会发送一组关于所看到的物体的估计值（同样是概率分布）。

现在让我们来探讨普适计算的系统级挑战。

- **电源管理**：普适计算需要无处不在的电源。普适计算设备中有三个主要组件或功耗源：处理、存储和通信。

普适计算平台的处理是高度可变的，从简单的应用程序到计算密集型任务都可以处理。有许多控制器可用于控制单个处理单元的功耗，例如，在不使用时对处理器内部的某些单元或模块进行功率控制，或者降低工作电压以减少能耗。该平台还可以使用多个特定的处理单元或处理器来执行特定任务，从而在不需要该特定任务时将功率集中到其他模块。例如，可以用一个微处理器来寻址、处理传感器中断／数据，同时利用高性能处理器进行全功能计算，并使用网络处理器来处理网络数据。对于多处理组件，软件需要能够动态控制某些模块的功率并对其进行选通，同时根据特定任务的要求在全电压或降压条件下运行所需的处理器件。

与处理单元一样，所使用的无线接口和协议也会影响普适计算平台的功率需求和策略。例如，Wi-Fi、蓝牙、ZigBee 和超宽带具有不同功能和特性的标准，因此每个协议都定义了功率和性能设置（如传输强度和占空比），可以有效用于管理平台中电源的功率。根据目标用例，平台可以使用多种协议，例如，Wi-Fi 可用于家庭网络和互联网，蓝牙可用于手机上的免提或语音通信。无处不在的平台操作软件需要透明地向用户提供考虑这些协议的不同功率与性能特性的服务，如每比特能耗、待机功率等。

影响普适计算系统功率曲线的第三个组件是存储介质，如 SRAM、DRAM、闪存和磁盘驱动器，每种存储类型都有不同的功率配置（空闲功率、有功功率、泄漏功率等）。例如，SRAM 的功率可以比 DRAM 的功率低，而闪存具有更好的空闲功率配置。所以软件将需要部署各种方案来管理功耗，以及访问平台上的这些不同存储选择。

无线探索的局限性

世界已经从一个人一台计算机的时代转变为一个人多台计算设备的时代。如今，个人拥有多台设备：台式电脑、笔记本、平板电脑、智能手机和其他便携式计算设备，它们在家里或办公室中共享相同的／周围的空间。随着多个计算设备与每个人相关联，这些设备的物理和虚拟管理变得具有挑战性。未来，我们还可能在众多家用和办公产品中嵌入处理器，以识别环境或与个人关联，这进一步复杂化了与该空间中每个人相关联的计算设备的管理。

需要在周围（家庭或办公室）找到一种小型设备的集合，通过每种设备的类型（电话、笔记本、平板电脑等）和功能来识别这些设备，然后为每个设备分配特定的用户／系统。现在一般使用一些独特的名称 /IP/MAC 地址来识别这些设备，但这种识别可能并不像嵌入式系统那样总是可用的，普适计算设备也可能无法接入有线网络。这种共存于同一空间的普适计算设备不仅需要通过管理软件进行适当的身份识别，还需要根据其功能、用户偏好和真实性来与其他可用设备进行连接。

用户界面自适应

普适计算指的是从小型传感器到平板电脑、笔记本电脑和台式机，再到复杂计算设备等不同类型的设备。这些设备中的每一个都有不同的显示类型和尺寸，在较小的智能手机显示屏上运行的应用程序在大型台式计算机屏幕上同样有效。但是，显示器的物理差异不应该影响不同设备的用户体验，用户应该能够像操作笔记本电脑或台式机等大型显示器那样轻松地操作智能手机上的触控单元。因此，针对具有较小显示器的智能手机而设计的应用程序应该能够在显示器尺寸可用时轻松适应更大的显示器尺寸，反之亦然。一种实用的方法是基于底层基本用户定义生成用户界面组件，随时随地了解目标显示功能。要构建这样的应用程序，需要四个主要组件：

1. 用户界面规范语言。
2. 一种控制协议，在应用程序和用户界面之间提供抽象的通信信道。
3. 设备适配器，允许将控制协议转换为目标设备上可用的原语。
4. 图形用户界面生成器。

由于用户界面是可见的，因此维护其在多个显示目标上的可用性非常重要，但用户界面设计人员不知道他们的应用程序将如何出现在客户使用的各种屏幕尺寸上。在普适计算环境中，目标屏幕尺寸的范围远远大于传统桌面或笔记本中的尺寸，因此，在创建标准和为用户生成和显示内容的基本机制方面仍然存在重要的软件工程障碍。

位置感知计算

普适计算使用设备的位置来增强用户体验，其最重要的特性是定制可供用户使用的服务，例如自动定位附近的其他设备，记住它们，然后在适当的用户认证之后向用户提供服务/数据。

位置情境不仅限于知道用户在哪里，还包括关于用户是谁以及谁在用户附近等信息。这样的情境还可以包括用户的历史使用情况，基于历史信息来确定用户可能想要访问的应用，如基于位置情境的普适系统可自动控制设备音量，当用户在购物中心这样拥挤的地方或者在图书馆这类安静的地方时，应该具有不同的处理机制。另一种情况是确定周围是否有人，以及用户是否有可能与他们会面。它还可以根据用户的时间和位置来控制显示器的亮度。

应用程序可以提供许多基于位置的服务，如查找附近的餐馆、便宜的加油站、本地化互联网搜索等。

传统的基于位置情境的系统具有"位置估计不确定性"的限制，因为系统不可能知道设备/用户的确切位置，所以无法描述可能位置的范围。为了解决这个问题，可以使用多个位置信息源的融合来提高位置的准确性，并允许用户/应用程序根据估计位置的误差分布来调整策略。

2.2　情境

情境意味着情境认知（situated cognition）。对于移动计算，情境可以被定义为围绕用户或设备的环境或情况。可以根据用户或设备的位置、用户的身份、用户或设备执行的活动，以及应用流程或活动时间来对情境进行分类。情境可用于认证用户或设备的身份，以便执行位置、功能或数据的授权，以及提供服务等。

2.2.1 计算情境

计算情境是关于用户、人员、地点或事物的情况、位置、环境、身份、时间等信息，这些信息随后被情境感知计算设备用来预测用户需求，以及提供丰富可用的情境感知的相关内容、功能和体验。

图 2-2 显示了适用于情境感知计算的情境环境示例，可分为三个主要方面：

- **物理情境**：照明、噪音水平、交通状况和温度。
- **用户情境**：用户的信息记录，如生物特征信息、位置、附近的人、当前的社会关系状况等。
- **时间情境**：一年中一天、一周、一个月和一个季节的时间情境。

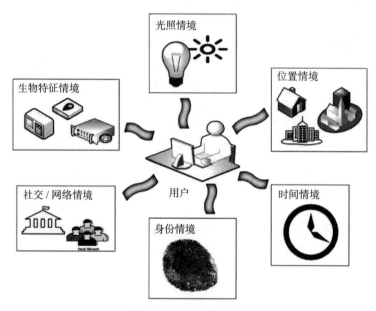

图 2-2   情境环境示例

2.2.2 被动与主动情境

主动情境感知是指基于测量的传感器数据自行改变其内容的处理。例如，智能手机中的时间会根据用户所在的位置（如果在用户设置中为这些功能选择了"自动更新"）进行更改。活动情境也被认为是主动情境。

被动情境感知指的是处理实时更新的情境（基于传感器数据），并呈现给用户，由用户来决定应用程序是否应该做出改变。例如，当用户处于不同的时区或位置，并且关闭了设置中这些功能的"自动更新"时，智能手机将不会自动更新时间和位置，而是提示用户提供所有必需的信息，并让用户决定后续行动。

表 2-2 显示了基于被动和主动情境的设备对输入的操作。

表 2-2   被动情境和主动情境对输入的响应

服务 / 传感器输入	被动情境中的设备行为	主动情境中的设备行为
基于位置：改变时间 / 地点	提供用户更改时间 / 地点选项；为晚餐 / 午餐提供附近的餐馆，用户进行操作或忽略	自动更改时间 / 地点或根据历史偏好选择餐厅，并自动绘制 GPS 中的路线。无须用户输入 / 决策

（续）

服务 / 传感器输入	被动情境中的设备行为	主动情境中的设备行为
基于位置：显示位置或方向	提示用户是否要关闭电源或更改屏幕方向等	自动改变屏幕方向或进入低功耗状态等
声学环境	提示用户调整音量、通知和警报	自动调整音量、通知和警报
生物传感器数据	提示用户进行用户活动的卡路里估计	自动进行用户活动的卡路里估计

2.2.3　情境感知应用程序

情境信息可用于软件应用程序[3]，以增强用户体验并促进有效的硬件和软件资源使用。它可用于个性化用户界面，添加或删除驱动程序、应用程序和软件模块，针对用户查询呈现基于情境的信息并执行情境驱动的操作。以下是使用情境信息的应用程序的一些示例。

- **邻近选择**：邻近选择是指在特定查询实例下突出显示用户附近的对象或信息的用户界面。这种用户界面可以将用户的当前位置作为默认值，并且可以为用户提供连接或附近的输入输出设备，如打印机、音频扬声器、显示屏等。它还可以在预定邻近范围内与其他用户连接或共享信息，以及提供关于用户可能有兴趣访问或探索的附近景点和位置的信息，如餐馆、加油站、体育场馆等。
- **自动情境重配置**：添加或删除软件组件，或者更改这些组件之间的交互的过程称为自动情境重配置。例如，可以根据用户配置文件来加载设备驱动程序，因此情境信息可用于支持个性化系统配置。
- **情境信息和命令**：通过使用位置或用户偏好之类的情境信息，软件可以向用户呈现经过筛选的或个性化的命令（例如，发送文件命令会默认将其发送到附近的连接设备），或者可以基于当前位置改变当前用户的某些执行选项，例如在图书馆中将移动设备设置为静音。
- **情境触发动作**：软件或应用程序可以根据 if-then 条件动作规则自动调用某些动作。例如，应用程序可以提供自动提示以检查特定的阅读材料，或者当检测到用户在图书馆周围时，自动将移动设备置于静音模式。然而，这样的自动行为需要更精确的情境信息。

2.3　位置感知

位置感知是指设备根据相对于参考点的坐标主动或被动地确定其位置的能力，可以使用各种传感器或导航工具来确定位置。以下为一些位置感知的应用：

1. 应急响应、导航、资产跟踪、地面测量等。
2. 具有特定意义的位置信息代表特定活动（例如，在杂货店意味着购物）。
3. 通过整理可以得到用户的社交角色。
4. 坐标的变化可能意味着活动和交通方式（如跑步、驾驶）。

手机的位置来源

有许多位置技术和传感器类型可用于具有位置环境感知的设备。一些相关技术和传感器如下。

全球导航卫星系统 [4]

全球导航卫星系统（Global Navigation Satellite System，GNSS）由卫星网络组成，用于传输全球定位和导航的信号，如 GPS、GLONASS 和 GALILEO 系统。每个系统都由三个主要部分组成：①空间部分：该部分是指卫星或卫星网络；②控制部分：该部分是指位于世界各地的跟踪站，用于控制卫星轨道确定、同步等功能；③用户部分：该部分是指具有不同能力的卫星接收机和用户。

GNSS 适用于室外定位环境，在全球范围内具有良好的覆盖性和准确性（如图 2-3 所示）。

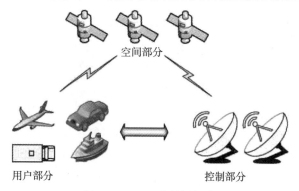

图 2-3　GNSS 的关键部分

无线地理信息

无线地理信息是指用于识别设备实际位置的无线机制，在这种方法中，底层无线定位引擎提供了实际的物理位置而不是地理坐标。一个例子是 Cell ID（CID），它是用于识别每部移动 / 智能手机的唯一号码，基于 CID 的机制使用手机信号塔、CID 和位置区号来识别移动电话。

传感器

传感器可用于提高确定设备位置的准确性。例如，在航位推算中，可以使用传感器来确定参考点的相对运动（例如检测系统是否移动到 3 米半径之外），或者确定设备的相对位置（例如碰撞两个设备以建立共同参考，然后可以追踪其相对位置）。当其他方法不可用时，传感器也可以单独使用。首先让我们了解什么是航位推算。航位推算是一种通过使用先前确定的参考位置来计算当前位置，并根据已知或估计的速度来推进该位置的过程。虽然这种方法提供了有关位置的良好信息，但由于速度或方向估计不准确等因素，容易产生误差。因为新的估计值会有其自身的误差，并且新值是基于具有误差的前一位置推算的，所以会导致累积误差。目前使用的一些传感器包括用于航位推算中的加速度 / 速度积分的加速度计和陀螺仪、用于碰撞事件的加速度计、用于仰角的压力传感器等。

2.4　定位算法

利用包括接收信号强度（RSS）、到达时间（TOA）、到达时间差（TDOA）和到达角的距离测量可以实现定位的发现。

2.4.1　到达角

到达角 [5] 是参考方向与入射光线传播方向之间的角度。参考方向称为定向，是固定的。如图 2-4 所示，到达角度以度为单位并从北方以顺时针方向测量。如果指向北方（到达角

$\theta=0°$），则称为绝对角。图 2-4 显示了传感器 / 节点 A 和 B 分别知道它们在 θ_a 和 θ_b 处的位置。几何关系可用于从两个或多个传感器 / 节点 / 用户的线路的交叉点来估计未知用户 / 传感器的位置，这些传感器 / 节点 / 用户知道其各自的位置。图 2-4 中的例子确定了未知用户 / 传感器与北方呈 59° 角的方向。如果未知传感器 / 节点的方向未知，则可以使用其他方法。

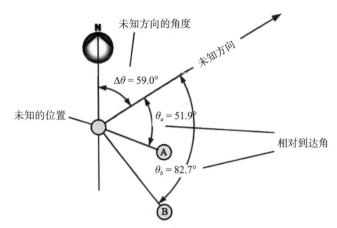

图 2-4　定位（带有方向信息）

2.4.2　到达时间

到达时间（TOA）[6-8] 利用源传感器和接收传感器之间的时间信息（飞行时间）来测量它们之间的距离。发送的信号带有时间戳，并且在接收器处会测量精确的 TOA。信号的行程时间是行程距离的直接测量。这种情况下的源传感器和接收传感器应该同步，以避免由时钟偏移和硬件 / 电路延迟造成的错误。如果计算往返 TOA，则不需要这种同步。距离是由 TOA 与速度相乘获得的。

$$\Delta \, \text{Distance} = \Delta \, \text{Time}(t_r - t) \times \text{Velocity}$$

Δ Distance 为源传感器和接收传感器之间的距离。

Δ Time 为到达接收器的时间 t_r 和从源传感器出发的时间 t 之间的时间差。

Velocity 为光速。

使用勾股定理，可得到三维坐标 (x_r, y_r, z_r) 处的接收器位置与源位置 (x, y, z) 之间的距离：

$$\text{Velocity} \times (t_r - t) = \sqrt{(x_r - x)^2 + (y_r - y)^2 + (z_r - z)^2}$$

对于二维方程，可以写成如下式子：

$$\text{Velocity} \times (t_r - t) = \sqrt{(x_r - x)^2 + (y_r - y)^2}$$

当已知位置的多个接收器在不同时间接收到相同的信号时（由于信号行进的距离不同），测量的 TOA 代表一个圆（二维为圆形，三维为球体），接收器位于圆心，源位于二维空间中圆周上的一个位置。使用三边测量和多点定位，可以确定不同的圆的交点。这个交点就是源传感器的位置，如图 2-5 和图 2-6 所示。

基于 TOA 的源定位算法的数学测量模型 [9] 由下列等式给出：

测量向量 r = 源传感器位置 x 的非线性函数 + 零均值噪声向量

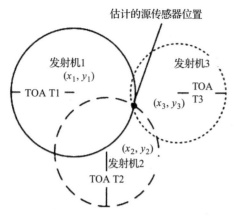

图 2-5　到达时间定位系统：三边测量

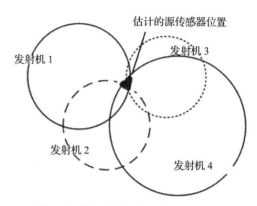

图 2-6　到达时间定位系统：多点定位

2.4.3　到达时间差

到达时间差（TDOA）通过使用由放置在多个位置的传感器接收的相同信号的传播时间差与从源传感器到接收传感器的绝对传播时间差来识别位置。基于 TDOA 的定位系统不依赖于传感器对之间的绝对距离估计。

图 2-7 给出了一种方案，其中已知位置处的源传感器（锚点）发出多个参考信号，然后由接收传感器 R 进行测量。同步器确保参考信号源同步。

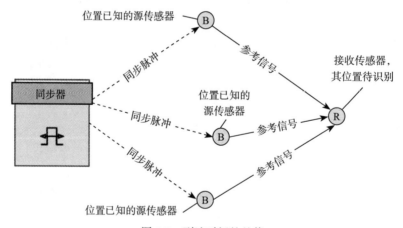

图 2-7　到达时间的差值

图 2-8 给出了另一种方案，其中传感器 R 广播一个参考信号，该参考信号由多个接收器接收，时延 τ_r 取决于源位置到每个接收器的距离。这个 τ_r 无法计算。接收器估计 TOA 并计算 TDOA[10]。

相关分析将提供时间延迟 $\tau_{rA}-\tau_{rB}$，对应于参考信号到接收器 r_A 和 r_B 的路径上的差异。估计时差的一种简单方法是使到达一对接收传感器的信号互相关[11]。从接收器 r_A 和 r_B 分别接收到的两个信号 $r_A(t)$ 和 $r_B(t)$ 的互相关为：

$$R_{A,B(\tau)} = \frac{1}{T}\int_0^T r_A(t) r_B(t+\tau)\,\mathrm{d}t$$

其中，T 表示观测时间间隔。

如果没有错误，则 τ 的峰值将等于 TDOA。

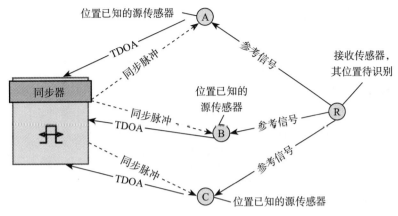

图 2-8　到达时间的差值：广播

来自两个接收器的距离差（信号到达时间的时间差）提供了一组点，这些点可以（从几何上讲）解释为双曲线（二维）。可以计算在唯一的点上相交的几个双曲函数，这个独特的交点则为源传感器的位置。

2.4.4　接收信号强度

在特定位置的接收信号强度（RSS）[12-13] 是通过多条路径接收的信号的平均值。RSS 指示器指示接收信号的功率，并且是发射机和接收设备之间距离的函数，该距离会受到各种路径内干扰的影响。

图 2-9 显示了一个使用 RSS 的室内定位系统 [14] 的例子，该系统由训练阶段和定位阶段组成。在训练阶段，通过将移动设备指向不同的方向（全部四个方向）来收集已知位置处可用无线局域网接入点（称为参考点）的 RSS 读数。然后，在原始 RSS 时间样本上使用仿射传播算法来识别和调整（或去除）异常值。最后，将参考点分成不同的簇（每个方向为独立簇）和作为指纹存储的无线电地图（RSS 测量集）。

在定位阶段，移动设备以任意方向从未知位置的接入点（称为测试点）收集实时 RSS 以形成 RSS 测量向量。粗定位算法可用于将收集的 RSS 与每个参考点 RSS 向量进行比较，以识别测试点 RSS 测量所属的簇。因此它有助于缩小所需区域。然后可以使用精细定位来估算移动设备的最终位置。

在粗定位期间可以使用四种可能的方案来找到测试点 RSS 和不同簇之间的相似度，并识别出与该测试点具有最高相似度的匹配簇：

- 使用测试点的 RSS 测量向量与参考点簇中的每个 RSS 之间的欧氏距离来将测试点与特定簇相匹配。
- 使用测试点的 RSS 测量向量与簇中所有 RSS 读数的平均值（而不是每个 RSS 读数）之间的欧氏距离来将测试点与簇相匹配。
- 使用测试点的 RSS 测量向量与参考点的加权平均值之间的欧氏距离（而不是简单平均）来为具有更高稳定性的参考点提供更高的权重。
- 只考虑最高强度的 RSS 读数，使用以上三种方案中的任何一种来查找测试点与簇的相似性。

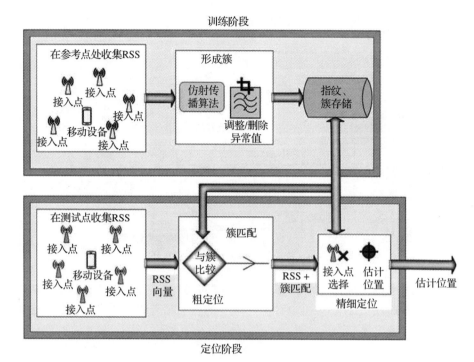

图 2-9　基于受限信号强度的室内定位系统

下一步是使用精细定位来估算精确位置。以下步骤描述了精细定位算法的基本形式。

1. 可能有比估计移动设备位置所需的更多的接入点。也可能存在某些接入点，因 RSS 方差高而不可靠，从而影响定位系统的稳定性。为了消除冗余和不可靠的接入点，只有那些具有最高 RSS 读数或满足 Fisher 标准的接入点（以及来自它们的读数）才被考虑。

2. 然后将测试点的 RSS 向量与在粗定位阶段识别的簇的每个簇成员的 RSS 向量进行比较，并计算欧氏距离。

3. 然后选择与测试点 RSS 向量具有最小欧式距离的参考点作为移动设备位置的估计。

2.5　参考文献

[1] Barkhuus L, Dey A, Is Context-Aware Computing Taking Control Away from the User?, Three Levels of Interactivity Examined, IRB-TR-03-008, May, 2003, Proceedings of the Fifth Annual Conference on Ubiquitous Computing (UBICOMP 2003), IRB-TR-03-008; May 2003.

[2] Want R, Pering T. System challenges for ubiquitous & pervasive computing, Intel Research.

[3] Stefanidis K, Pitoura E. Related work on context-aware systems, p. 1−2.

[4] Kornhauser AL. Global Navigation Satellite System (GNSS). Princeton University.

[5] Peng R, Sichitiu ML. Angle of arrival localization for wireless sensor networks, Angle of Arrival.

[6] Dobbins R. Software defined radio localization using 802.11-style communications. Project report submitted to the Faculty of Worcester Polytechnic Institute Electrical and Computer Engineering.

[7] Cheung KW, So HC, Ma W-K, Chan YT. Least squares algorithms for time-of-arrival-based mobile location.

[8] Rison B. Time of arrival location technique. New Mexico Tech.

[9] Ravindra S, Jagadeesha SN. Time of arrival based localization in wireless sensor networks: a linear approach.

[10] Gustafsson F, Gunnarsson F. Positioning using time-difference of arrival measurements.

[11] Caceres Duran MA, D'Amico AA, Dardari D, Rydström M, Sottile F, Ström EG, et al. Terrestrial network-based positioning and navigation.

[12] Chapre Y, Mohapatra P, Jha S, Seneviratne A. Received signal strength indicator and its analysis, in a typical WLAN system (short paper).

[13] Polson J, Fette BA. Cognitive techniques: position awareness.

[14] Feng C, Anthea Au WS, Valaee S, Tan Z. Received-signal-strength-based indoor, positioning using compressive sensing, indoor positioning.

传感器和执行器

本章内容

- 术语概述
- 传感器生态系统
- 加速度计
- 陀螺仪
- 磁场传感器
- 光传感器
- 接近传感器
- 温度传感器、压力传感器、生物传感器

3.1 术语概述

传感器、变换器和执行器件是构成传感器生态系统的基础。本节介绍它们的基本定义。

传感器是一种将物理活动或变化转换为电信号的设备。它是物理或现实世界与电子系统和计算设备组件之间的接口。一种最简单的形式为：传感器响应某种物理变化或刺激并输出某种形式的电信号或数据。传感器需要产生计算系统可以处理的数据。例如，打开洗衣机会停止洗涤循环，打开房门会导致房屋警报激活。如果没有对这些物理活动的感知，洗涤周期或房屋警报的触发将没有变化。

变换器是将一种形式的输入（能量或信号）转换成另一种形式的设备，如图 3-1 所示。变换器可以是我们先前定义的传感器的一部分。很多时候，传感器和变换器会互换使用，但是，我们可以通过使用传感器测量物理环境的变化以及使用变换器产生电信号来区分它们，其中变换器在物理环境中测量变化并将其转换为不同形式的能量（如电信号），如图 3-2 所示。

组合变换器执行一种能量形式的检测并能产生能量输出。例如，天线可以接收（检测）无线电信号，也可以发送（创建）无线电信号。

变换器的性能可以根据其精度、灵敏度、分辨率和范围来衡量。

执行器件是一种变换器，以一种形式的能量作为输入，产生某种形式的运动、活动或动作。因此，它将某种形式的能量转化为动能。例如，电

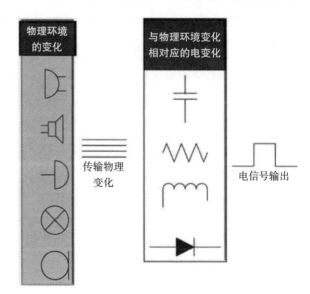

图 3-1　变换器的基本概念

梯中的电动机将电能转换成从建筑物的一个楼层到另一个楼层的垂直运动。以下是执行器件的主要类别：

- **气动**：这些执行器件将压缩空气中的能量（高压）转换为线性或旋转运动，如液体或气体管道的阀门控制。
- **电动**：这些执行器件将电能转换为机械能，如电动水泵从井中抽水。
- **机械**：这些执行器件将机械能转化为某种形式的运动，如用一个简单的滑轮拉动重物。

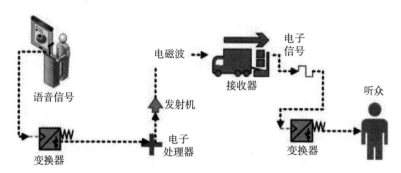

图 3-2　传感器与变换器示例

执行器件的性能可以用力、速度和耐久性来衡量。

3.2　传感器生态系统概述

传感器生态系统由许多重要的组件、参与者、支持技术（如传感器类型和无线协议）、制造商、开发人员、市场和消费者组成。让我们看看支持技术中包含的某些类别的传感器，如位置传感器、接近传感器、触摸传感器和生物传感器。

3.2.1　位置传感器

位置传感器可以为表 3-1 中提到的用例提供帮助。

表 3-1　位置传感器用例

传感器算法	实践
确定用户是否在已知的 Wi-Fi 热点附近	用户可以识别和标记（家庭、工作、学校等），因此可以根据这些位置定制设备
确定绝对位置，不管用户是在室内还是在室外（连续位置）	用户可以持续追踪他们的位置，并且设备可以提示用户添加该位置（如果经常使用）为重要的位置（如祖父母家）
使用航位推算精度计算室内位置。在室内 / 室外切换和 GNSS 缓冲的帮助下，能够区分商店级和过道级精度	一旦用户进入购物中心，设备就可以引导用户进入商店。该设备可以提醒用户频繁光顾的商店是否有优惠
通过多因素三角测量（语音、位置、通信）确定用户是否在距离手机 5 米以内	在安全区域（家庭），可以降低认证要求，从而可以大声朗读收到的电子邮件或文本

加速度计和陀螺仪是位置传感器，接下来将会对其进行介绍。

加速度计

加速度计是测量固有加速度（g 力）的装置。固有加速度与坐标加速度（速度变化率）不同，它是设备或物体相对于自由落体所经历的加速度。例如，一个静止在地球表面的加速度计将测量出一个垂直向上的加速度 $g=9.81 m/s^2$，因为地球表面上的任何一点相对于局部惯性系（在引力作用下的自由下落的参照系）均加速向上。相比之下，对于地球引力引起的自由下落轨道和加速，加速度计将测量为零，因为要获得相对于地球运动的加速度，必须减去"重力偏移量"并对地球自转相对惯性系引起的效应进行校正。

加速度计的单轴和多轴模型可用于探测固有加速度（或 g 力）的幅度和方向，得到一个矢量，这也可用于检测方向（因重量方向改变）、坐标加速度（只要它产生 g 力或 g 力的变化）、振动、冲击，以及阻抗介质中的下降（从零开始增加的固有加速度变化的情况）。

（1）g 力、轴、坐标系

g 力（来自重力）是一种以重量来度量加速度的力，可以描述为单位质量的重量。它是一个物体所经历的加速度，由作用于物体自由移动的所有非引力和非电磁力的矢量和决定。例如，放置在地球表面的物体上的 1g 的力是由地面施加的向上机械力引起的，从而阻止物体自由下落。来自地面的向上接触力保证了静止在地球表面的物体相对于自由落体状态加速。自由落体是物体自由下落到地球中心时所遵循的路径，在自由落体时物体不会真正加速。

（2）计量单位

g 力加速度的单位是 g。这有助于区分一个简单的加速度（速度变化率）和 g 力加速度（相对于自由落体）。1g 是地球表面因重力引起的加速度，为标准重力（符号：g_n），定义为 9.8m/s^2 或 9.8N/kg。

（3）重力贡献，静止在表面上的设备行为和自由落体

现在让我们描述轴对加速度计功能的影响。三个轴如图 3-3 所示。

案例 1：平坦路面上静止的汽车 在这种情况下，有来自地球表面向上的阻力，该阻力与重力相等且相反。阻止汽车自由下落的加速度为向上方向 1g。如果将单轴加速度计安装在汽车上，使其测量轴水平，则其读数将为 0g，即使汽车在平坦的道路上匀速行驶，其读数仍为 0g。如果汽车停止，那么这个单轴/双轴加速度计将显示一个正加速度或负加速度。如果单轴加速度计安装在汽车上，使其测量轴垂直，那么它的读数将是 +1g，因为它可以测量

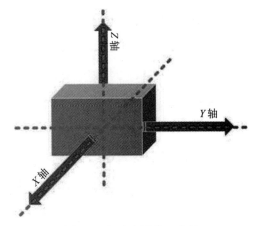

图 3-3　加速度计的三个轴

它所停留的表面的反作用力（它不能测量重力）。如果使用三轴加速度计，那么这个加速度计将显示 +1g。对于三轴加速度计，加速度定义为：

$$A(\text{overall}) = \sqrt{\left(a_x^2 + a_y^2 + a_z^2\right)}$$

$$A(\text{overall}) = \sqrt{\left(0_x^2 + 0_y^2 + 1_z^2\right)} = 1g$$

所以加速度的方向向上（如图 3-4 所示）。

案例 2：自由落体的物体 在这种情况下，地球表面没有向上的阻力。物体将具有坐标加速度（速度变化）且无重量（失重）。因此向上的加速度为 0g。这种情况下的加速度计将在所有方向上显示 0g（如图 3-5 所示）。对于三轴加速度计，加速度定义为：

$$A(\text{overall}) = \sqrt{\left(a_x^2 + a_y^2 + a_z^2\right)} = \sqrt{\left(0_x^2 + 0_y^2 + 0_z^2\right)} = 0g$$

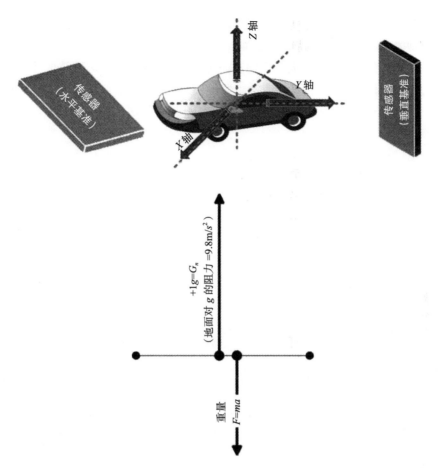

图 3-4　加速度计的水平和垂直测量基准与相应 *g* 力

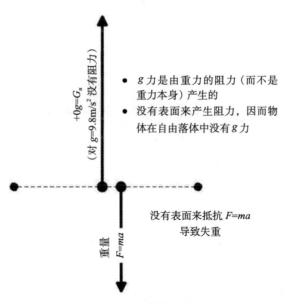

图 3-5　自由落体的物体

由于在自由落体的情况下 *X* 和 *Y* 方向上的加速度为零，如果将双轴加速度计水平放置在自由落体对象上，则加速度计无法正确捕获自由落体，因为它无法区分地球上静止的物体和自由落体的物体（即使如前所述静止于地球，它也会显示 0g）。

案例 3：物体向下移动　方向向上的正向 g 力会在物体上产生向下的重量。负向 g 力是方向向下的加速度，在向上方向产生重量。假设一个人在电梯里加速下降，由于重力这个人向下加速，被施加 –1g 的 g 力（向下方向）。因此，在向上方向上，电梯地板对人施加了相等且相反的力。

考虑以下参数：

a = 电梯向下的加速度，表示为 $-a$。

F_d = 由电梯净加速度引起的向下的力 = $m \times -a$。

F_e = 电梯地板向上施加在人身上的净力。

G_n = 对人的 g 力（等于质量 $\times g$）= $-1g$，这个力在向上方向上产生了与 mg 相等且相反的力。

$$F_d = F_e - mg \rightarrow F_e = F_d + mg \rightarrow F_e = F_d + mg \rightarrow F_e = m(-a) + mg \rightarrow F_e = m(-a) + mg$$

因此 $F_e = mg - ma$。

如果我们把方程除以 g，则可以得到 $\dfrac{F_e}{g} = m - ma/g$，其中 $\dfrac{F_e}{g}$ 是电梯里的人在向下加速时的重量。如等式所示，该重量小于 mg 的正常重量。

（4）倾斜灵敏度和加速度计方向

现在让我们描述不同的参数和倾斜计算。考虑图 3-6，其中加速度计为水平测量基准，测量读数为 1g。

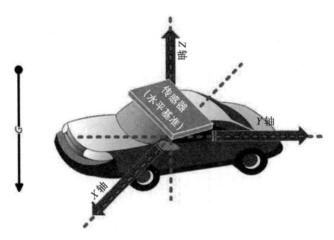

图 3-6　无倾斜时 1g 的方位

在 15° 倾斜的情况下，$G_n = G \times \cos\alpha = G \times \cos 15° = 0.97G (\cos\alpha = \dfrac{G}{G_n})$。

可见，15° 的变化会导致 G_n 的微小变化（如图 3-7 所示）。

现在考虑加速度计为 0g 的情况，测量基准为垂直。

在这种情况下，$G_n = G \times \sin\alpha = G \times \sin 15° = 0.25G \left(\sin\alpha = \dfrac{G}{G_n} \right)$。

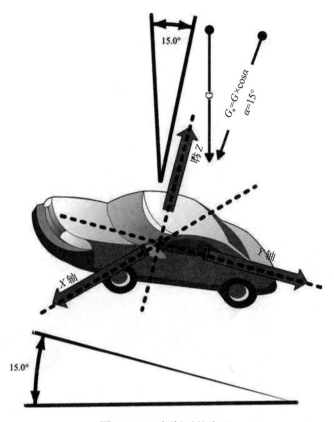

图 3-7　15° 倾斜时的净 G

由于 15° 的倾斜，读数分别为：

情形 1：0g 方向加速度计读数变化为：$0G \rightarrow 0.25G$（与旧值相比有很大的百分比变化）。

情形 2：1g 方向的加速度计读数变化为：$1G \rightarrow 0.97G$（与旧值相比变化了 3%）。

以上可见，情形 1 的百分比变化远大于情形 2，因此 0g 方向加速度计的倾斜灵敏度大于 1g 方向加速度计的倾斜灵敏度（如图 3-8 所示）。

（5）倾斜对加速度计测量的影响[1]

首先让我们复习一下用于倾斜计算的不同参数的定义。考虑一款具有如图 3-9 所示轴线的智能手机。

X_s、Y_s 和 Z_s 是智能手机的三个方向轴，其中 X 向前、Y 向侧面（右侧）、Z 向下。与上述轴相对应的加速度计的三个轴是 X_a、Y_a 和 Z_a。加速度计感测轴与智能手机轴在默认位置相匹配。Y_a 和 Z_a 的符号与 Y_s 和 Z_s 的符号相反。

倾斜计算中的两个重要角度是俯仰角（pitch）和翻滚角（roll）。这些角是相对于垂直于地球重力方向的水平面而言的。

俯仰角（α）是前轴 X_s 和水平面之间的夹角。当 X_s 轴在绕 Y_s 轴旋转的同时从平面上升或下降时，俯仰角会发生改变。如果智能手机从平面向上移动到垂直位置，那么俯仰角将从 0° 变化至 +90°。如果智能手机的 X_s 轴从平面向下移动，俯仰角将从 0° 变化至 −180°。图 3-10 显示了各种俯仰角度：0°、+30°、+90°、−90°、+179°、−180° 等。

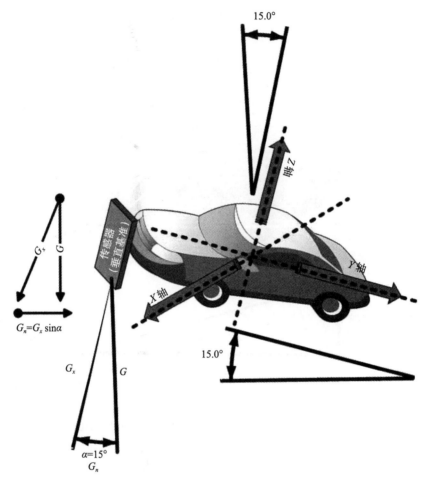

图 3-8　垂直安装的加速度计的倾斜灵敏度

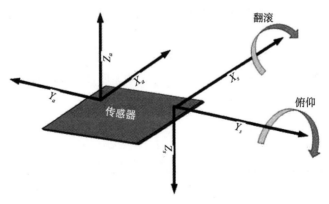

图 3-9　加速度计倾斜计算轴

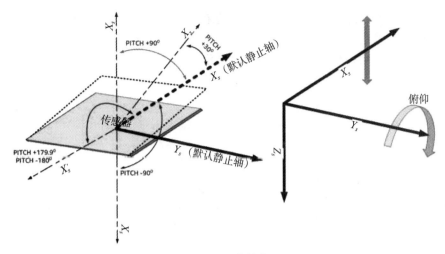

图 3-10　俯仰角

翻滚角（β）是 Y_s 轴和水平面之间的夹角。当 Y_s 轴在绕 X_s 轴旋转的同时从平面上升或下降时，翻滚角会发生改变。如果智能手机围绕 X_s 轴旋转并从平面向上移动到垂直位置，则翻滚角会从 0° 变化至 −90°。如果继续移动直至再次变平，那么翻滚角度将变为 −180°。假设角度分辨率为 1°，如果智能手机的轴 Y_s 从平面向下移动，则翻滚角将从 0° 变化至 +179°。图 3-11 显示了各种翻滚角度：0°、+30°、+90°、−90°、+179°、−180° 等。

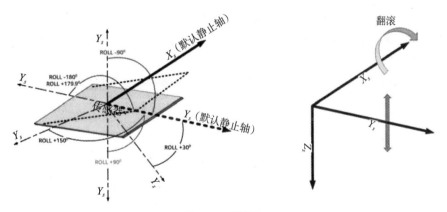

图 3-11　翻滚角

表 3-2 总结了一些有助于理解智能手机固定位置的加速度计读数。

表 3-2　加速度计的三轴读数

智能手机的位置	加速度计的三轴读数		
	A_x	A_y	A_z
沿着 Z_s 轴向下	0	0	1g
沿着 Z_s 轴向上	0	0	−1g
沿着 Y_s 轴向下	0	1g	0
沿着 Y_s 轴向上	0	−1g	0
沿着 X_s 轴向下	1g	0	0
沿着 X_s 轴向上	−1g	0	0

现在让我们看看如何计算倾斜度。这个概念在之前的"倾斜灵敏度和加速度计方向"一节中进行了简要说明。

考虑图 3-12，X 轴和 Y 轴相互垂直，Y 轴是沿着水平面的。

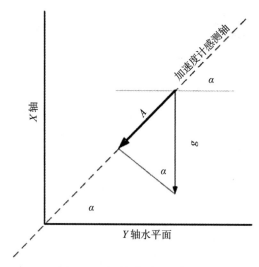

图 3-12   倾斜感测的工作原理

由于加速度计测量 g 重力向量在其感测轴上的投影，所测加速度幅度 A 的变化公式为：$\sin\alpha = A/g \geqslant A = g \times \sin\alpha$ 或 $\alpha = \arcsin(A/g)$，其中 A 为测量的加速度，g 为地球重力向量。

单轴倾斜感测   让我们考虑一个加速度计，它沿水平面有一个感测轴，与重力垂直（如图 3-13 所示）。

如果该加速度计倾斜（如图 3-14 所示），则对应的感测加速度计读数如表 3-3 所示。

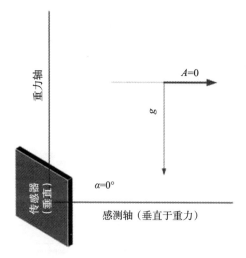

图 3-13   单轴加速度计倾斜计算

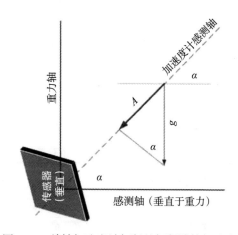

图 3-14   单轴加速度计倾斜的倾斜计算加速度计

表 3-3　单轴加速度计的倾斜度和灵敏度值

倾斜角 α（度）	倾斜角 α（弧度）	sin (α)	$A=9.8 \times \sin (\alpha)$
0	0	0.0000	0.000 00
1	0.017 453	0.0175	0.171 03
15	0.261 799	0.2588	2.536 43
16	0.279 253	0.2756	2.701 25
30	0.523 599	0.5000	4.900 00
31	0.541 052	0.5150	5.047 37
45	0.785 398	0.7071	6.929 65
46	0.802 851	0.7193	7.049 53
60	1.047 198	0.8660	8.487 05
61	1.064 651	0.8746	8.571 27
75	1.308 997	0.9659	9.466 07
76	1.326 45	0.9703	9.508 90
89	1.553 343	0.9998	9.798 51
90	1.570 796	1.0000	9.800 00
179	3.124 139	0.0175	0.171 03
180	3.141 593	0.0000	0.000 00
181	3.159 046	−0.0175	−0.171 03
270	4.712 389	−1.0000	−9.800 00

由图 3-15 可以看出，当倾斜越靠近水平轴时，加速度计测量的灵敏度（g 的变化）值越大，而越接近重力方向时，灵敏度值越小，在 90° 或 270° 时变为 0。

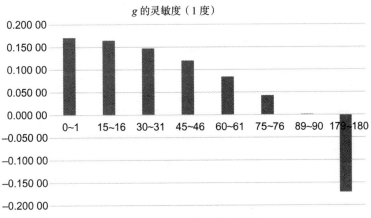

图 3-15　单轴加速度计灵敏度

双轴倾斜感测　让我们考虑两种不同的双轴加速度计感测的情形。

情形 1：传感器位置（垂直）　考虑加速度计围绕 Z 轴逆时针旋转（如图 3-16 所示，角度 $\beta=-30°$），那么 Z 轴和 Y 轴的灵敏度及对应倾斜角将如图 3-17、图 3-18 和图 3-19 所示。图 3-17、图 3-18 和 3-19 中的结论见表 3-4。

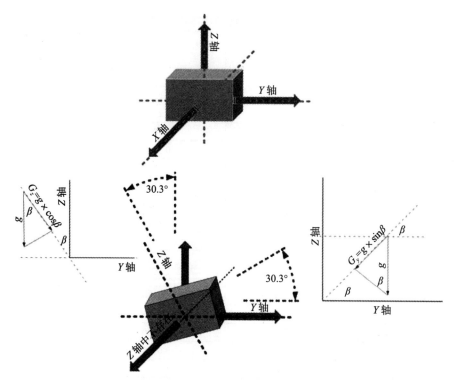

图 3-16 双轴倾斜感测情形 1

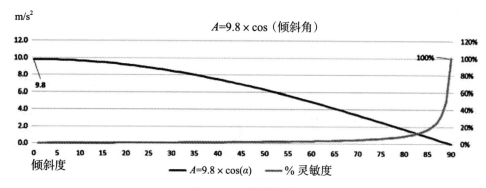

图 3-17 *Z* 轴灵敏度

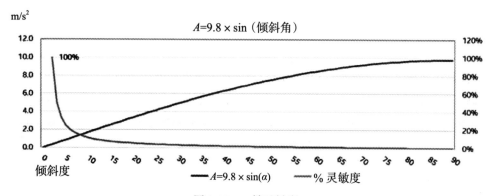

图 3-18 *Y* 轴灵敏度

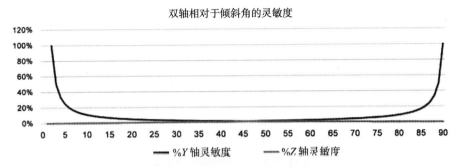

图 3-19　双轴加速度计相对于倾斜角的灵敏度

表 3-4　倾斜角与灵敏度的关系

倾斜角（度）	Z 轴灵敏度（沿 g）	Y 轴灵敏度（垂直于 g）
<45	低于 Y 轴	高于 Z 轴
>45	高于 Y 轴	低于 Z 轴

情形 2：传感器位置（水平）　在这类情形下（如图 3-20 所示），Y 轴垂直于 g，因此加速度计测得的加速度 $A = g \times \sin$（倾斜角）。但由于 $\sin(\alpha) = \sin(180° - \alpha)$，所以这个测量的加速度对于某两个不同的倾斜角来说是相同的，因此很难区分倾斜角度是 α（如 30°）还是 $180° - \alpha$（如 150°）。这是这种特殊配置的严重缺陷，因为它不利于倾斜计算。

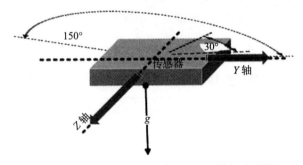

图 3-20　双轴加速度计无效（需要三轴加速度计）

三轴倾斜感应　将 Z 轴与 X 轴及 Y 轴组合起来可以帮助提高加速度计的倾斜灵敏度和精度。

对于 X 轴：图 3-21 中为一个水平面。任何倾斜都在同一平面上，称为俯仰。加速度计测量的加速度 a_x 与 g 力有关（g 方向向下）。

测量的加速度 $a_x = g \times \sin(\alpha)$，或 $\sin(\alpha) = \dfrac{a_x}{g}$，或 $\alpha = \arcsin(a_x / g)$。

对于 Y 轴：图 3-21 中的轴向是加速度计的前向或后向（该轴也为一个水平面，但垂直于另一个水平面 X 轴）。图中相对于水平面的任何倾斜都称为翻滚，加速度 a_y 将由加速度计根据 g 力来进行测量（g 方向向下）。

测量的加速度 $a_y = g \times \sin(\beta)$，或 $\sin(\beta) = \dfrac{a_y}{g}$，或 $\beta = \arcsin(a_y / g)$。

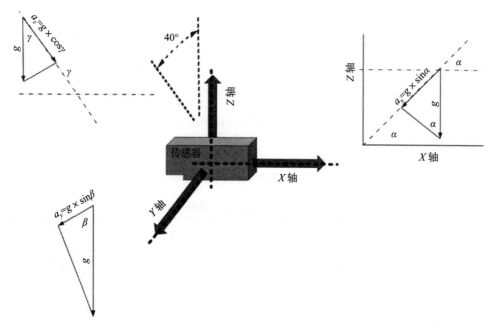

图 3-21　三轴加速度计和倾斜角度

对于 Z 轴：图 3-21 中的轴是上下方向（垂直于水平平面，因此垂直于 X 轴和 Y 轴），任何倾斜角都与向下方向的 g 力相关。加速度计测得的加速度 a_z 由以下等式给出：

$a_z = g \times \cos(\gamma)$，或 $\cos(\gamma) = \dfrac{a_z}{g}$，或 $\gamma = \arccos(a_z/g)$。

对于三轴加速度计，测量的整体加速度（如图 3-22 所示）如下所示：

$$A = \sqrt{\left(a_x^2 + a_y^2 + a_z^2\right)}$$

俯仰角方程为 $\sin(\alpha) = \dfrac{a_x}{g}$。

基于向量表示的整体加速度为 A（如图 3-23 所示），有 $\tan(\alpha) = \dfrac{a_x}{I_x}$，其中

$$I_x = \sqrt{\left(A - a_x^2\right)} = \sqrt{\left(a_x^2 + a_y^2 + a_z^2 - a_x^2\right)} = \sqrt{a_y^2 + a_z^2}$$

因此，

$$\tan(\alpha) = \frac{a_x}{I_x} = \frac{a_x}{\sqrt{a_y^2 + a_z^2}}$$

$$俯仰角 = \alpha = \arctan\left(\frac{a_x}{\sqrt{a_y^2 + a_z^2}}\right)$$

同样，我们有 $\tan\beta = \dfrac{a_y}{I_y}$，其中

$$I_y = \sqrt{\left(A^2 - a_y^2\right)} = \sqrt{\left(a_x^2 + a_y^2 + a_z^2 - a_y^2\right)} = \sqrt{a_x^2 + a_z^2}$$

因此，

$$\tan(\beta) = \frac{a_y}{I_y} = \frac{a_y}{\sqrt{a_x^2 + a_z^2}}$$

$$翻滚角 = \beta = \arctan\left(\frac{a_y}{\sqrt{a_x^2 + a_z^2}}\right)$$

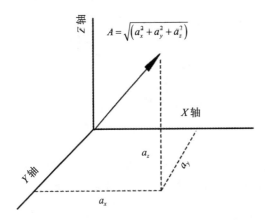

图 3-22　三轴加速度计测量加速度的向量表示

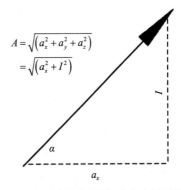

图 3-23　根据三轴测量的加速度来测量翻滚角

陀螺仪

陀螺仪 [2-3] 用于确定装置的旋转运动和方向。陀螺仪有 MEMS 陀螺仪、光纤陀螺仪和振动陀螺仪等不同类型。

（1）机械陀螺仪

机械陀螺仪采用角动量守恒原理（系统的旋转保持恒定，直至受到外部扭矩的影响）。陀螺仪的旋转轴上有一个可以自由旋转的轮子或圆盘，称为转子。旋转轴可以自由呈现任意方向并定义转子的旋转。当安装在平衡环上时，根据角动量守恒定律，旋转轴的方向不受安装平台的运动的影响。平衡环可最大限度地减小外部扭矩。

（2）陀螺仪的组成部分和旋转自由度

陀螺仪由四个主要部件组成（如图 3-24所示）：陀螺仪框架、平衡环、转子和旋转轴。

陀螺仪框架是一个外环，它以一个旋转自由度围绕支撑平面内的轴线转动。陀螺仪框架的轴不旋转（旋转自由度为零）。

平衡环是绕某个轴旋转的内环，这个轴与陀螺仪框架的轴垂直。平衡环有两个旋转自由度。

转子的轴定义了与平衡环轴垂直的旋转轴。转子以三个旋转自由度围绕其轴旋转，旋转轴具有两个旋转自由度。转子或陀螺仪的旋转轴方向的改变称为陀螺仪进

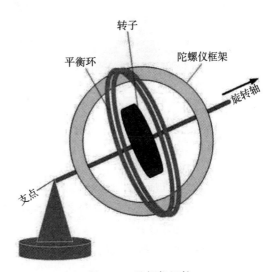

图 3-24　陀螺仪组件

动（gyroscope precession）[4]。

（3）陀螺仪进动

扭矩是试图使物体绕其旋转轴旋转的力。扭矩的大小取决于施加的力以及轴与施加力点之间的距离，表示为：

$$\tau = F \times r$$

考虑重力作用下的陀螺仪（如图 3-25 所示）。当轮子 / 转子不旋转时，来自重力的扭矩会使转子以一个角速度向下旋转 [5]。

使用右手定则（右手手指从杠杆臂的方向弯曲到重力 Mg 的方向），扭矩指向页面，产生的角速度也指向页面。陀螺仪重力的扭矩为：

$$\tau = F \times r = Mgr$$

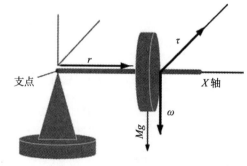

图 3-25　无旋转转子的陀螺仪

如图 3-26 所示，如果转子旋转时的初始角动量向量 L_{init} 垂直于重力 Mg 引起的向量 F，则扭矩 τ 会引起角动量向量方向的变化，从而引起转子旋转轴的变化。这种旋转轴或进动的变化将具有角速度 $\omega_{precession}$。

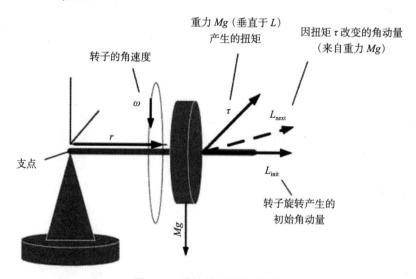

图 3-26　带旋转转子的陀螺仪

其中，

L = 角动量；

τ = 基于重力的扭矩；

M = 陀螺仪的质量；

α = 旋转轴和垂直向下方向之间的角度 [6]（如图 3-27 所示）；

g = 重力加速度；

r = 扭矩臂（与施力轴的距离）。

$$\tau = F \times r = Mgr\sin\alpha$$

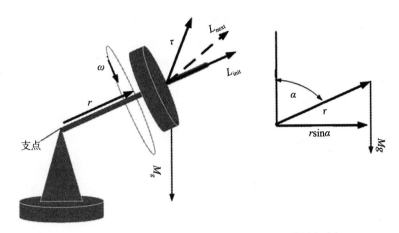

图 3-27 带旋转转子的陀螺仪（与水平面所成的角度）

扭矩是角动量 [7]（$\mathrm{d}L/\mathrm{d}t$）的变化率，$\mathrm{d}L/\mathrm{d}t$ 的大小由下式给出：

$$\tau = \mathrm{d}L/\mathrm{d}t = F \times r\sin\alpha = Mgr\sin\alpha$$

在一个时间增量 $\mathrm{d}t$ 中，角动量向量从其初始值 L_{init} 变化到一个新值 $L_{\text{next}} = L_{\text{init}} + \mathrm{d}L$（如图 3-28 所示）。

由图 3-28 中的矢量三角形可得：

$$\mathrm{d}\theta = \frac{\mathrm{d}L}{L}$$

$$\mathrm{d}L = L\mathrm{d}\theta$$

$$\tau = F \times r\sin\alpha = Mgr\sin\alpha = \frac{\mathrm{d}L}{\mathrm{d}t} = \frac{L\mathrm{d}\theta}{\mathrm{d}t}$$

$$\frac{\mathrm{d}\theta}{\mathrm{d}t} = \frac{Mgr\sin\alpha}{L} = \frac{\tau}{L}$$

$\mathrm{d}\theta/\mathrm{d}t$ 是旋转轴的变化率，该旋转轴的角频率称为进动率，由以下公式给出：

$$\tau = L\frac{\mathrm{d}\theta}{\mathrm{d}t} = L\omega_{\text{precession}} = Mgr\sin\alpha$$

$$\omega_{\text{precession}} = \frac{Mgr\sin\alpha}{L}$$

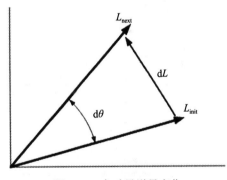

图 3-28 角动量增量变化

角动量（L）是惯性（I）和角速度（ω）的乘积。

$$L = I\omega$$

$$\omega_{\text{precession}} = \frac{Mgr\sin\alpha}{I\omega}$$

如果陀螺仪的旋转速度减慢（例如受摩擦影响），则其角动量减少，进动率增加。如果装置旋转速度不够快，不足以支撑其自身重量，则会停止进动并下落，如图 3-25 所示。

3.2.2 接近传感器

接近传感器是一种能够检测和感知附近物体接近或存在的一种装置，它不需要物理接触。以下是一些不同类型的接近传感器 [8]：

- **电感式**：这种类型的传感器用于检测附近的金属物体。传感器会在其自身周围或传感表面产生电磁场。
- **电容式**：这种类型的传感器用于检测金属物体和非金属物体。
- **光电式**：这种类型的传感器用于检测物体，主要组件为光源和接收器。
- **磁性式**：这种类型的传感器使用一个电子开关，该开关基于感应区域的永磁体来操作。

电感式接近传感器的工作原理

电感式接近传感器[9-10]主要由线圈、电子振荡器、检测电路、输出电路和电源组成。这种接近传感器以电感和产生涡流为工作原理。电感的定义是流过导体的电流的变化，它在该导体和附近任何导体中都会引起电压的变化。涡流是由导体中磁场变化所产生的电流。涡流产生的磁场与产生它的磁场相反（如图 3-29 所示）。

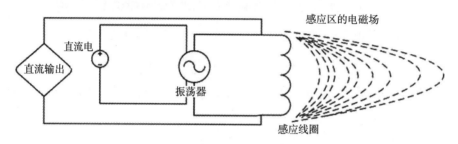

图 3-29　电感式接近传感器的组件

振荡器通过直流电源供电，它产生一个不断变化的交流电（AC）。当 AC 通过感应线圈时，会产生一个变化的电磁场，该电磁场会在传感器前面创建一个被称为有源表面的金属感应区。图 3-30 显示了传感器侧边的 AC 和电磁场的产生，金属物体会因涡流而产生阻抗变化。

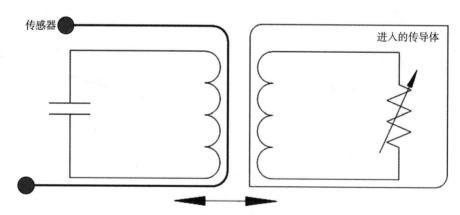

图 3-30　接近传感器的工作原理

当金属物体进入电感式接近传感器的检测区域时，该物体内部会形成涡流电路。这种涡流对磁场源产生反应，从而减小电感式传感器自身的振荡场的作用。当振荡幅度减小到低于某个阈值时，传感器的检测电路就会从输出电路[11]触发一个输出。

电容式接近传感器的工作原理

电容式接近传感器[12-13]类似于电感式接近传感器，不同之处在于，电容式接近传感器中产生的是静电场，而不是电磁场。因此，在感应区可以感知金属和非金属物体（如液体、纸张、布和玻璃）。

如图 3-31 所示，该传感器由用于给电容器充电的交流电路组成。

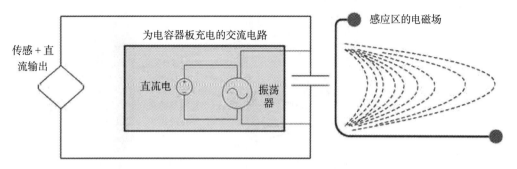

图 3-31   电容式接近传感器的组件

如果电容式传感器的有源传感表面由电容器的两个金属电极组成，那么输入目标将导致振荡器电路的电容变化。感应电路将检测到这种变化，并在达到阈值时触发输出变化。

如果电容式传感器的有源传感表面仅由电容器的一个金属电极组成，那么输入目标将表现为另一个板。另一个板的存在使传感器电容板能接收或移除 AC，从而引起感应电路接收到的电流值发生变化。AC 达到变化阈值时，输出电路将显示输出变化。

传感器电容板的调整可用于调节工作距离。这有助于满容器和空容器的检测。传感器的工作距离可以根据目标材料的介电常数进行调整。

介电常数较大的目标材料的有效感测距离大于介电常数较小的目标材料的有效感测距离。例如，对于介电常数为 25 的酒精，电容式传感器具有 10mm 的有效感测距离，而对于介电常数为 5 的玻璃，相同的电容式传感器只有 2mm 的感测距离。

光电式接近传感器的工作原理

光电式接近传感器 [14] 用于检测目标物体的距离（或目标物体是否存在）。它使用一个光发射器（主要为红外线）和一个光电接收器。光电传感器有四种模式：

- **直接反射型（漫反射）**：关于这种类型（如图 3-32 所示），光发射器和接收器都在传感器中，它利用从目标对象直接偏转的光来检测。因此，发送的光 / 辐射被物体反射并到达接收器是至关重要的。发射器发出的一束光（通常是脉冲红外线、可见光的红波段或激光）在所有方向上扩散，填充探测区域；然后，目标进入该区域，并将部分光束反射回接收器。当足够的光线反射回接收器时触发检测并打开或关闭输出。这种传感器受物体的颜色和表面类型的影响。如果物体是不透明的，那么浅色物体的感测距离会较大，深色物体的感测距离较小。如果物体有光泽，那么工作距离会受表面类型的影响（超过物体颜色）。

漫射模式的改进之一是漫射会聚光束模式（如图 3-33 所示），其中发射器和接收器都聚焦在传感器前的同一点上，这个点被称为传感器焦点。

传感器可以探测到传感器焦点处或焦点附近检测窗口内的任何物体，而该检测窗口外的任何物体则都将被忽略。这种漫射会聚式传感器相对于简单漫射式传感器能更好地探测低反射目标。

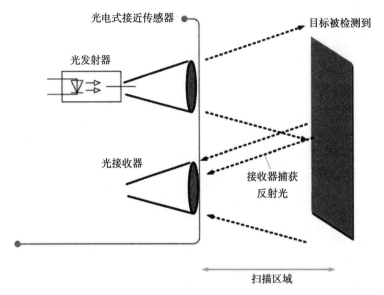

图 3-32　漫射模式的光电式接近传感器

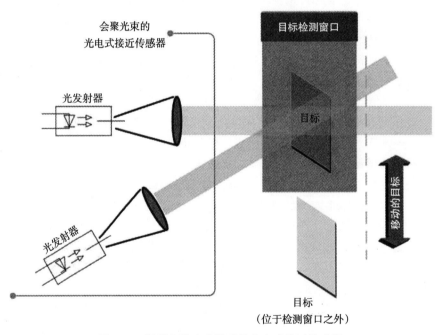

图 3-33　漫射会聚光束模式的光电式接近传感器

　　图 3-34 为有两个接收器的带有机械背景抑制的漫射式传感器。第一个接收器从目标捕捉反射光，第二个接收器捕捉来自背景的反射光。如果目标反射的光比来自背景的反射光强，则检测到目标，否则检测不到。

　　图 3-35 为带有电子背景抑制的漫射式传感器，其中位置敏感电子设备充当接收器。该接收器将从目标和背景接收到的反射光与预定值进行比较，当目标的反射光强度超过预定强度值时检测到目标。

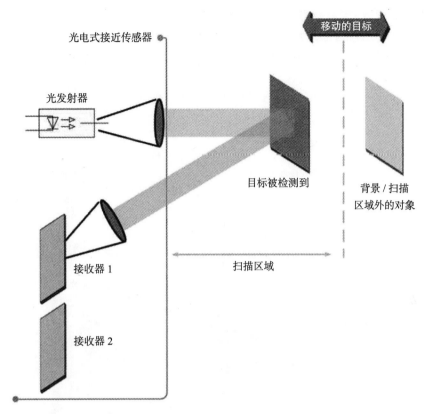

图 3-34 带有机械背景抑制的漫射模式的光电式接近传感器

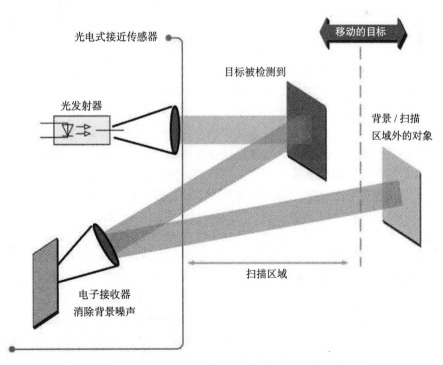

图 3-35 带有电子背景抑制的漫射模式的光电式接近传感器

- **逆向反射型（带反射器）**[15]：在这种类型的光电传感器中，发射器和接收器一起被放置在传感器内部，并且需要一个单独的反射器（如图 3-36 所示）。如果一个物体进入传感器的反射器和接收器之间，那么它们之间的光束就会被中断，则传感器可以检测到中断对象。与大多数目标的反射率相比，由于反射器效率的提高，这些传感器通常具有更长的感测距离。目标颜色和光洁度不会影响该模式下的感测范围。

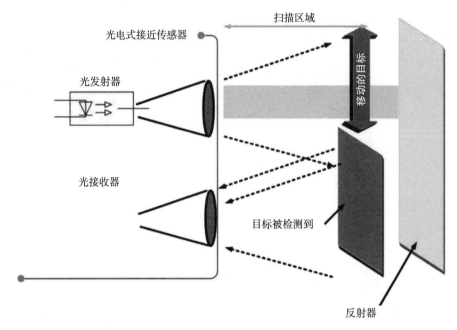

图 3-36   逆向反射型光电式接近传感器

- **偏振反射型（带反射器）**：这种类型的传感器类似于前面描述的逆向反射型传感器，但它使用的是偏振滤波器，只允许特定相位的光反射回接收器（如图 3-37 所示）。这有助于传感器将发光物体作为目标，而不是错误地看作反射器，因为反射器反射的光会改变光的相位，而发光目标反射的光则不会。偏振逆向反射型光电传感器必须与角立方反射器一起使用，角立方反射器是一种可以准确地将平行轴上的光能返回给接收器的反射器。偏振逆向反射型传感器适用于具有反射目标的情况。
- **对射型**：这种类型的传感器也称为对置式传感器，它为发射器和接收器提供一个单独的外壳（如图 3-38 所示）。发射器发出的光束指向接收器。当物体进入发射器和接收器之间时，它会中断二者之间的光束，从而导致传感器的输出发生变化。该模式是最精确和可靠的，且在所有类型的光电传感器中有最长的感测范围。

磁性接近传感器的工作原理

磁性接近传感器由一个簧片开关组成，它是一种由外加磁场操作的电气开关，包含一对可磁化的柔性金属簧片，当开关打开时，金属簧片的末端部分分离（如图 3-39 所示）。簧片被密封在一个管状的玻璃外壳的两端。当磁场停止时，簧片的刚度使它们分离并断开电路。磁场（来自电磁体或永久磁体）会使簧片闭合在一起，形成一个完整电路；当簧片开关打开时，传感器开启。

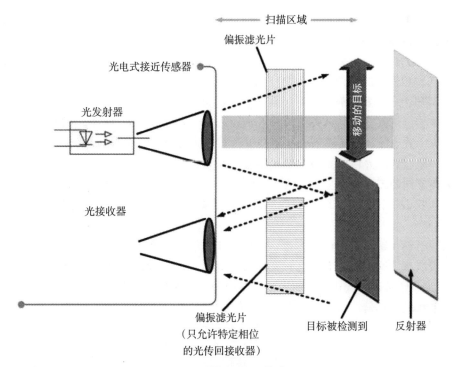

图 3-37　偏振型光电传感器

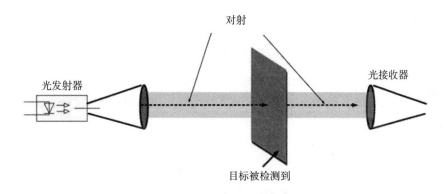

图 3-38　对射型光电传感器

图 3-39　磁性接近传感器

3.2.3　压力传感器

压力传感器是一种可以测量单位面积（主要是液体和气体）上受力大小的装置，它根据施加在其上的压力产生信号。以下是不同类型的压力传感器：

- **绝压传感器**：测量相对于理想真空的压力。
- **表压传感器**：测量相对于大气压的压力。
- **真空压力传感器**：测量低于大气压的压力或测量相对于理想真空的低压。
- **差压传感器**：测量两种压力之间的差异。
- **密封压力传感器**：测量相对于某些固定压力的压力

压力传感器可以分为机械式（如 Bourdon tube）或电子式（如硅膜片或不锈钢膜片）。以下是一些集力式电子压力传感器：压阻应变片式压力传感器、电容式压力传感器、电磁式压力传感器、压电式压力传感器和光学式压力传感器。

压力传感器的工作原理 [16]

首先让我们讨论压电电阻的工作原理，或者如何在压力传感器中使用某些金属的压电特性。

在某些材料（导体和半导体）中，由于施加压力或应变而引起的原子间距的变化会影响价带与导带底部之间的能量差。这种变化要么有助于电子跃迁到传导带（取决于材料和施加的压力），要么使其难以跃迁。因此，施加的压力会导致材料电阻率的变化。

压阻系数的公式是：

$$\rho = \frac{\left(\dfrac{电阻率的变化量}{初始电阻率}\right)}{施加的压力}$$

电阻率的变化量 $= \rho \times$ 施加的压力 $\times$ 初始电阻率 R

材料的电阻由下式给出：

$$R = \rho \times \frac{导体的长度}{电流的横截面积}$$

对于硅膜片压力传感器，在硅芯片／膜片上会形成应变敏感电阻层（如图 3-40 所示的半导体应变计），当对硅膜片施加压力时，应变敏感电阻的电阻值会发生改变。压力的变化因此被转化成电信号。

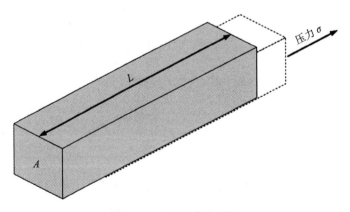

图 3-40   压阻的物理原理

$$R = \rho \times \frac{导体的长度}{电流的横截面积}$$

所以

$$R = \rho \times \frac{L}{A}$$

电阻的变化可以定义为：

$$dR = \frac{\rho}{A}dL + \frac{L}{A}d\rho + \frac{\rho L}{A^2}dA = \frac{R}{L}dL + \frac{R}{\rho}d\rho + \frac{R}{A}dA$$

把方程除以 R，我们得到以下式子：

$$\frac{dR}{R} = \frac{dL}{L} + \frac{d\rho}{\rho} - \frac{dA}{A}$$

可以通过惠斯顿电桥电路将这种电阻变化转换为电压变化，如图 3-41 所示。

在平衡点，没有电流流过电路：

$$\frac{R1}{R3} = \frac{R2}{R4}\text{和}V1 = V2;\ V3 = V4$$

$$V_{\text{out}} = V_{\text{in}} \times \left[\frac{R2}{(R1+R2)} - \frac{(R4)}{(R3+R4)} \right]$$

如果所有 R 都相同，并且 $R1$ 为表明电阻率变化的压力传感器，那么

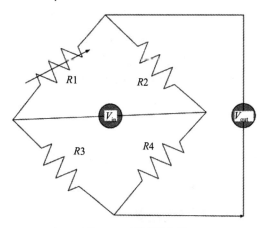

图 3-41　惠斯通电桥

$$V_{\text{out}} = V_{\text{in}} \times \left[\frac{R}{(R1+R)} - \frac{(R)}{(R+R)} \right] = V_{\text{in}} \times \left[\frac{R}{(R+\Delta R+R)} - \frac{(R)}{(R+R)} \right]$$

$$= V_{\text{in}} \times \left[\frac{R}{(2R+\Delta R)} - \frac{(R)}{2R} \right]$$

$$= V_{\text{in}} \times \left[\frac{R}{(2R+\Delta R)} - \frac{1}{2} \right] = V_{\text{in}} \times \left[\frac{R}{(2R+\Delta R)} - \frac{\left(R+\dfrac{\Delta R}{2}\right)}{2\left(R+\dfrac{\Delta R}{2}\right)} \right]$$

$$= V_{\text{in}} \times \left[\frac{R}{(2R+\Delta R)} - \frac{\left(R+\dfrac{\Delta R}{2}\right)}{(2R+\Delta R)} \right]$$

$$= V_{\text{in}} \times \left[\frac{R-R-\dfrac{\Delta R}{2}}{(2R+\Delta R)} \right]$$

$$\therefore V_{\text{out}} = V_{\text{in}} \times \left[\frac{-\dfrac{\Delta R}{2}}{(2R+\Delta R)} \right]$$

该电压差与温度无关。

现在让我们来了解电容式压力传感器的工作原理 [17]。

两个平行板的电容为 $C = \dfrac{\mu A}{d}$，

其中

$\mu=$ 平行板间材料的介电常数；

$A=$ 平行板的面积；

$d=$ 平行板间的距离。

电容式压力传感器通过电容的变化来确定压力的变化：

- 电介质的变化，即裸露 / 多孔电介质的变化。
- 平行板之间距离的变化。

电容式压力传感器使用一个薄膜片作为一个电容器板。当压力作用于膜片上时，膜片发生偏转，导致板间距变化，从而引起电容变化。

如 3.2.2 节所述，这种电容变化可用于控制振荡器的频率或通过网络改变 AC 信号（如图 3-42 所示）。

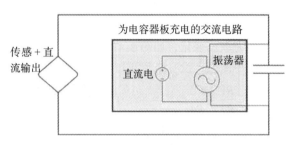

图 3-42　电容式压力传感器电路

3.2.4　触摸传感器 [18]

触觉是人体的五种感官之一，也被称为触觉感知。触觉可以通过多种方式感知，如压力、皮肤拉伸、振动和温度 [19]。触摸包括三个主要的感觉系统：

- **触摸 / 物理刺激**：又称体感系统或触觉感知，由感觉受体和从外围（皮肤、肌肉、器官）及中枢神经系统中的神经元传入的感觉组成。
- **本体感觉**：这指的是"运动感"，是不同身体部位相对于彼此的位置感，以及运动中所涉及的力量。
- **触觉感知** [20]：指通过使用或探索身体部位 / 传感器而获得的感觉 / 感知。可以通过运动、压力、外壳或映射对象轮廓来完成。

因此，对刺激的感知可以分为皮肤 / 触觉感知、本体感觉 / 动觉感知和触觉感知。

触觉感知系统由多个部分 [21] 组成，图 3-43 显示了基于不同参数和特性的触摸传感器的分类。

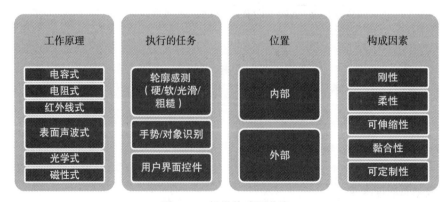

图 3-43　触摸传感器分类

触摸传感器的工作原理

触摸传感器可以根据它们的转导方法进行分类。表 3-5 总结了一些主要的转导方法。

表 3-5　各类型触摸传感器及其工作原理

转导方法	工作原理	优缺点
电容式	电容式传感器由平板电容器组成，在平板电容器中，通过改变其相对位置施加的力来改变平板之间的距离或有效面积	√灵敏、只需触摸而不需要按压 ×滞后现象严重
电阻式	两块由绝缘材料（如空气）隔开的导电片，其中一块带有电压梯度（参考电压和两端的接地端）；当通过施加的力使第二片导电片与第一片接触时，第二片充当线性电位计中滑块的作用。接触点处形成分压器，导电片（滑块）的电压可用于确定接触点的位置	√灵敏、便宜 ×耗电、需要按压（触摸不够）
压阻式	所用材料能使阻力随外力／压力变化而变化	√成本低、噪声低、灵敏度高 ×刚性／脆弱、非线性响应、滞后、信号飘忽
磁性式	测量由施加在磁体上的力引起的磁通密度的变化	√灵敏度高、动态范围、无机械滞后、物理特性好 ×磁干扰大、体积大、功率大
超声波式	用于检测运动开始时和运动过程中在光滑／粗糙表面滑动时产生的表面噪声	√快速动态响应、分辨率好 ×低频时效用有限
压电式	所用材料具有能产生与施加的外力／压力成比例的电荷／电压的特性	√动态响应、高带宽 ×温度敏感
隧道式	当材料变形（由于压缩、扭曲或拉伸）时，利用材料的独特能力，通过材料粒子之间的量子遂穿（电子）将其从绝缘体转化为导体。压力转化为光或电流变化	√灵敏，物理特性灵活 ×非线性响应

超声波／表面声波触摸传感器 [23]

当敲击一个铃铛时，它靠振动产生声波。当由振动产生的能量消散时，声音便会慢慢减弱。如果铃铛在振动时被触碰，因为振动被抑制，声音会减弱得更迅速。通过测量振动的变化，计算衰减率（随着触碰而增加），可以推断铃铛是否被触碰。

表面声波触摸传感器有以下组件：

- 具有高质量品质因子 Q 的衬底。Q 因子描述了振荡器或谐振器是否欠阻尼、过阻尼或临界阻尼。Q 因子越高表示振荡衰减越慢（相对于谐振器储能的损耗率越低）。
- 超声波发射器／传感器，发射小型超声波脉冲。
- 外露的接触面。

高 Q 衬底（也称为谐振器）的表面形成共振腔，这些腔体可以捕获超声能量，且可以在接收超声波脉冲时产生微型振动孤岛，该声波脉冲由伴随的超声波发射器产生。在从发射器接收脉冲（兆赫范围）时，谐振器中产生振动波，这种波通过谐振器在高 Q 因子衬底的横截面上传播。当脉冲波到达衬底另一端外露的接触面时，它会被反射回发射器。在这种情况下，发射器充当接收器，捕捉并测量接收脉冲的强度。

在正常情况下，当接触面没有被触摸时，接收脉冲的强度在低阻尼波的范围内，这意味着它几乎与发射脉冲的强度相同，因为在高 Q 衬底中，波能衰减更慢。

但是，如果触碰到谐振器的外露触面，那么接触点会存在能量损失（例如手指会吸收能量），这将导致在高 Q 衬底中的能量损失比预期更快。发射器和接收器处于连续的信号传输、监听和评估过程中，当信号衰减速度快于预期到达阈值的正常时间时，接收端会感知到这种异常能量损失，并以电力输出的形式报告。

图 3-44 显示了传输时间的变化 [21]。

有两种计算是否存在触碰的方法：

1. 通过计算超声波通过高 Q 材料时减少的距离。
2. 通过计算超声波的阻尼。

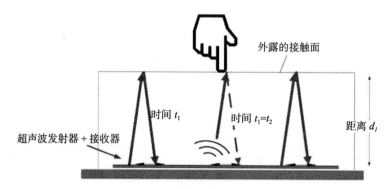

图 3-44   超声波触摸传感器

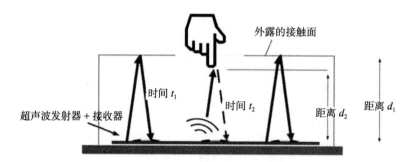

图 3-45   按压超声波触摸传感器

方法 1（如图 3-45 所示）：

$$d_1 - d_2 = \frac{1}{2(t_1 - t_2)}$$

$$F（压力）= 高\,Q\,材料刚度\,\mu \times (d_1 - d_2) = \mu \times \frac{1}{2(t_1 - t_2)}$$

方法 2：

高 Q 衬底的谐振频率 f_0 可以用弧度 $\omega = 2\pi f_0$ 表示。

因子 Q、阻尼比 ζ、衰减率 α 和指数时间常数 τ 相关：

$$Q = \frac{1}{2\zeta} = \frac{\omega}{2\alpha} = \frac{\omega\tau}{2}$$

$$\therefore \zeta = \frac{1}{2Q} = \frac{\alpha}{\omega} = \frac{1}{\tau\omega}$$

$$\therefore \alpha = \frac{\omega}{2Q} = \zeta\omega = \frac{1}{\tau}$$

以及

$$\tau = \frac{2Q}{\omega} = \frac{1}{\zeta\omega} = \frac{1}{\alpha}$$

如果存在触碰，那么衰减率 α 将比上述方程所提供的更大，并且触碰会被电子电路感知。

电容式触摸传感器

电容式触摸传感器用于测量电容的变化（如图 3-46 所示）。这种基于触摸的电容变化与系统的寄生电容（也称为稳态电容或基线电容）有关，通过降低寄生电容可以增加灵敏度，即电容的相对变化。

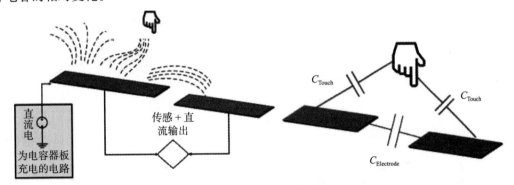

图 3-46　电容式触摸传感器

图 3-47[24] 显示了德州仪器设计指南中描述的单键电容式触摸按键的等效电路。

- 电容 C_{Ground} 是 DUT 局部接地与接地之间的电容。
- 电容 C_{Trace}、$C_{Electrode}$ 和 $C_{Parasitics}$ 被称为寄生电容。C_{Trace} 是轨迹和局部接地之间的电容。$C_{Electrode}$ 是电极结构和局部接地之间的电容。$C_{Parasitics}$ 是传感器和电路元件的总内部寄生电容。
- C_{Touch} 是触摸电容，是在触碰时用户（比如手指）和电极之间形成的。手指接触外露触摸面形成的平坦表面构成平行板电容的上板，电极形成下板。

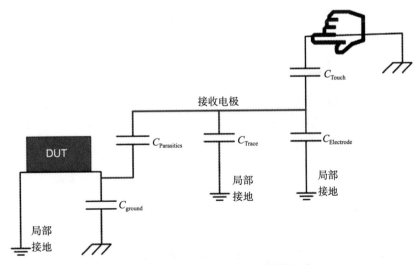

图 3-47　电容式触摸传感器的等效电路

对于由面积为 A、间距为 d（如图 3-48 所示）的两个平行板组成的平行板电容器，其电容方程为：

$$C = 介电常数 \times \left(\frac{面积 A}{板间距离 d} \right)$$

当施加力 F 时，两个板之间的面积或距离都会变化，这将导致电容发生变化，这种变化会被测量并转换成电信号输出。

法向力引起距离 d 的变化，切向力引起面积的变化。因此，这些传感器能够通过施加的法向力或切向力来感知触摸。

电容式触摸传感器有两种类型：

1. **自电容 / 绝对电容型**：触摸对象增加接地电容。它包含一个电极，作为电容器板之一（如图 3-49 所示），另一个电容器板由接触对象（如手指）形成。当接触对象接近电容器板时，会导致 C_{Touch} 电容增加（如图 3-50 所示）。

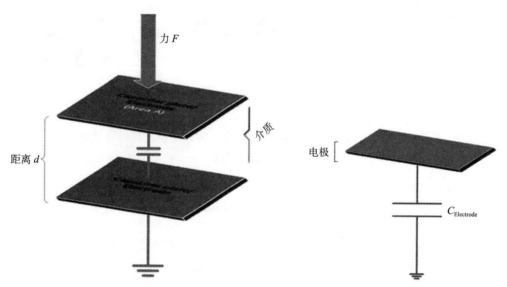

图 3-48　简单的平行板电容器　　　　　图 3-49　自电容 / 绝对电容触摸传感器

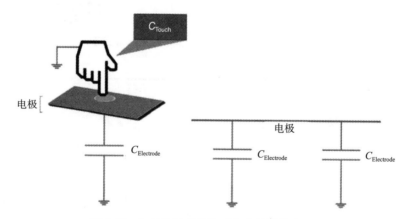

图 3-50　与对象触碰的绝对电容触摸传感器

2. **互电容型**：触摸对象改变了两个电极之间的耦合（如图 3-51 和图 3-52 所示）。

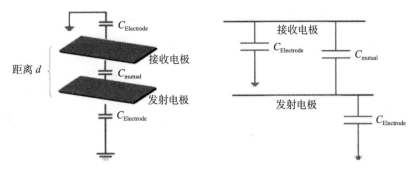

图 3-51　互电容触摸传感器

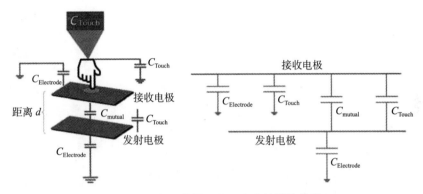

图 3-52　与对象触碰的互电容触摸传感器

在如图 3-53 所示的情况下，互电容器排成阵列[18]，电压作用于阵列的行和列上，当触摸对象（如手指）靠近阵列时，阵列的电容会发生变化。通过测量阵列中每个独立点的电容变化可以确定接触位置，可以同时检测多个触摸点。

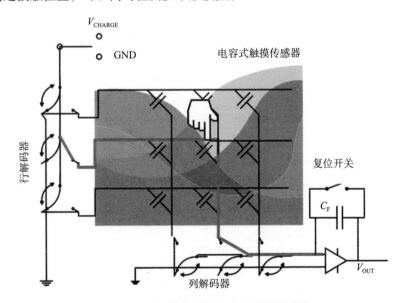

图 3-53　阵列结构中的互电容触摸传感器

首先使用行和列解码器测量 C_{mutual}，施加电压 V_{step} 于传感器的行电极以对电容器进行充电。当 V_{step} 接地时，电容器电荷转移到 C_{F}，输出电压的变化为：

$$\Delta V_{\text{output}} = -\Delta V_{\text{step}} \times \frac{C_{\text{mutual}}}{C_{\text{feedback}}}$$

电阻式触摸传感器

电阻式触摸传感器利用传感材料的电阻变化来检测和测量触摸或接触（如图 3-54 所示）。根据电阻式传感器的类型，可以用不同方式来测量电阻的变化：

1. **电位计式传感器**：电阻的变化取决于触碰的位置。
2. **压阻式传感器**：电阻的变化取决于触碰压力。

图 3-55 简要描述了电位计式传感器的概念。

$$V_L = \frac{R_2}{R_1 + R_2} V_s$$

如果传感器由两个涂有电阻材料的柔性薄片制成，一个置于另一个上面并用空气或绝缘材料隔开，那么当两个薄片通过接触相互挤压时，第二个薄片充当电位计上的滑块，如图 3-56 所示。第二个薄片可测量出电压，作为触点沿第一个薄片的距离，从而提供 X 坐标（如图 3-57 所示）。类似地，第一个薄片可测量针对第二个薄片上电压的距离，从而提供 Y 坐标（如图 3-58 所示）。

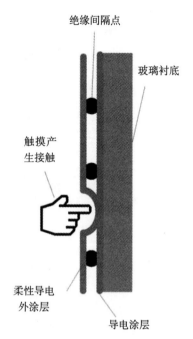

图 3-54　电阻式触摸传感器

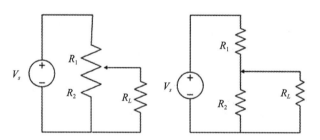

图 3-55　电位计式传感器

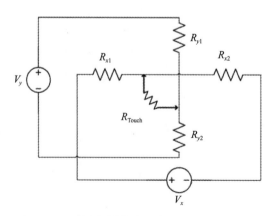

图 3-56　电阻式触摸传感器中的 X 坐标和 Y 坐标

因此，通过测量上述电压，可以计算出触点的精确坐标（如图 3-57 和图 3-58 所示）。如果测量第三个轴（Z坐标），则还可计算触摸压力大小[24]。

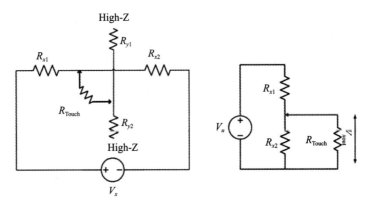

图 3-57 X坐标电压计算

$$V_{xout} = \frac{R_{x2}}{R_{x1} + R_{x2}} V_x$$

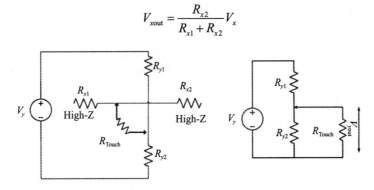

图 3-58 Y坐标电压计算

$$V_{yout} = \frac{R_{y2}}{R_{y1} + R_{y2}} V_y$$

3.2.5 生物传感器

生物传感器包括：

- **生物识别元件**，即生物受体、生物换能器和电子系统（包括信号放大器、处理器和显示器）。生物受体利用生物体或仿生受体的生物分子与被测目标相互作用。
- **生物换能器**，测量上述相互作用并输出与样本中被测目标的存在成比例的可测量信号。
- **生物阅读器**，以用户友好的格式输出生物传感器的信号。

可以基于以下相互作用对生物受体进行分类：抗体/抗原、酶、核酸/DNA、细胞结构/细胞，或者仿生材料。

可以基于以下类别的生物换能器对生物传感器进行分类：电化学、光学、电子、压电、重力和热电。

生物传感器可以快速、方便地检测出所采集样品的来源。

基于生物传感不同的发生方式，生物传感器可以分为以下主要类型：

- **亲和型传感器**：在这种传感器中，生物分子元件与被测目标结合。

- **代谢型传感器**：在这种传感器中，生物分子和被测目标相互作用并产生化学变化，传感器测量其基质的浓度。
- **催化型传感器**：在这种传感器中，生物分子与被测目标结合，但不产生化学变化。相反，生物分子被转化为辅助基质。

心电图工作原理

心电图（ECG）是由心电图仪产生的用户心率的记录数据。从 ECG 中可以提取心率，ECG 波形的连续变化可用于诊断多种心脏疾病。

心率估计算法示例 [25]

心率的测量可以通过检测 QRS 波的 R 波峰来完成，两个连续的 R 波之间的间隔可以被认为是心跳周期。检测 R 波峰的算法有很多，其中一个算法是在原始信号（raw）及其二阶导数高于某个阈值时检测 ECG 信号一阶导数的零点（如图 3-59 所示）。

利用数字信号处理方法可以估计一阶导数和二阶导数。一阶导数测量信号的变化率（斜率），二阶导数测量信号的曲率。阈值取决于原始 ECG 信号的能量，并不断自我调整。

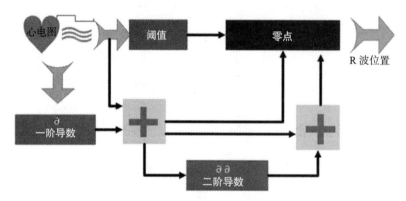

图 3-59　心率提取算法

3.3　参考文献

[1] AN3182 Application note, Tilt measurement using a low-g 3-axis accelerometer (STMicroelectronics).
[2] Goodrich R. Accelerometer vs. gyroscope: what's the difference?
[3] Wilson E. Virtual gyroscopes [MEng Thesis at Cambridge University]. 2007.
[4] Wilson E. Explanation of gyroscopic precession [MEng Thesis at Cambridge University]. 2007.
[5] Gyroscopes, precession, and statics, Lecture PPT, University of Colorado.
[6] Rotation, torques, precession. UNSW (School of Physics, Sydney, Australia) web page.
[7] Weisstein E. Gyroscopic precession.
[8] Fargo Controls Inc. Operating principles for proximity sensors.
[9] Menke H. Basic operating principle of an inductive proximity sensor.
[10] PC control Learning Zone website. Inductive proximity sensors.
[11] Omron website. Proximity sensors.
[12] Siemens course. Capacitive proximity sensors theory of operation.
[13] PC control Learning Zone website. Capacitive proximity sensors.
[14] Fargo Controls Inc article. Operating principles for photoelectric sensors.

[15] Frigyes G, Myers E, Allison J, Pepperl + Fuchs. Fundamentals of photoelectric sensors.

[16] Omron website. Pressure Sensors.

[17] Sensors online website. Pressure fundamentals of pressure sensor technology.

[18] Dahiya RS, Valle M. Tactile sensing technologies. In: Robotic tactile sensing; 2013. p. 79–136.

[19] Somatosensory system, <http://en.wikipedia.org/wiki/Somatosensory_system>.

[20] Haptic perception, <http://en.wikipedia.org/wiki/Haptic_perception>.

[21] Dahiya RS, Valle M. Tactile sensing for robotic applications. In: Rocha JG, Lanceros-Mendez S, editors. Sensors, Focus on Tactile, Force and Stress Sensors; 2008. p. 444.

[22] Weigel M, Lu T, Bailly G, Oulasvirta A, Majidi C, Steimle J. iSkin: flexible, stretchable and visually customizable on-body touch sensors for mobile computing. CHI 2015, April 18 – 23 2015, Seoul, Republic of Korea.

[23] Schieleit D. Machine design website. New touch sensor uses trapped acoustic resonance technology to monitor contacts.

[24] Gu H, Sterzik C. Texas instruments: capacitive touch hardware design guide, design guide, SLAA576—May 2013.

[25] Luprano J, Sola J, Dasen S, Koller JM, Chetelat O. 2006 International workshop on wearable and implantable body sensor networks (BSN 2006), 3—5 April 2006, Cambridge, MA.

传感集线器

本章内容

- 集成传感集线器的类型
- 来自 Atmel、Intel 和 STMicroelectronics 的传感集线器

4.1 传感集线器简介

传感集线器[1-3]是多个传感器的连接点，使用微控制器（MCU）、协处理器或数字信号处理器（DSP）可以编译和处理从这些传感器收集的数据。

传感集线器可以作为设备主处理器的卸载引擎，当传感器提供环境和生态系统数据时，由传感集线器来收集和处理，而不是用（运行在主处理器上的）软件来处理传感器数据。传感集线器的使用可以提高系统的电源效率和电池寿命，同时提供更好的系统性能，因为它不需要主处理器在后台连续运行（以进行传感器数据处理）。

传感集线器通常用于以下场景：

- 有多个传感器，每个传感器对系统资源要求很高；
- 需要融合多个传感器数据（例如，将加速度计传感器数据与陀螺仪数据相结合以获得更好的精度）；
- 智能手机、无线传感器和执行器网络。

传感集线器[4]用于执行需要多个传感器且对资源和效率要求高的任务，它通常用于智能手机、无线传感器和执行器网络（WSAN）。WSAN 由一组收集环境信息的传感器组成，并使用伺服电机等执行器与环境进行自主即时交互。

传感集线器现今越来越多地应用于军事和商业，如工业环境的监测和控制、远程医疗和科学发展。

随着传感器和传感应用越来越多地应用于智能手机、平板电脑和可穿戴设备，运行这些传感器和处理传感器数据（以对人类有用的形式）所需的功率也在增加。随着融合算法（例如加速度计数据和陀螺仪数据的融合）产生更复杂的传感器数据，功率需求也进一步增加。

因为移动设备和可穿戴设备有电池以及复杂耗电的应用和处理器的限制，传感集线器现在已经成为这些设备的一部分。由于长久的电池寿命是这些设备的关键因素之一，因此传感集线器通过自己运行传感器融合算法来卸载应用程序，并且仅在需要时"唤醒"主处理器，以此来延长电池寿命。

对于在移动设备 / 可穿戴设备上具有"始终开启"功能的情境感知或手势识别等应用，需要在设备中使用传感集线器来进一步满足超低功耗要求。

传感集线器有以下实现方式（包括它们的组合）：

- 专用微控制器
- 集成传感器上基于应用处理器的集线器
- 集成微控制器上基于传感器的集线器

- 基于 FPGA 的集线器

这些方式或其组合取决于应用，如应用的价格、功耗、性能要求及其用例（手机与可穿戴设备）。

例如，可穿戴设备可能有一个应用处理器或单独的 MCU 来执行融合算法，以防止主要的高性能 / 高功率 MCU 被唤醒。

具有情境感知的步进计数器或健康 / 健身设备需要考虑该设备的电池容量以及将在该设备上运行的应用程序类型和要求，以选择传感集线器实现架构。在这种情况下，必须要考虑特定应用范围所需的最大计算能力以及其他需求（如显示类型、连接、同步机制、协议和附加功能）或集成传感器（如脉冲或心率监视器）。

4.1.1　专用微控制器

专用微控制器（MCU）[5] 用作外部集线器，处理来自不同传感器的数据。该专用 MCU 直接处理传感器数据，不用唤醒主设备处理器。对于始终开启的应用程序，专用 MCU 可以在主设备处理器休眠时继续处于低功耗状态，这有助于在处理数据时提高电源效率和降低延迟。TI MSP430 MCU 和 Atmel SAM G 系列、Apple iPhone 5、Samsung Galaxy S5 和 Motorola Moto X 均使用这种方法。

4.1.2　基于应用处理器的传感集线器

这是集成传感集线器（ISH）的解决方案，其中传感集线器功能由主应用处理器执行。该方案通过消除单独的传感数据处理器和复杂的设计 / 设备关联构建来节省成本。这种方法会给主应用处理器带来挑战（例如，编程对象为主 DSP 应用处理器而不是更常用的 MCU）。嵌入 Snapdragon 平台的 Qualcomm Hexagon DSP 和 Intel Merrifield/Moorefield（Z34XX）架构应用了这种方法。

4.1.3　带微控制器的传感集线器

在这种方法中，MCU 与一个或多个传感器（如加速度计、陀螺仪、接近传感器等）组合在一起。在这种架构中，使用用于融合算法或用于跟踪用户活动和情境感知的传感器（手势、动作、计步器等）。STMicroelectronics iNEMO-A LIS331EB 或 InvenSense 传感集线器使用这种方法。这种解决方案可用于高端移动设备。

这种方法通过集成和 BOM（物料清单）减少来降低成本，同时通过传感器 +MCU 功率流优化来帮助降低功耗。由于此架构尝试使用已集成的传感器来执行多种功能，因此可能无法针对某个特定功能进行优化，也无法灵活选择与 MCU 配合使用的其他传感器集（不包括解决方案中已集成的传感器）。

4.1.4　基于 FPGA 的传感集线器

该方案可在极低功耗下重新编程器件。但是，FPGA（现场可编程门阵列）的设计需要其他不同的资源和技能。

4.2　具有微控制器的 Atmel SAM D20 传感集线器

Atmel SMART SAM D20 [6] 为带有专用微控制器的传感集线器示例，它拥有 32 位 ARM

Cortex-M0＋处理器、外设触摸控制器和 6 个串行通信模块（SERCOM）。

串行通信模块可支持 USART、UART、SPI 和 I²C。外设触摸控制器最多可支持 256 个按钮、滑块、滚轮和接近感应。软件可以选择两种支持的睡眠模式：空闲模式和待机模式。

- **空闲模式**：在空闲模式下，CPU 将停止，而其他功能保持运行。
- **待机模式**：在待机模式下，除了那些被选择继续运行的，其余所有时钟和功能都将停止。SleepWalking 功能允许外围设备根据某些预定义条件唤醒，因此 CPU 仅在需要时被唤醒，例如在超过阈值或准备就绪时。外围设备可以在待机模式下接收、响应和发送事件。

图 4-1 是带有 MCU 的 Atmel SAM 传感集线器的框图，以下为其基本组件的简要说明。

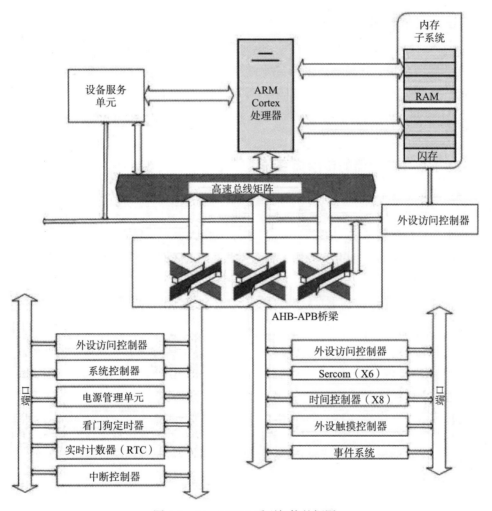

图 4-1 Atmel SAM 系列架构的框图

4.2.1 Cortex-M0＋处理器及其外围设备

Atmel SAM D20 设备采用 ARM Cortex-M0＋处理器，具有两个总线接口：

- 32 位 AMBA 3 AHB-Lite 系统接口，可连接外围设备和所有系统内存，包括闪存和 RAM。
- 32 位 I/O 端口总线，与控制微控制器 I/O 引脚的端口连接。

以下外围设备连接到处理器：

- **系统控制空间**：此空间存放寄存器，处理器可用其来进行调试。
- **系统定时器**（SysTick）：24 位系统定时器。
- **嵌套向量中断控制器**（NVIC）：此中断控制器块连接 32 个外部中断，每个中断信号连接到一个外围设备（如 SERCOM、计时器 / 计数器和电源管理单元）。该块对与其连接的外部中断进行优先考虑。
- **系统控制块**：此块提供有关系统实现和控制的信息（如配置、控制和系统异常）。
- **高速总线矩阵**：这是一个对称的交叉总线开关，允许具有 32 位数据总线宽度的多个主从设备之间的并发访问。这个交叉开关上的两个主设备为 cortex 处理器和 DSC（设备服务单元）。内部闪存、内部 SRAM 和 AHB-APB 桥是这个总线矩阵的从设备（如图 4-2 所示）。
- **AHB-APB 桥**：这些桥是高速总线矩阵的 AHB 从模块，提供高速 AHB 总线矩阵与 APB 外设可编程控制寄存器之间的接口。这些桥具有以下功能：添加等待状态、错误报告，提供事务保护以及诸如稀疏数据传输（字节、半字和字）和循环合并（合并地址和数据为单循环）等的特性。
- **外围设备访问控制器**（PAC）：每个 AHB-APB 桥都有一个 PAC，为连接到该特定 AHB-APB 桥的每个外围设备提供寄存器写保护。PAC 的总线时钟由电源管理单元控制。中断控制器、实时计数器（RTC）、看门狗计时器（WDT）、时钟控制器（GCLK）、系统控制器（SYSCTRL）和电源管理（PM）等外围设备都有写保护，写保护外围设备在接收到写操作时将返回访问错误，在这种情况下，外围设备没有数据写入。

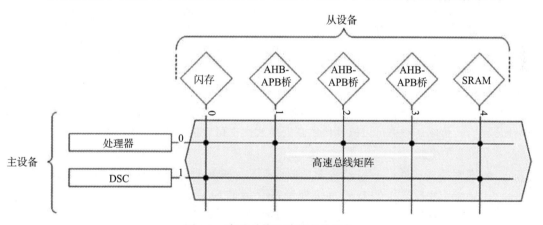

图 4-2   高速总线矩阵的主从设备

写保护清除寄存器（WPCLR）和写保护设置（WPSET）是与写保护相关的两个 32 位 I/O 内存映射寄存器（如表 4-1 所示）：

0：写保护禁用

1：写保护启用

表 4-1   写保护寄存器

Bit	7	6	5	4	3	2	1	0	注释
WPSET	Reserved	EIC	RTC	WDT	GCLK	SYSCTRL	PM	Reserved	写入"1"会为外围设备置位
WPCLR	Reserved	EIC	RTC	WDT	GCLK	SYSCTRL	PM	Reserved	写入"1"会为外围设备清除置位

在 WPSET 寄存器内的 1～6 位任何位中写入"1"，将会在 WPSET 和 WPCLR 中置位，从而为对应外围设备启用写保护。在 WPCLR 内的 1～6 位任何位中写入"1"，将清除 WPSET 和 WPCLR 中的置位，从而禁用对应外围设备的写保护。读取这些寄存器中的任意一个都将返回相同的值。对调试器的访问禁用 / 忽略写保护，寄存器可以更新。

4.2.2　设备服务单元

设备服务单元（DSU）有助于检测调试器探针，它允许 ARM 调试访问端口以控制调试面板和 CPU 复位，它还为设备和系统调试组件提供标识，并且可以在所选源时钟运行的任何睡眠模式下运行。DSU 可以识别冷插拔和热插拔，冷插拔是指在系统处于复位状态时检测调试器，热插拔是指在系统未处于复位状态时检测调试器。在外部复位释放后，DSU 还支持扩展 CPU 内核复位，以确保在调试器连接到系统时 CPU 不执行任何代码。

4.2.3　电源管理单元

电源管理（PM）单元有三个主要功能：复位控制、时钟发生和睡眠模式。这里简要介绍这些功能。

- **复位控制**：PM 单元结合多个源的复位，如上电复位（POR）、外部复位（RESET）、WDT 复位、软件复位、掉电检测复位（BOD12、BOD33），将微控制器复位到其初始状态。
- **时钟控制**：PM 单元为 CPU、AHB 和 APB 模块提供和控制同步时钟，它还支持时钟门控和时钟故障检测。
- **电源管理控制**：PM 单元支持不同的睡眠模式。可根据应用要求选择不同模式以节省电量。支持的模式有：
  - **活动模式**：在此模式下，所有外围设备均可操作，且软件正常运行，因为所有时钟域都处于活动状态。
  - **SLEEPWALKING**：在 SLEEPWALKING 过程中，外围设备时钟启动，允许外围设备执行任务，而不会在待机睡眠模式下唤醒 CPU。完成 SLEEPWALKING 任务后，传感集线器可以返回待机睡眠模式，也可以通过中断（SLEEPWALKING 外围设备）唤醒。
  - **睡眠模式**：通过 WFI 指令激活睡眠模式，并根据睡眠模式寄存器（SLEEP.IDLE）中的 IDLE 位和 CPU 的系统控制寄存器的 SLEEPDEEP 位来选择睡眠模式级别（如表 4-2 所示）。这里给出两种睡眠级别的简要描述。

表 4-2　进入和退出睡眠模式

模式	级别	模式进入	唤醒源
空闲	0	SCR.SLEEPDEEP = 0	异步中断，同步（APB，AHB）中断
	1	SLEEP.IDLE = Level	异步中断，同步（APB）中断
	2	WFI	异步中断
待机		SCR.SLEEPDEEP = 1 WFI	异步中断

▼ **空闲模式**（IDLE）：在此模式下，CPU 停止运行，为了进一步降低功耗，还可以禁用时钟源和各模块的时钟。该模式允许以最快的唤醒时间进行功率优化。电

压调节器在该状态下正常工作。具有足够优先级的非屏蔽中断可能导致退出此模式，退出后，CPU 和受影响的模块将重新启动。

▼ **待机模式**（STANDBY）：在此模式下，所有时钟源都会停止。表 4-3 中显示了振荡器 ONDEMAND 和 RUNSTDBY 位对待机模式下时钟行为的影响。此模式有助于实现极低的功耗。由于电压调节器在待机模式下处于低功耗模式，不能过载，因此用户在进入待机模式前必须确保一定数量的时钟和外围设备被禁用。

表 4-3　Atmel SAM 传感集线器中睡眠模式下的时钟行为

模式	级别	CPU 时钟	AHB 时钟	AHB 时钟	振荡器置位（RIR 表示运行）			
					ONDEMAND = 0		ONDEMAND = 1	
					RUNSTDBY = 0	RUNSTDBY = 1	RUNSTDBY = 0	RUNSTDBY = 1
空闲	0	Stop	Run	Run	Run	Run	RIR	RIR
	1	Stop	Stop	Run	Run	Run	RIR	RIR
	2	Stop	Stop	Stop	Run	Run	RIR	RIR
待机		Stop	Stop	Stop	Stop	Run	Stop	RIR

图 4-3 显示了空闲模式的进出流程。SCR 指的是 ARM Cortex CPU 中的系统控制寄存器。唤醒系统所需的中断应该具有适当的优先级，并且不会在 NVIC 模块中被屏蔽。

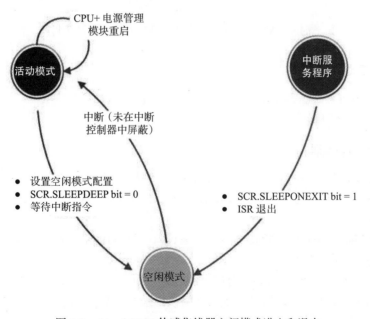

图 4-3　Atmel SAM 传感集线器空闲模式进入和退出

图 4-4 显示了待机模式和空闲模式的进出流程。PRIMASK（优先级掩码寄存器）配置寄存器位于 ARM Cortex CPU 中。退出待机模式时，设备可以根据优先级掩码寄存器配置来执行中断或继续正常的程序执行。

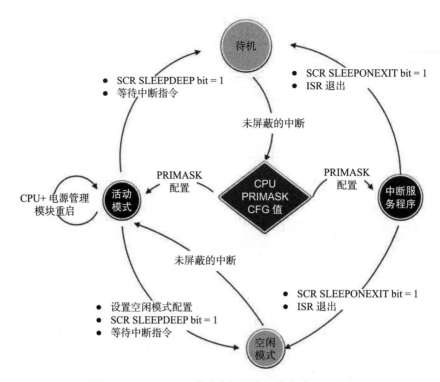

图 4-4　Atmel SAM 传感集线器待机模式进入和退出

4.2.4　系统控制器

SYSCTRL 为时钟源、掉电检测器、片上稳压器和设备的参考电压提供用户界面，该模块的中断可将设备从睡眠模式中唤醒。

4.2.5　看门狗定时器

WDT 监视正确的程序操作，并通过发出系统复位来帮助系统从错误条件（如失控或死锁）中恢复，它可以配置为正常模式或窗口模式。下面的位 / 寄存器用于启用 WDT 的不同模式 / 功能：

- **控制寄存器**：Enable 位启用 WDT，always-on 位启用始终开启功能，Window mode 启用位启用窗口模式。
- **配置寄存器**：用窗口模式超时时间位和超时时间编程位来编写超时值。
- **预警控制寄存器**：通过预警中断时间偏移位来对 WDT 进行编程，以发出预警中断，指示即将发生的看门狗超时情况。

启用后，WDT 始终以活动模式和所有睡眠模式运行。它是异步的，并且从独立于 CPU 的时钟源运行。因此，即使主时钟故障，WDT 也仍会继续运行并发出系统复位或中断。

当控制寄存器中 Always-on 位被置位时，WDT 以 Always-on 模式运行。在这种模式下，无论控制寄存器中的使能位状态如何，WDT 都会连续运行。WDT 的时间周期配置不能更改（位变为只读），且只能在 POR 时清除置位。可以启用或禁用预警中断，但不能更改预警超时值。

这里简要介绍 WDT 的两种模式。

- **正常模式**：启用 WDT 并将其配置为预定义的超时时间。如果在超时时间内未清除

WDT，则发出系统复位。此模式下，可以在超时期间随时清除 WDT。如果启用了预警中断，则会在超时发生之前生成中断。图 4-5 为 WDT 在正常模式下的运行状态。

- **窗口模式**：在此模式下，可以在总超时时间段内定义一个时隙窗口。在此模式中定义了两个时隙：关闭窗口超时时间和正常超时时间。超时时间的总持续时间等于关闭窗口超时时间加上打开窗口超时时间。如果 WDT 在关闭窗口超时时间内被清除，则发出系统复位，因为 WDT 只能在正常超时时间内进行复位而非关闭窗口超时时间。与正常模式相比，该特性可以帮助识别代码错误导致 WDT 频繁清除的情况。与正常模式一样，如果在总超时时间内没有清除 WDT，则发出系统复位。图 4-6 为 WDT 在窗口模式下的运行状态。

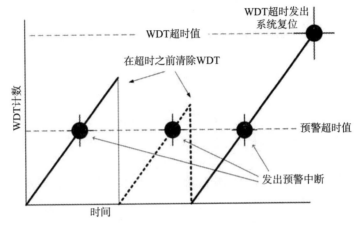

图 4-5　看门狗定时器正常模式

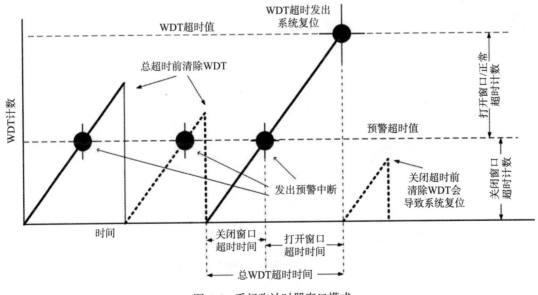

图 4-6　看门狗计时器窗口模式

4.2.6　实时计数器

RTC 是一个 32 位计数器，可以持续运行。它可以在三种模式下运行：32 位计数器模式

（模式 0）、16 位计数器模式（模式 1）和时钟 / 日历模式（模式 2）。该模块可以生成不同的事件来将设备从睡眠模式唤醒，如警报事件、比较事件、周期性事件和溢出事件。

4.2.7　外部中断控制器

外部中断控制器（EIC）有助于将外部引脚配置为中断线。外部引脚可以用作异步中断，将设备从睡眠模式中唤醒（在睡眠模式中，所有时钟都已被禁用），或者生成连接到事件系统的事件脉冲。该模块还支持单独的不可屏蔽中断（NMI）。NMI 线连接 CPU 的 NMI 请求，因此可以中断其他任何中断模式。

EIC 可以屏蔽中断线，或者基于中断线的不同电平或边沿（如上升沿、下降沿或两个边沿，或者高电平、低电平）产生中断。为了防止错误的中断 / 事件生成，每个外部引脚都有一个可配置的滤波器来消除峰值。

4.2.8　串行通信接口

串行通信接口（SERCOM），如图 4-7 所示，可配置为 I^2C、SPI 或 USART。SERCOM 串行引擎包括：

- 由写缓冲区组成的发送器，向移位寄存器发送数据。
- 由两级接收缓存和移位寄存器组成的接收器。
- 波特率发生器，用于生成通信所需的内部时钟。
- SPI 和 I^2C 模式下的地址匹配逻辑。可以在三种不同的模式下使用，如图 4-8 所示：
  - **带掩码的一个地址**：在此模式下，将"地址寄存器"中的地址与 Rx 移位寄存器内容进行比较，同时忽略掩码中设置的位以进行匹配。
  - **两个唯一地址**：在此模式下，将存储在"地址寄存器"和"地址掩码"中的两个唯一地址与 Rx 移位寄存器内容进行比较与匹配。
  - **一系列地址**：在此模式下，位于"地址寄存器"和"掩码寄存器"中地址之间（包括）的 Rx 移位寄存器内的地址范围将进行匹配。

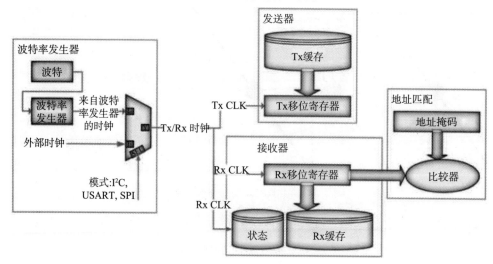

图 4-7　SERCOM 串行引擎框图

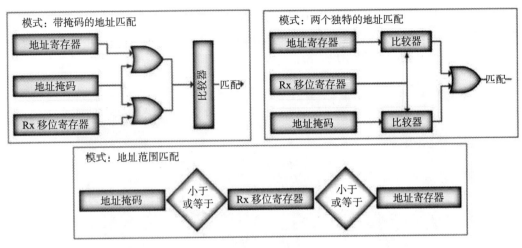

图 4-8　SERCOM 中的地址匹配模式

4.3　Intel Moorefield 平台（基于应用处理器的传感集线器）

具有 Moorefield SOC（System-On-Chip，片上系统）的 Moorefield 平台[7-8]是专为智能手机或平板电脑而设计的。表 4-4 列出了此类平台的主要组件。

表 4-4　Moorefield 平台组件

子系统	组件
处理器和内存	Intel Moorefield SOC
调制解调器子系统	Intel 蜂窝调制解调器
电源管理	Intel 电源管理集成电路
无线子系统	NFC、Wi-Fi/Bluetooth/FM 模块、GPS/GLONASS 接收器
音频子系统	音频编解码器、麦克风、扬声器、音频插孔
传感器子系统	集成低功耗传感集线器 + 加速度计 / 罗盘、陀螺仪、压力传感器、2+ 皮肤温度传感器、环境光传感器 / 接近传感器
显示子系统	4.7 英寸、1080p（1920 × 1080）高清指令模式 LCD 面板、电容式触摸屏
成像	MIPI 前置和后置摄像头

在这里，主 SOC 与各种子系统以及传感器子系统相连，如图 4-9 所示。它还提供传感器、音频和连接性子系统之间的互连。

Moorefield 平台的音频子系统具有全面的混音、录音和回放功能，可用于电话音频、音乐，以及多个音频源和接收器（包括内置扬声器和麦克风）、立体声耳机、单声道扬声器 / 麦克风耳机、HDMI 或 Bluetooth 之间的警报。无线 / 连接性子系统有 Bluetooth、WLAN、FM 无线电、GNSS（全球导航卫星系统）、NFC（近场通信）等。

情境感知计算用于区分移动产品，因此此类产品和平台将支持持续情境感知的功能，通过基于可用传感器数据进行的智能自主决策来提供独特用途，同时增加用户体验。以下是集成传感集线器[9]的一些用例（如 Moorefield 平台）：

- 对用户的活动进行分类，如会议、交谈、步行、坐着和跑步。
- 对用户的环境进行分类——语音、音乐、嘈杂或安静。
- 检测手势——右手 / 左手握持、摇晃和旋转。

- 根据用户的日历和位置来协助用户。
- 根据用户的云信息和位置来为用户进行推荐。
- 分析用户的情境并了解用户的需求。

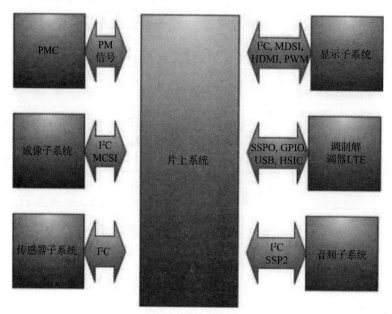

图 4-9　SOC 子系统框图

情境感知计算依赖于传感器子系统的一致且连续的感测。像 Moorefield 这样的 SOC 平台服务中心旨在集成传感器硬件，同时兼顾功耗和性能的限制。此类系统还需要与 OS 无关的软件架构。

集成传感集线器

Intel 集成传感器解决方案[9]由 Intel SOC 中的 ISH 以及带有传感器和融合算法的软件组成，可用于情境处理（如图 4-10 所示）。该方案专为低功耗和平台 BOM（物料清单）成本优化而设计。

集成传感集线硬件架构

ISH 集成在 SOC 中，它由低功耗微处理器、内部存储器、用于连接传感器的 I/O，以及用于与应用处理器或主 CPU 以及嵌入 SOC 的其他 IP 进行通信的结构组成。

ISH 的核心是运行频率为 100 MHz 的 X86 CPU，内存包括 32KB L1 高速缓存、8KB ROM 和 640KB SRAM。ISH 低速 IO 端口（传感器接口控制器）为 I²C、SPI、UART 和 GPIO。

此外，还有电源管理、时钟单元以及调试接口。硬件架构如图 4-11 所示。

集成传感集线器电源管理

ISH 被设计成一个自治子系统，可以在 SOC 的其余部分以低功耗模式运行。

ISH 的有功功耗与 SOC 保持和睡眠功率相当（估计 CPU 运行速度为 100MHz，且带有 32KB 的 L1 高速缓存和 640KB 的 SRAM 以用于代码和数据存储）。这意味着通过 ISH 的持续感测（传感器数据采集、传感器算法及融合能力）可以在对移动设备的电池寿命没有（或有极小）影响的情况下执行。

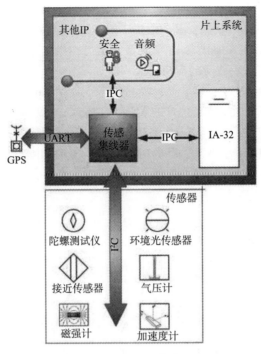

图 4-10   Moorefield 平台传感集线器连接

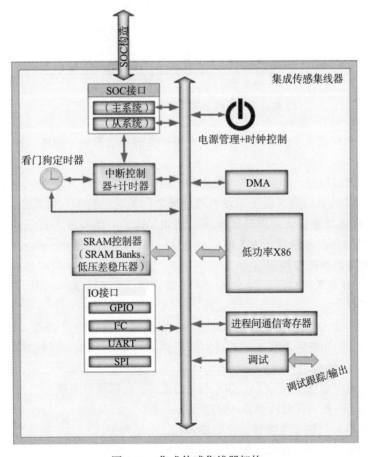

图 4-11   集成传感集线器架构

ISH 能够自主管理其功率状态，具体取决于传感器采样频率，以及传感器数据处理之间的时间。以下是可能的电源管理状态（在第 5 章电源管理中有更多介绍和描述）：

- D0 是 ISH 处理工作负载时的活动状态。
- D0i1、D0i2、D0i3 处于空闲状态，唤醒延迟分别为 10μs、100μs 和 3ms。

在 D0ix 空闲状态下，ISH 内部逻辑进入低功耗模式（CPU 处于 HALT 状态，内存逻辑时钟门控，保持或电源门控，等等）。功率状态越深，即低功率模式下包含的逻辑越多，那么唤醒延迟（特别是与 D0i3 中恢复内存的时间相关）的时间也就越长，如图 4-12 所示。所有 ISH 设备状态（包括活动状态 D0）都允许 SOC 的其余部分保持深度睡眠模式。

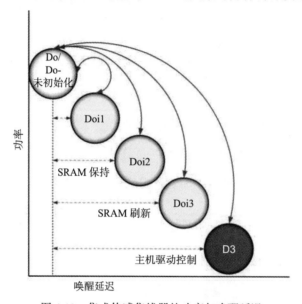

图 4-12　集成传感集线器的功率与唤醒延迟

当 ISH 端处理完成且 OS 应用程序具有可用于处理的数据时，ISH 通过中断唤醒应用程序处理器。

传感集线器根据处理负载及工作负载之间的时间来自主管理其设备。例如，在处理密集型加速度计传感器数据期间，由于工作负载处理之间的时间较短，传感集线器将进入 D0i1 或 D0i2 状态。在低处理或无处理的样本采集期间，传感集线器进入其最低功率状态 D0i3，D0i3 状态需要情境保存和恢复，因为内存为电源门控，并且在此状态下内存内容丢失。

平台和传感集线器固件架构

图 4-13 是 ISH 相关固件及其与 SOC 固件 / 软件堆栈交互的基本框图。

支持型传感器

集成传感器解决方案是面向系统和传感器的集线器。它支持 "always-on" 的传感应用和新的应用范围（例如健康领域——通过生物传感器的支持）。由于其优化的电源管理架构，使 "always-on" 应用成为可能。同时，许多应用（包括健康领域中心率、血氧、血糖的监测和环境感测领域中空气质量（CO、CO_2 等）的监测）也都可以实现。

在这里列出了一些可能的传感器（可能还有更多）：

- **惯性传感器**：三轴加速度计、三轴磁强计、三轴陀螺仪；
- **环境传感器**：压力、湿度、温度、环境 /RGB 光、UV、CO、CO_2 等的传感器；

- **接近传感器**：RF/SAR 接近传感器、IR 接近传感器、人体接近传感器；
- **生物传感器**：心率传感器、葡萄糖传感器、血氧计、心电图。

集成传感集线器的安全性

新型的传感器（如用于健康的 ECG 和葡萄糖传感器）可为应用程序提供敏感的个人数据（存储在设备或云上）。通过使用可信执行环境（TEE），可以在设备上实现安全捕获、处理和存储。

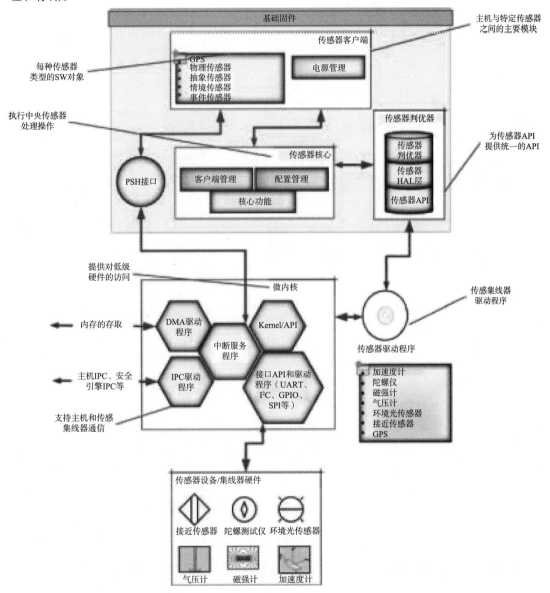

图 4-13　传感集线器和平台交互的固件框图

TEE 是智能手机（或任何连接设备，包括平板电脑、机顶盒和电视机）主处理器的安全区域。它保证内部加载的代码和数据在机密性和完整性方面受到保护。传感集线器连接到的 TEE 和安全引擎形成可信计算基础（TCB），可以实现安全感测。TCB 执行软件和固件认证。

设备上的传感器数据使用安全通道（加密和数据认证）通过安全引擎从 ISH 传输到应用

处理器，如图 4-14 所示。

数据在云中进行传输和处理时也需要保护。通过云服务生成的用户登录凭据和会话加密密钥来对机密数据进行保护，基于与用户关联的硬件证书来对用户数据进行聚合（解密、完整性检查、过滤和日志记录）。

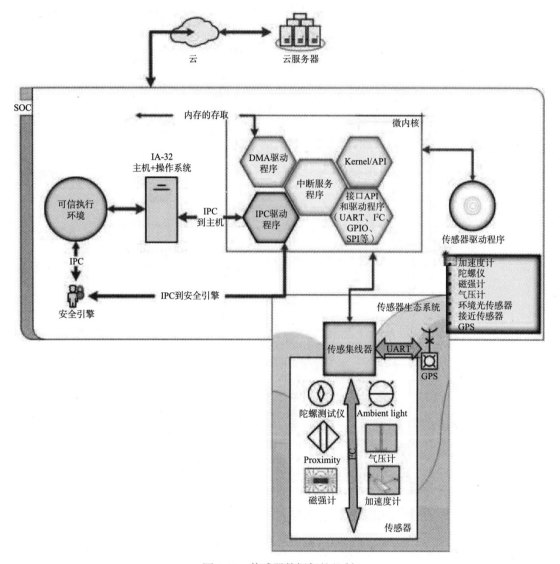

图 4-14　传感器数据保护机制

4.4　带微控制器的基于 STMicroelectronics 传感器的集线器（LIS331EB）

LIS331EB[10] 是一种带有 MCU 的基于传感器的集线器，因为它包括像三轴线性加速度计这样的传感器，且带有 64KB 闪存的 MCU（如 Cortex-M0 内核）、128 KB 的 SRAM、8 个双定时器、2 个 I²C（主系统 / 从系统）、1 个 SPI（主系统 / 从系统）和 1 个 UART（发送器 / 接收器），采用 3 × 3 × 1mm 的 LGA 封装。

LIS331EB 之所以是一个传感集线器，是因为它可以通过主 I²C 从加速度计（嵌入式）、

陀螺仪、罗盘、压力传感器和其他传感器收集输入，并将 9 或 10 个轴（iNemo Engine 软件）
精心配置 / 融合在一起，为主应用处理器提供四元数。

图 4-15 是 LIS331EB 传感集线器的框图。

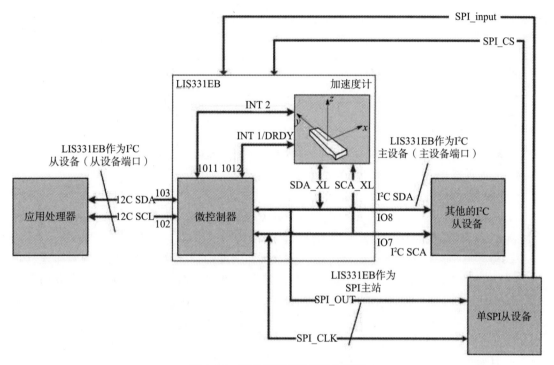

图 4-15　基于传感器的集线器框图

分块描述

该传感集线器有两个主要组件：

1. ARM Cortex-M0 内核

2. 加速度计

Cortex-M0 处理器

4.2.1 节提供了对 cortex 处理器的详细描述，因此本节将集中讨论处理器和加速器的协
同运行。

LIS331EB 定义了几种工作模式，如表 4-5 所示：

1. **复位模式**：在此模式下，所有稳压器和时钟均未上电，LIS331EB 传感集线器处于超
低功率模式。传感集线器通过置位外部复位信号进入复位模式。

2. **两种低功耗模式**：

a. 低功耗 WFI（Wait-For-Interrupt，等待中断）模式：在这种模式下，LIS331EB CPU
停止，除一个定时器外的所有外围设备均被禁用，高频 80MHz RC 振荡器掉电。1kHz 时钟
的功耗约为 800μA。

b. 高功耗 WFI 模式：在这种模式下，CPU 停止，但所有外围设备仍然可用。外围设备
可以中断和唤醒 CPU，高频 80MHz RC 振荡器上电。与低功耗 WFI 模式（80MHz 时钟功耗
约为 2mA）相比，在这种模式下中断唤醒 CPU 的响应时间更快，但功耗也更高。

3. 有源模式：在此模式下，LIS331EB 完全运行，MCU 内核运行，并且所有接口（如 SPI、I²C、JTAG 和 UART）、所有内部电源和高速频率振荡器均有源。

表 4-5   LIS331EB 工作模式

IP	有源模式	高功耗 WFI 模式	低功耗 WFI 模式
CPU + 定时器 + 内存	工作	工作	工作
接口：I²C、SPI、UART	工作	工作	未工作
高速内部振荡器	工作	工作	未工作
低速内部振荡器	工作	工作	工作

加速度计

此处引入两个术语来理解加速度计的功能。

灵敏度：这是通过对传感器施加 ±1g 加速度而确定的传感器增益。

O_{earth} = 将目标轴指向地球中心时的输出值

O_{sky} = 将目标轴指向天空时的输出值

$A = \text{Mod}(O_{earth} - O_{sky})$（较小的输出值减去较大的输出值）

加速度计传感器的实际灵敏度 = A/2

Zero-g 电平：Zero-g 电平偏移描述了在没有加速度的情况下，实际输出信号和理想输出信号的偏差。水平面上处于稳定状态的传感器在 X 轴和 Y 轴上测量为 0g，而在 Z 轴上为 1g。在这种情况下，与理想值的偏差称为 Zero-g 偏移。偏移在某种程度上是 MEMS 传感器的应力的结果，因此在将传感器安装到印刷电路板或受到机械应力后，偏移会略有变化。偏移量随温度变化而有较小的波动。

该加速度计主要有以下数字组件：

- 传感元件。
- FIFO：它可以在四种不同的模式下运行：旁路模式、FIFO 模式、Stream 模式和 Stream-to-FIFO 模式。
- 两个能够运行用户自定义程序的状态机。
- 数字接口：I²C 串行接口。
- 寄存器。

在此简要描述这些组件。

（1）传感元件

传感元件是一种表面微机械加速度计，其中附着在基板上的悬浮硅结构在几个锚点处沿感测到的加速度方向自由移动。在封装过程中，传感元件被盖子盖住以保护其移动部件。

通过用电荷积分来响应电容器上应用的电压脉冲，从而测量施加加速度到传感器时，检测质量从其标称位置的位移引起的电容半桥中的不平衡。这些电容器在稳定状态下的标称值为几皮法（pF），但在加速度下，电容性负载的最大变化在飞法（fF）范围内。

（2）状态机

LIS331EB 中有两个状态机可以运行用户自定义的程序，程序由一组定义状态转换的指令组成。状态 n 可以转换到下一个状态 n+1（满足 NEXT STATE 条件）或者转换到复位状态（满足 RESET 条件）。在到达输出/停止/继续状态时，触发中断。

图 4-16 为状态机。状态机可以帮助实现手势识别和功能管理，如自由落体、唤醒、4D/6D 定向、脉冲计数器和步进识别、单击/双击、抖动/双抖动、面朝上/面朝下以及旋转/双转。

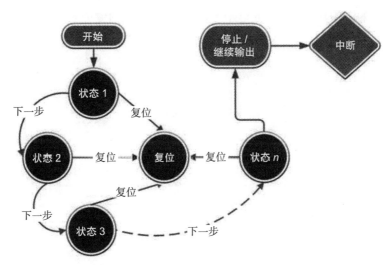

图 4-16   LIS331EB 状态机：执行算法的状态序列

（3）FIFO

LIS331EB 有三个输出通道 X、Y 和 Z 的 FIFO 加速度数据，主机处理器不需要连续轮询传感器数据，只有在需要数据时才被唤醒，从而降低了功耗。需要数据时，处理器将从 FIFO 中取出数据。FIFO 可以用于四种不同的模式：旁路模式、FIFO 模式、Stream 模式和 Stream-to-FIFO 模式。FIFO 操作模式是由 FIFO_MODE 位选择的，可编程水印电平、FIFO_empty 或 FIFO_Full 事件都可以用来在与微控制器（DIO11 和 DIO12）相连的 INT1/2 引脚上产生专用中断。

旁路模式   在旁路模式下，FIFO 保持为空，因为它不可操作。在此模式下仅使用每个通道的第一个地址，其余 FIFO 插槽保持为空。

FIFO 模式   在 FIFO 模式下，来自 X、Y 和 Z 通道的数据都存储在 FIFO 中。FIFO 被填满后，将停止存储从各个通道中传来的数据。当 FIFO 填充到内部寄存器中设置的指定电平时，可以产生水印中断（如果使能）。

Stream 模式   Stream 模式类似于 FIFO 模式，不同之处在于当被填满时，FIFO 将丢弃旧数据并继续接受来自通道的新数据。可以像 FIFO 模式那样启用和设置水印中断。

Stream-to-FIFO 模式   此模式下，来自 X、Y 和 Z 的测量数据存储在 FIFO 中，FIFO 继续接收新数据直到填满为止。一旦填满，FIFO 将丢弃旧的数据，并继续接受来自通道的新数据（和在 Stream 模式下一样）。当触发事件发生时，FIFO 将以 FIFO 模式运行，即填满后不会再接受新数据，当 FIFO 填充到内部寄存器中设置的指定电平时，可以生成水印中断（如果通过内部寄存器使能）。

从 FIFO 中检索数据   FIFO 数据是从位于各自地址偏移的三个寄存器中读取的：OUT_X、OUT_Y 和 OUT_Z。

在 FIFO 模式、Stream 模式或 Stream-to-FIFO 模式下，对 FIFO 的读操作将使最旧的 FIFO 数据被放置在 OUT_X、OUT_Y 和 OUT_Z 寄存器的最上面。single read 或 burst read 操作都可以从 FIFO 中获取数据。

（4）I²C 接口

LIS331EB 的 11 个 GPIO 引脚可以通过软件配置为输入或输出，也可以作为串行模式 0

或串行模式 1 中的备用功能。表 4-6 显示了在串行模式 0 下 I^2C 从设备端口和主设备端口使用的引脚情况。

图 4-17 显示了 I^2C 的主从连接。

I^2C 术语 / 引脚映射　I^2C 用于将数据写入寄存器，其内容也可以回读。

表 4-6　LIS331EB 的 I^2C 引脚分配

引脚名称	串行模式 0	
	引脚方向	引脚功能
IO2	输入 / 输出	I^2C2_SCL（从）
IO3	输入 / 输出	I^2C2_SDA（从）
IO7	输入 / 输出	I^2C1_SCL（主）
IO8	输入 / 输出	I^2C1_SDA（主）

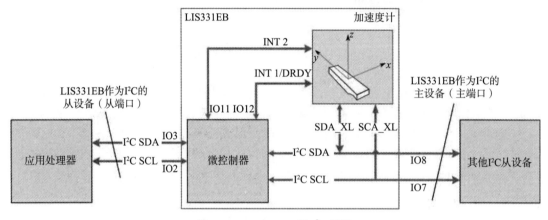

图 4-17　LIS331EB 的 I^2C 连接

I^2C 发送器：将数据发送到总线。

I^2C 接收器：从总线接收数据。

I^2C 主设备：启动传输、生成时钟信号和终止传输。

I^2C 从设备：由 I^2C 主设备寻址。

串行接口映射到相同的引脚（如表 4-7 所示）。

表 4-7　I^2C 串行接口引脚描述

引脚名称	引脚描述
主设备 SCL（I^2C_SCL）	I^2C 串行时钟（SCL_XL）
主设备 SDA（I^2C_SDA）	I^2C 串行数据（SDA_XL）

LIS331EB 作为应用处理器的 I^2C 从设备　图 4-18 显示了 LIS331EB 设备通过 I^2C 从端口与主机控制器相连接。

I^2C 访问加速度计数据　在 LIS331EB 中，MEMS 传感器的电容不平衡形式的原始加速度计数据通过低噪声电容放大器放大并转换为模拟电压，然后使用模数转换器将模拟电压转换成可以提供给用户的数据。数据就绪信号（DRDY）表示新的加速度数据可用，该信号有助于同步 LIS331EB 设备数字系统中的加速度数据。

加速度数据可以通过 I^2C 接口访问，因此可以直接与微控制器连接。图 4-19 显示了 LIS331EB 与加速度计的 I^2C 接口。

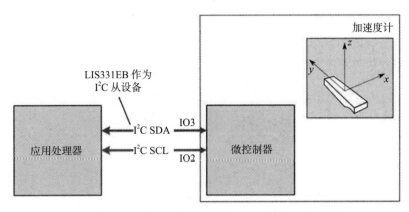

图 4-18　LIS331EB 通过 I^2C 从端口连接到应用处理器

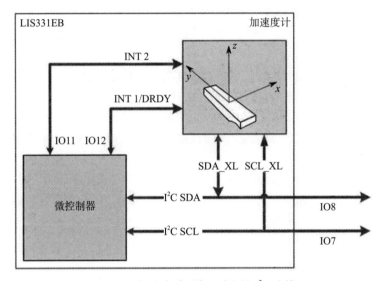

图 4-19　加速度计（嵌入式）的 I^2C 连接

I^2C 接口在出厂时已经校准过灵敏度（So）和 Zero-g 电平，校准值存储在设备的非易失性存储器中，然后在设备开启时被下载到寄存器内。这些校准寄存器的值可以在有效操作期间用到，从而允许设备在默认工厂校准下使用。

图 4-20 显示了 L1S331EB 的 I^2C 接口。通过这个主 I^2C 端口，L1S331EB 可以从加速度计（嵌入式）、陀螺仪、罗盘、压力传感器和其他传感器中收集输入信息。

SCL_XL 是时钟线，SDA_XL 是 I^2C 操作中使用的数据线，双向 SDA_XL 用于向接口发送数据和从接口接收数据。当总线空闲时，SCL_XL 和 SDL_XL 都通过外部上拉电阻拉高，该电阻将这些线路连接到外部电源（VDDA）。

I^2C 接口既符合快速模式（400kHz）I^2C 标准，也符合正常模式 I^2C 标准。

I^2C 操作　I^2C 操作的启动由主设备发送的启动信号 [ST] 指示。启动条件的定义如下：

1. SDA_XL 从高到低转换；

2. SCL_XL 保持高位。

在启动条件之后，总线开始忙碌。在启动条件之后的下一个字节中，从地址 [SAD] 被发送。对于 LIS331EB 中的加速度计来说，SAD=0011101b。

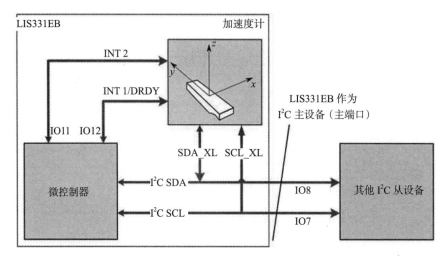

图 4-20　LIS331EB 在串行模式 0 下与其他 I²C 传感器（从设备）的连接

[7:1] 位 → 从设备地址 [SAD]。

[7] → 表示主设备正在向从设备发送数据或从从设备接收数据。

读命令：SAD[0011101b]+Read[1] = 00111011b = 0 × 3Bh

写命令：SAD[0011101b]+Write[0] = 00111010b = 0 × 3Ah

连接到总线的所有设备将 [7:1] 位与它们各自的地址进行比较，以查看主设备是否正在寻址它们。

所有的数据传输都必须由接收方应答。在应答时钟脉冲的高电平期间，通过下拉 SDA_XL 产生应答脉冲，在此应答脉冲期间，发送器必须释放 SDA_XL。被寻址的接收器在接收到每个数据字节后必须产生应答。

加速度计中的 I²C 是从设备，它使用以下协议：

1. 启动条件 [ST] 由主设备传送到加速度计。

2. 主设备发送给从设备地址 [SAD] + 命令 [Read or write]。

- 读 / 写位如果为 1（读取），则必须在两个子地址字节后由主设备发出重复启动 [SR]。

- 读 / 写位如果为 0（写入），则主设备继续传送。

3. 加速度计发送从设备应答 [SAK]。

4. 然后，主设备发送 8 位子地址 [SUB]。

- SUB[7:0] = 实际寄存器地址 [7:1] + LIS331EB 的控制寄存器 CTRL_REG6 中的 ADD_INC 位定义的地址增量 [0]。

5. 数据以字节格式（DATA）传输，每个传输数据包含 8 位，每次传输的字节数不受限制。首先使用最高有效位（MSB）传输数据。

- **等待状态增加**：接收器可以将时钟线 SCL 保持为低电平以添加等待状态（如果接收器忙于其他一些功能）。

- **接收器就绪**：当准备好接收另一个字节时，接收器需要释放数据线（没有这个，数据传输将不会继续）。

- **中止**：如果从设备接收器没有应答从设备地址（它正在忙于执行某些实时功能），则从设备必须将数据线保持为高电平，之后主设备可以中止转移。

6. 当 SCL_XL 线为高电平时，SDA_XL 线上由低电平至高电平的转换被定义为 STOP 条件，必须通过生成 STOP（SP）条件来终止每次数据传输。

7. MAK 是主设备应答，NMAK 是非主设备应答。

表 4-8 ～表 4-11 列出了该流程的一些示例。

表 4-8　主设备写入 1 字节到从设备

主设备	ST	SAD+W		SUB		DATA		SP
从设备			SAK		SAK		SAK	

表 4-9　主设备写入多个字节到从设备

主设备	ST	SAD+W		SUB		DATA		DATA		SP
从设备			SAK		SAK		SAK		SAK	

表 4-10　主设备从从设备读取 1 字节

主设备	ST	SAD+W		SUB		SR	SAD+R			NMAK	SP
从设备			SAK		SAK			SAK	DATA		

表 4-11　主设备从从设备读取多个字节

主设备	ST	SAD+W		SUB		SR	SAD+R			MAK		MAK		NMAK	SP
从设备			SAK		SAK			SAK	DATA		DATA		DATA		

其他组件和外围设备

以下是 LIS331EB 的其他有用组件。

（1）内存

LIS331EB 具有 64 KB 嵌入式闪存，以及两组带有 ECC（数据 / 程序）的 64 KB 嵌入式 SRAM，并具有存储器保护功能，可防止在连接调试功能时通过 JTAG 对上述存储器进行读 / 写访问。

（2）定时器和看门狗

LIS331EB 具有 8 个用于 32 位或 16 位操作的双定时器（提供可编程自由运行计数器）、1 个 WDG 定时器（它是一个 32 位计数器，在达到 0 时产生中断 / 复位）以及 1 个 SysTick 定时器（它提供写入时 24 位清除，这是一个递减的计数器，可以在达到 0 时回绕）。

（3）通信接口：I^{2}C、UART 和 SPI

LIS331EB 具有两个 I^{2}C 接口，可以在主模式和从模式下工作，支持标准模式和快速模式。UART 接口可以在 UART 模式、红外数据关联模式（IrDA）和低功耗 IrDA 模式下工作；SPI 可以作为主设备或从设备运行（如图 4-21、表 4-12 和表 4-13 所示）。

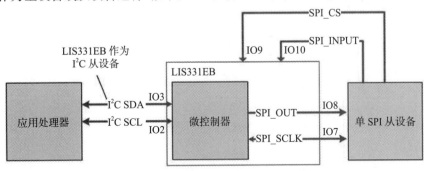

图 4-21　LIS331EB 的 SPI 连接（串行模式 1）

表 4-12   LIS331EB 的 SPI 引脚分配

引脚名称	串行模式 1	
	引脚描述	引脚功能
IO7	输入 / 输出	SPI SCLK
IO8	输出	SPI 输出
IO9	输入	SPI CS
IO10	输入	SPI 输入

表 4-13   LIS331EB 的 UART 引脚分配

引脚名称	串行模式 1	
	引脚描述	引脚功能
IO0	输入	UART CTS
IO1	输出	UART RTS
IO2	输出	UART TXD
IO3	输入	UART RXD

（4）调试

LIS331EB 有两个嵌入式调试端口，可通过在复位期间驱动 IO9 引脚进行选择。

- ARM JTAG：它允许调试使用标准 JTAG 连接（IO9=0）。
- ARM SWD（串行线调试）：它允许调试端口连接到 CPU（IO9=1）。

4.5   参考文献

[1] Yurur O, Liu CH, Perera C, Chen M, Liu X, Moreno W. Energy-efficient and context-aware smartphone sensor employment.

[2] Data sheet for STM32F103x4, STM32F103x6. From STMicroelectronics.

[3] Intel® Platform Controller Hub MP30 Datasheet May 2011, Revision 001.

[4] TechTarget sensor hub definition. From IoT Agenda.

[5] Bursky D. MCUs as Sensor Hubs. Digi-key electronics article.

[6] Atmel SAM D20J/SAM D20G/SAM D20E SMART ARM-based microcontroller datasheet.

[7] Tu S. Atom™ -x5/x7 series processor, codenamed Cherry Trail.

[8] Intel Atom Z8000 Processor Series. Datasheet (Volume 1 of 2), March 2016.

[9] Matthes K, Andiappan R, Intel Corporation. eSAME 2015 conference: Sensors on mobile devices—applications, power management and security aspects (Sophia-Antipolis, France), (Espoo, Finland).

[10] LIS331EB datasheet: iNEMO-A advanced MEMS: 3D high-performance accelerometer and signal processor.

电 源 管 理

本章内容
- ACPI 电源状态
- 传感器、智能手机和平板电脑中的电源管理
- 传感集线器中的电源管理

5.1 电源管理简介

电源管理（PM）[1] 是传感集线器架构和设计中最重要的方面之一。在高级 PM 中，PM 是一种架构和实现，可以最小化平均电流，并且在某些情况下也可以最小化从电源汲取的峰值电流。各种因素引导着设计者设计出满足传感集线器运行需求的目标电源。最终，制造商或用户所期望的关键因素是设备在耗尽电源之前可以运行的时间长度，这段时间长度由以下两个因素决定：

- 为嵌入传感器集线器的设备供电的能量源的容量；
- 设备在运行时消耗的平均电流。

平均电流又取决于架构、设计和硅工艺等许多相关方面。其中一些关键方面是：

- 操作频率
- 泄漏电流
- CPU 架构和效率
- 缓存和其他内存元件的架构和大小
- 元件（如构造、I/O 等）的架构和门数
- 运行的工作周期

PM 本质上就是在设计阶段和设备运行期间管理上述元件，以便在对用户体验影响最小的情况下最小化平均功耗。

传感集线器的整体 PM 架构由系统和用户体验共同定义，有以下关键因素：

- 基于特定用例或一段时间内平均使用情况的传感集线器平均功率预算；
- 传感集线器能够维持运行的系统电源状态；
- 通过高级软件或其使用，以及系统和传感集线器向运行状态的转换而观察到的最大时延。

传感集线器 PM 的另一个方面是它如何与系统硬件和软件的其余部分交互和共存。虽然传感集线器本身可以是一个独立的设备，但在大多数情况下，它是一个更大系统（如手机、平板电脑、笔记本电脑或可穿戴设备）的一部分。这些系统可能运行标准操作系统（如 Linux、Windows 或 Android），它们自带复杂的系统 PM 架构以管理：CPU、显示器、内存子系统、通信系统（Wi-Fi、Bluetooth、蜂窝数据等）、各种 I/O（如 USB 等）以及系统中几乎所有的组件（软件可见，包括传感集线器）。传感集线器 PM 必须与系统软件 PM 方案共存。

在接下来的章节中，我们首先研究当前移动系统的 PM 方案，然后深入探讨传感集线器

在该环境中的运行方式。

5.2 ACPI 电源状态

ACPI（高级配置和电源接口）是由 Hewlett-Packard、Intel、Microsoft、Phoenix 和 Toshiba 联合开发的开放式行业规范。ACPI 建立了行业标准接口，支持移动设备、台式机和服务器平台的操作系统定向配置、PM 和热管理。ACPI 在 1996 年首次发布时，将现有的 PM BIOS 代码、高级电源管理（APM）应用程序编程接口（API）、PNPBIOS API 和多处理器规范（MPS）表集成为明确定义的 PM 和配置接口规范。

图 5-1 显示了 ACPI 规范定义的电源状态。

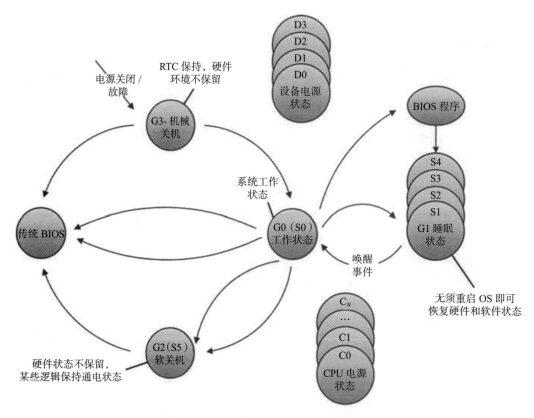

图 5-1   全局电源状态及转换

5.2.1 ACPI 全局电源状态

这里简要描述 ACPI [2] 全局电源状态。表 5-1 列出了这些不同全局电源状态及其各自的属性。

表 5-1   全局电源状态属性 [2]

全局系统状态	软件运行	延迟	功耗	OS 重启要求	安全拆机	电子方式退出状态
G0 工作状态	是	0	更大	否	否	是
G1 睡眠状态	否	> 0，随睡眠状态而变化	更小	否	否	是
G2/S5 软关机	否	高	非常接近 0	是	否	是
G3 机械关机	否	高	RTC 电池	是	是	否

电源状态 G3：这是系统的机械关机状态，是使用电源按钮关闭电源，或电池被物理移除后系统进入的状态。唯一可以保持供电的电路是实时时钟（RTC）域，由纽扣电池供电。此状态下必须重新启动操作系统才能进行操作，并且不保留任何硬件环境。

电源状态 G2/S5：该状态称为软关机。在这种状态下，一些电路可以保持由电池或主电源供电。与 G3 一样，不保留硬件状态，此状态下 OS 必须重新启动才能进行操作。与 G3 的主要区别在于系统可以通过接受来自 LAN、USB 设备或键盘的输入而被唤醒。通常，笔记本电脑和台式机系统使用这种状态，而由于恢复时间长，诸如手机或平板电脑之类的移动设备一般不使用此状态。

电源状态 G1：这是设备的睡眠状态。无须重新启动 OS 即可恢复硬件和软件状态。根据节电和恢复时间，睡眠状态又被分类为多个"S"状态。功耗与恢复时间成反比，恢复时间取决于所选的用于保存系统状态的介质（如 DRAM、固态驱动器或硬盘驱动器）。

电源状态 G0：这是系统的工作状态。在这种状态下，CPU 本身可能动态地处于各种性能/电源状态之间。I/O 和外围设备（如 PCIe 和 USB 设备）也可能动态地处于电源状态之间。

5.2.2 ACPI 睡眠状态

睡眠状态（Sx 状态）是全局睡眠状态 G1 中的状态类型。现代计算机系统被期望可以立即从低功率状态恢复运行，同时还可以延长电池的使用寿命。考虑到这个原因，在 Android 和 Windows 等新型操作系统中，Sx 电源状态已经过高度优化。关于这些系统，特别是以手机或平板电脑的形式出现时，除非用户强制使用，否则很少进入低于 Sx 的状态。以下睡眠状态由 ACPI 规范定义。

睡眠状态 S1：在此状态下，无硬件状态丢失，但需要由 OS 维护。硬件保留所有状态，并且唤醒延迟非常低，仅为几微秒（ms）。通常这种状态下，CPU 和主要硬件块（高速缓存、内存结构等）是时钟门控的，而如 PLL（锁相环）这样的时钟源是关闭的。

睡眠状态 S2：除了 CPU 和系统缓存环境丢失之外，其他都与 S1 状态类似。在这种状态下，高速缓存和 CPU 可能会进入电源门控状态。

睡眠状态 S3：在此状态下，CPU、高速缓存和硬件系统环境都将丢失，并且只保留系统内存（DRAM）状态。OS 负责保存恢复 DRAM 所需的所有上下文。通常在术语中，这种状态被称为待机（Standby）或睡眠（Sleep）。在 Linux 内核文档中，S3 也被称为 Suspend to RAM（STR）。

睡眠状态 S4：S4 睡眠状态是 ACPI 支持的最低功率、最长唤醒延迟的睡眠状态。为了将功率降至最低，此状态假定硬件平台已关闭所有设备，平台环境保持不变。现代计算机系统将所有硬件/软件状态保存到非易失性存储器（如固态驱动器或硬盘驱动器）中，并且几乎所有平台组件都断电，这种状态在通用术语中被称为 Hibernate，此状态的唤醒延迟是几秒钟（s）。大多数移动设备（智能手机、平板电脑等）不具备此状态，因为唤醒延迟太高，无法实现所需的用户体验。

睡眠状态 S5：此状态与 S4 状态相同，但在此状态下 OS 不保存任何上下文环境。系统处于软关机状态，需要重新启动来唤醒。

5.2.3 ACPI 设备电源状态

设备电源状态是连接到计算机系统的设备的状态，包括通过某些接口（如 I²C、USB 或

PCI）外部连接到 CPU 或 SOC 的设备，以及主 SOC 内部的设备（如集成音频或集成传感集线器设备）。设备电源状态也适用于将设备连接到主 CPU 或 SOC 的接口。

设备状态不一定对用户可见。设备电源状态由 OS 通过设备驱动程序，使用编程模型以及有关设备发布的唤醒延迟和延迟容限的其他信息来进行管理。

设备电源状态根据以下属性进行区分：

- 重启设备的延迟；
- 设备保存了多少上下文环境，OS 和驱动程序需要保存 / 恢复多少内容；
- 设备消耗的功率。

移动电话和平板电脑等现代系统采用另一种形式的设备 PM，称为基于自主硬件的设备 PM，这使得新一代智能手机的功率大大低于传统笔记本电脑。有关这些方案的更多信息将在后面的章节中介绍。ACPI 定义了以下设备电源状态。

设备状态 D3（Cold）：在此状态下，设备的电源已被完全移除，所有状态和环境均会丢失。设备必须重新启动并由 OS 和驱动程序重新初始化。此状态下，设备唤醒 / 恢复延迟时间最长。

设备状态 D3（Hot）：在此状态下，软件可以访问设备以重新初始化，并且设备可以（可选地）保存上下文，否则软件将复位设备作为重新启动的一部分。这种状态预计会节省更多的功率，但在大多数实现中，此状态是设备准备进入 D3（Cold）之前的中间状态。

设备状态 D2：此状态预计比 D1 节省更多的功率，且比 D3 具备更低的唤醒延迟。设备内部 PLL 关闭以及某些内部模块电源门控等可以导致功率降低的因素有助于实现 D2 状态。这是 ACPI 的可选电源状态，但大多数严格符合 ACPI 的设备不会实现此电源状态。然而，采用硬件自主电源状态的设备可能会实现此状态，但它对 OS 来说是透明的。

设备状态 D1：该设备电源状态预计会节省一些功率但不及 D2。然而，大多数设备不实现这种电源状态（至少对软件可见）。在很多功率敏感的设备实现中，该状态反而被间接以硬件自主时钟门控方式实现。

设备状态 D0：这是设备的全功能状态，功率消耗最高。

表 5-2 列出了不同设备的电源状态及其各自的属性。

表 5-2 设备电源状态属性 [2]

设备状态	功率消耗	设备环境保留	驱动程序恢复
D0- 全功能状态	根据需要运行	所有	无
D1	D0（最高功率消耗）> D1 > D2 > D3（hot）> D3（最低功率消耗）	> D2（保留的设备内容多于 D2）	<（比 D2 需要更少的驱动恢复）
D2	D0 > D1 > D2 > D3（hot）> D3	< D1（保留的设备内容少于 D1）	> D1（比 D2 需要更多的驱动恢复）
D3（hot）	D0 > D1 > D2 > D3（hot）> D3	可选（设备内容保留是可选的）	无完全初始化和加载，具体取决于设备内容保留量（如果保留所有设备内容，则不需要驱动恢复。如果未保留设备内容，则需要完全初始化和加载）
D3- 关	0（没有功率消耗）	无（设备内容未保留）	完全初始化和加载

前面描述的 ACPI 电源状态可以归类为传统的电源状态。智能手机和平板电脑具有不同的用户体验要求，如即时启动、电池小寿命长等。这也是由智能手机与笔记本电脑的不同使

用模式造成的。智能手机一般用几秒钟或一分钟启动至使用状态，然后在接下来的几分钟内进入最低功耗模式。以下部分将介绍如何在 Android 和 Windows 操作系统支持的智能手机和平板电脑中实现这一点。

5.3　传感器、智能手机和平板电脑中的电源管理

智能手机和平板电脑的即时启动和更长电池寿命可归因于以下三种技术：

- 基于 Android Wakelock 架构的 PM（Android 手机 / 平板电脑）；
- Windows 连接待机（Windows 8 平板电脑和超极本）；
- 硬件自主 / 软件透明电源门控。

上述每个方案的更多细节将在以下小节给出。

5.3.1　Android Wakelock 架构 [3]

Wakelock 是确保 Android 设备不会进入深度睡眠状态（这是你应该为之努力的状态）的电源管理软件机制，因为给定的应用程序需要使用系统资源。

类 PowerManager.WakeLock 是指示应用程序需要设备保持开启状态的机制。

开发人员将使用的主要 API 是 newWakeLock()，这将创建一个 PowerManager.WakeLock 对象，在 Wakelock 对象上使用方法来控制设备的电源状态。表 5-3 显示了 Wakelock 级别及其对系统电源的不同影响。用户只能指定其中一个级别，因为它们是互斥的。

表 5-4 显示了仅影响行为的附加标志。当与 PARTIAL_WAKE_LOCK 结合使用时，这些标志无效。

表 5-5 列出了 Wakelock 常量。

表 5-3　Wakelock 级别

标志位	CPU	屏幕	键盘
PARTIAL_WAKE_LOCK	运行	关闭	关闭
SCREEN_DIM_WAKE_LOCK	运行	暗淡	关闭
SCREEN_BRIGHT_WAKE_LOCK	运行	亮	关闭
FULL_WAKE_LOCK	运行	亮	亮

表 5-4　Wakelock 标志

标志位	描述
ACQUIRE_CAUSES_WAKEUP	此标志用于强制屏幕或键盘在获取 Wakelock 时立即打开。例如，当用户希望立即看到某些通知时，可以使用此标志位 需要此标志位是因为正常的 Wakelock 不会打开照明，但它们会在照明打开后（例如，来自用户活动）使之保持打开状态
ON_AFTER_RELEASE	当应用程序在 Wakelock 条件之间循环时，该标志可用于减少闪烁。设置后，它会在释放 Wakelock 时复位用户活动计时器，使照明保持更长时间

表 5-5　Wakelock 常量

常量		
int	ACQUIRE_CAUSES_WAKEUP	Wakelock 标志：获取到 Wakelock 时打开屏幕
String	ACTION_DEVICE_IDLE_MODE_CHANGED	当 isDeviceIdleMode() 的状态发生变化时广播
String	ACTION_POWER_SAVE_MODE_CHANGED	当 isPowerSaveMode() 的状态发生变化时广播

（续）

	常量	
int	FULL_WAKE_LOCK	在 API 级别 17 中不推荐使用此常量。大多数应用程序应使用 FLAG_KEEP_SCREEN_ON 而不是此类型的 Wakelock，因为当用户在应用程序之间切换并且不需要特殊权限时，它将由平台正确管理
int	ON_AFTER_RELEASE	Wakelock 标志：当 Wakelock 被释放时，启动用户活动定时器，使屏幕保持一段时间开启
int	PARTIAL_WAKE_LOCK	Wakelock 级别：确保 CPU 正在运行；允许屏幕熄灭和键盘背光
int	PROXIMITY_SCREEN_OFF_WAKE_LOCK	Wakelock 级别：当接近传感器激活时关闭屏幕
int	RELEASE_FLAG_WAIT_FOR_NO_PROXIMITY	WakeLock.release(int) 标志：延迟释放 PROXIMITY_SCREEN_OFF_WAKE_LOCK Wakelock，直到接近传感器指示物体不在附近
int	SCREEN_BRIGHT_WAKE_LOCK	在 API 级别 13 中不推荐使用此常量。大多数应用程序应使用 FLAG_KEEP_SCREEN_ON 而不是此类型的 Wakelock，因为当用户在应用程序之间切换并且不需要特殊权限时，它将由平台正确管理
int	SCREEN_DIM_WAKE_LOCK	在 API 级别 17 中不推荐使用此常量。大多数应用程序应使用 FLAG_KEEP_SCREEN_ON 而不是此类型的 Wakelock，因为当用户在应用程序之间切换并且不需要特殊权限时，它将由平台正确管理

5.3.2　Windows 连接待机

从 Windows 8 和 Windows 8.1 开始，连接待机是一个新的低功耗状态，此状态在产生极低功耗的情况下仍能保持网络连接。当用户按下移动设备的电源键时，智能手机会进入主机关机模式，即连接待机电源模式。在 Windows 用户界面中，连接待机电源模式显示为系统"睡眠"模式。

对于支持连接待机的设备：
- 设备可立即从睡眠模式中恢复；
- 设备始终保持 Internet 连接；
- 当设备处于连接待机模式时，应用程序会自动更新，确保该设备开机时，关键信息（电子邮件、消息等）已同步。

优势与价值

与传统的 ACPI 睡眠模式（S3）和休眠模式（S4）相比，连接待机有许多优势。以下列举一些显著优势：

1. 立即从睡眠模式中恢复。处于连接待机的设备恢复速度极快。从连接待机模式中恢复的速度几乎总是比从传统睡眠模式（S3）中恢复要快，并且明显快于休眠模式（S4）和关机模式（S5）。

2. Wi-Fi 设备可在极低功耗模式下保持开启。Wi-Fi 设备会自动搜索已知的接入点，并根据用户偏好进行连接。该功能可保证系统在诸如家、工作地点、公共汽车和咖啡店等的多个地点之间随时无缝连接。

3. 用户打开系统时，Wi-Fi 设备已连接至网络。由于 Wi-Fi 已接入，电子邮件也已随之同步，因此用户无须在等待 Wi-Fi 接入和电子邮件同步上花费时间。

4. 由于 Wi-Fi 的持续连接，处于连接待机状态的移动设备还可与云端保持连接。系统处于连接待机时，通信应用程序（如 Skype 和 Lync）可实时通知用户传入的请求或呼叫。应用程序还可以发出推送通知，以提醒用户注意新闻事件、天气警报或即时消息。

处于连接待机的设备会自动在所有可用网络类型之间切换，并且会使用最便宜且功耗最低的可用网络选项（移动宽带（MBB、蜂窝数据）连接和有线 LAN/ 以太网）。

连接待机是现代移动体验的基础。用户希望他们的所有电子设备都能立即开启，且具有很长的电池寿命，并始终连接至云端。所有智能手机和大多数平板电脑都支持一种随时开启、随时连接的睡眠模式。

连接待机有什么作用

连接待机是一种屏幕关闭的睡眠模式。因此，当设备屏幕关闭时，即视为处于连接待机模式。

处于连接待机的系统可运行硬件和软件的各种操作模式，此时硬件处于低功耗状态，软件在大多数时间里暂停或停止运行。系统会间歇性启动以处理收到的电子邮件、提醒用户收到 Skype 呼叫，或者执行其他与应用程序相关的后台活动。

连接待机与传统睡眠、休眠模式的差异

表 5-6 总结了睡眠或休眠模式与连接待机模式之间的一些差异。

表 5-6　连接待机与传统睡眠、休眠模式之间的差异

特点	ACPI 睡眠模式（S3）、休眠模式（S4）	连接待机模式
系统活动	● 处理器关闭时，所有系统活动完全暂停 ● 活动保持暂停状态，直到用户通过电源键、键盘或触摸板重新打开系统为止	● 在设备屏幕关闭时，自动暂停/恢复系统活动以保持连接和云内容同步 ● 严格控制活动量，以实现低功耗和长电池寿命
连接情况	● 不保持网络连接（Wi-Fi、LAN 或蜂窝数据） ● 网络设备关闭，直到用户重新打开系统电源后开启	● 保持网络设备在极低功耗模式下通电以保持连接 ● 设备 Wi-Fi 可在用户偏好的网络之间自动切换，并提醒 OS 注意网络流量情况
应用和驱动服务	● 处理器关闭后，所有应用程序、服务和驱动程序活动完全暂停	● 允许应用程序、服务和驱动程序以受控方式继续运行，以节省电量，延长电池寿命 ● 应用程序以受控方式执行电子邮件同步和磁贴更新
功耗	● 具有更高的平均功耗，以在自刷新时维持存储器并使平台能在用户输入时被唤醒	● 使用低功耗内存和功耗优化的嵌入式控制器消耗的电量远低于绝大多数配置
电池寿命和进入/退出机制	● 与连接待机模式相比，电池寿命更短 ● 睡眠和休眠模式在恢复性能（退出延迟等）和功耗方面存在差异	● 电池寿命更长 ● 不用担心睡眠和休眠模式在电池寿命和恢复性能方面的差异 ● 关机或按下电源键可使系统进入低功耗模式并保持连接

平台支持

连接待机电源模式的实现会影响所有级别的系统设计。要达到功耗低、电池寿命长、随时保持连接等要求，设备需配有低功耗硬件，如低功耗 SOC（或芯片组）、低功耗存储器（DRAM）、低功耗网络（Wi-Fi、MBB）等。低功耗系统设计是待机设备在睡眠模式中电池寿命更长的基础，即使系统处于使用状态，也有显著优势。例如，当用户手持移动设备移动时，该设备应该能够安全保存或存储随时到达的电子邮件，而不会在写入过程中发生磁盘损坏。

5.3.3 硬件自主电源门控 [4]

硬件通过各种机制自动调节功率，如果不使用电源门控单个逻辑，则保持存储器 / SRAM 处于电源门控模式，关闭 LDO（低压差稳压器）。由于系统自动进行 PM，用户无须了解详细信息。一组预定义的传感器特性用于启动自主电源门控 / 管理。自主化可以防止用户级 PM 的低效电源控制，并通过考虑传感器特定信息来提供更高能效。它同时还减少了用户干预和应用程序开发时间。

用于传感器 / 传感器网络的自主 PM 系统旨在自动降低每个传感器或传感集线器（所有传感器 / 数据处理器的控制器）的能耗，同时保证服务质量。这意味着传感器应能捕捉所有发生的事件，且传感集线器应能处理从传感器接收到的所有数据。

针对所有传感器仅使用单一的自主 PM 策略并不是有效的，因为传感器在唤醒延迟、功耗和操作延迟等方面存在显著差异。我们可以以传感器 PM 为例来讨论一些特性。

传感器特定自主电源管理的一些特性

大多数传感器平台都配备有不同类型的传感器。这些传感器通过标准接口（如 I^2C 或 SPI）进行通信，但其内部硬件架构不同，因此传感器之间的灵敏度、滞后、唤醒延迟等都存在显著差异。

对于传感器特定的 PM，可考虑与主机开闭相关的诸如唤醒延迟、盈亏平衡周期和涌流等的特性。自主 PM 系统将与这些特性有关的信息存储在闪存中，并根据存储的特性进行决策。

（1）唤醒延迟

唤醒延迟 [4] 是传感器在提供稳定电源后达到就绪状态所需的时间。在就绪状态下，传感器可生成正确值。任务在请求内核打开传感器后，需要等待唤醒延迟时间，否则将接收到错误值。每种传感器类型的唤醒延迟都会有很大差异。唤醒延迟也被称为"启动时间"。

（2）盈亏平衡周期

盈亏平衡周期被定义为具有 PM 策略的节点的功耗与非电源管理节点的功耗相等时的速率，无能量损耗或增加。盈亏平衡周期 C_{be} 表示为：

$$C_{be} = \frac{P_{normal}}{E_{transtion} + E_{powerdown}}$$

其中，P_{normal} 代表传感器的功耗，$E_{transtion}$ 代表传感器开闭模式变化时的功耗，$E_{powerdown}$ 代表传感器关闭时的功耗。

（3）传感器使用

对于自主传感器 PM，传感器应用的使用是一个重要因素。通常传感器应用程序会进行传感、处理和传输的周期循环。因此传感器的使用可分为：周期性、非周期性和混合型。

周期性传感器是周期性的，占空比低。传感器驱动程序或 OS 可以为传入的传感器数据添加时间戳并确定传感器的使用情况。对于这种周期性传感器，仅在需要传感器时才进行供电。在考虑效率和盈亏平衡周期的同时，这些传感器在其他时间可以进行电源门控。PM 方案应确保传感器从开启切换到关闭的功耗 / 开销，以及确保传感器保持开启时不会超过功耗。

非周期性传感器是没有可预测周期的，依靠预测传感器再次使用的时间的 PM 技术将无法对这些非周期性传感器做出正确的预测。在这种情况下，当传感器需要时，PM 块向非周期性传感器和相关逻辑提供电力。然而，PM 方案需要确保系统可接受传感器从关闭状态开启的延迟，否则这些传感器就必须永久保持开启状态。

混合传感器是指在运行过程中传感周期变化的传感器。例如，传感器通常只是在周期内进行监测，而只有在超过阈值时才传输数据（从而改变其占空比）。PM 方案将为这些传感器定义阈值。当传感器运行周期改变，并且参数的感测值超出了定义的阈值时，PM 单元 / 方案将移除对传感器的任何功率限制（允许传感器获得所需功率）。

5.4　传感器中的电源管理架构示例

以下部分描述了适用于传感器或传感集线器的一些可能的 PM 架构：自主 PM 架构、基于应用的 PM 架构以及其他方案（如电压调节、基于任务的 PM、运行时电压跳变等）。

5.4.1　传感器中的自主电源管理架构

图 5-2 显示了传感器中自主 PM 架构的示例和可能组件。

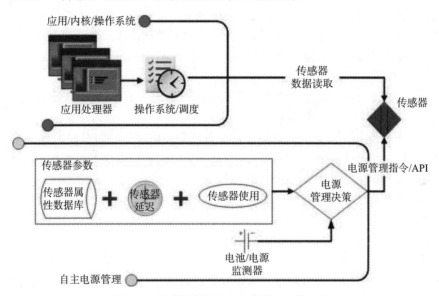

图 5-2　传感器中的自主电源管理架构示例

- **传感器属性存储器**：存储传感器属性，如功耗、工作电压、延迟。
- **电池监测器**：对电池剩余电量进行监测。
- **应用程序监测器**：对传感器的使用类型进行分类（周期性、非周期性或混合型），并根据所需的响应时间监测传感器延迟，以确保传感器数据保持有效。
- **PM 算法**：这是根据传感器属性、其使用情况、应用程序监测器的延迟以及剩余可用电池电量来决定的 PM 方法。

5.4.2　基于应用的电源管理架构 [5]

该 PM 架构专门设计用于通过选择暂停通信并关闭通信设备（例如移动电话的无线以太网卡）的短持续时间来有效地降低通信设备的用电量。

可以通过运输层协议实现节能，其中：

- 在短时间内管理移动主机通信和通信设备的暂停 / 恢复周期。
- 暂停期间，在移动主机和尝试与移动主机通信的任何其他主机中对数据传输进行排队。
- 通过确定何时暂停和重新启动通信来平衡节能和数据延迟。
- 使用特定于应用程序的信息来平衡节能和数据延迟（PM 在更高层抽象）。

节能通过许多小空闲时段的功率节省积累来实现，当然，由暂停和恢复引起的额外能源消耗也被考虑在内（这会对整体功耗产生负面影响）。

通常，移动通信设备以发送模式或接收模式运行。发送模式仅在数据传输期间使用，而接收模式是接收数据和监控输入数据的默认模式。在接收模式下，移动通信设备大部分是空闲的，但在此模式下会使用一些电源进行接收。如果使用应用程序，就可以对 PM 技术的使用做出更明智的决策。为了节省通信中软件级别的功率，可以使用数据缩减技术和智能数据传输协议来减少传输花费的时间。

基于通信的电源管理概念

在移动设备中，无线以太网卡在不使用时将处于接收模式。在基于通信的 PM 中，移动设备会充当主设备，并且会将可以进行数据传输的时间告知基站。当移动设备唤醒时，它将向基站发送查询，以检查它是否有数据要发送。存在暂停 / 恢复周期，导致数据 / 通信突发，然后进入空闲 / 非活动状态。

稍后描述的协议允许移动设备主机暂停无线通信设备。协议会定期（或通过应用程序的请求）唤醒，并重新开始与基站的通信。

移动主机是主设备，基站是从设备，从设备只能在协议的特定阶段向移动设备发送数据。在等待来自主移动设备命令的同时，从设备在协议的非传输期间对数据进行排队。空闲计时器检测移动设备主机和从基站的空闲时间。

向移动设备或基站输入的消息，其类型为传入消息 / 数据或超时，而输出消息类型则为传出消息 / 数据。

以下是基于应用程序的 PM 架构中所需的定时器。

（1）超时期限

超时定时器设置为固定的时间段。当定时器到期并且自上次到期以来没有发生通信时，该协议推断通信中存在空闲时段。应该充分注意确保超时时间不会太短或太长。较短的超时时间将导致睡眠时间早于预期，致使应用程序的响应较差，而较长的超时时间将导致通信设备在较长的不必要时间内保持活动状态，致使能量 / 功率浪费。

（2）睡眠时间

该定时器确定主设备通信暂停的持续时间。较长的睡眠周期将导致任何交互式应用中的滞后时间更长，而较短的睡眠周期可能不会显著延长电池寿命。

图 5-3 显示了基于通信的 PM 架构中从站（基站）的状态转换。从站（基站）会进入睡眠模式，并在收到来自移动设备（主站）的唤醒消息后转换到其他状态。

如果基站（从站）有数据要发送，那么它将处于发送 / 接收状态。一旦完成数据发送，从设备将进入接收状态。如果从设备有新数据要发送到移动设备（主设备），则从设备在接收完来自移动设备的所有数据，并从移动设备接收到唤醒消息后可以进行此操作。

表 5-7 总结了从设备（本例中为基站）的状态转换和相应数据传输的条件。

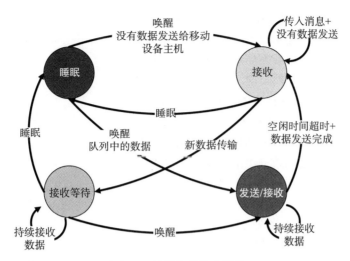

图 5-3　从设备的状态转换

表 5-7　从设备的状态转换（基站）

当前状态	下个状态	条件	数据
SLEEPING	SLEEPING	在此状态下初始化	无
SLEEPING	RECEIVING	从主设备接收 WAKE UP，无数据发送	接收数据，无数据发送
SLEEPING	SEND-RECEIVE	从主设备接收 WAKE UP，有数据发送	接收并发送数据
RECEIVING	RECEIVING	直到传入数据被接受，无传出数据 / 消息	接收数据，无传出数据
RECEIVING	SLEEPING	接收 SLEEP 消息	无
RECEIVING	RECEIVE-WAIT	当有新数据传输时，从设备发送 NEW DATA CMD（新数据发送前需等待 WAKE UP）	接收数据，不能发送数据
SEND-RECEIVE	RECEIVING	当没有更多数据要发送时，发送 DONE 消息	接收数据，无数据发送
SEND-RECEIVE	SEND-RECEIVE	将继续数据传送	接收并发送数据
RECEIVE-WAIT	SLEEPING	当收到 SLEEP 命令时（缓存区中可能有数据但未传输）	无
RECEIVE-WAIT	RECEIVE-WAIT	保持接收数据，同时等待发送新数据（只能在获取 WAKE UP 消息时发送）	接收数据，等待发送数据
RECEIVE-WAIT	SEND-RECEIVE	接收 WAKE UP 并有数据要发送	接收并发送数据

移动设备（主）状态机可以分为三组。第一组为 SLEEPING 状态，第二组由 SENDING_WAIT、WAITING 和 WAIT_FOR_OK 组成，而第三组则包括 SENDING、SEND / RECV 和 RECEIVING。

1. SLEEPING：主移动通信设备处于睡眠状态，可以通过以下两个条件唤醒（如表 5-8 和图 5-4 所示）。

表 5-8　第一组主移动计算设备状态的状态转换

当前状态	下个状态	条件	数据
SLEEPING	SLEEPING	在此状态下初始化	如果移动通信设备在 WAKE UP 定时器到期之前有新数据，则设备可以选择自我唤醒或继续累积新数据，直到它在唤醒定时器到期时被唤醒
SLEEPING	SENDING WAIT	WAKE UP 并有数据发送给从设备	主设备在下个 SENDING WAIT 状态下传输数据
SLEEPING	WAITING	WAKE UP 但无数据发送	主移动设备无数据传输

a. WAKE UP 消息（通过唤醒定时器）并给从机发送新数据。

b. 如果在 WAKE UP 定时器到期之前有新数据，那么主移动设备可以选择自我唤醒或者继续累积新数据，直至唤醒定时器到期时被唤醒。

2. SENDING WAIT、WAITING 和 WAIT FOR OK：处于这些状态的主设备正在等待从设备的响应。当主设备以 DATA 或 NO DATA 消息的形式接收到从设备的响应时，主设备进入第三组中的适当状态，如表 5-9 和图 5-5 所示。

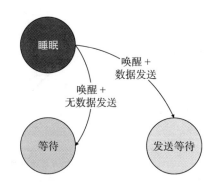

图 5-4　第一组主移动计算设备状态的状态转换

a. SENDING WAIT：主设备正在传输数据。如果空闲计时器到期（当主设备处于 SENDING WAIT 模式时），表明主设备没有更多数据要发送，那么主设备进入 WAITING 模式并继续等待从设备的响应。

b. WAITING 模式：主设备没有要传输的数据。

c. WAIT FOR OK：处于此状态的主设备告知从设备应睡眠并等待 SLEEP OK 消息。

表 5-9　第二组主移动计算设备状态的状态转换

当前状态	下个状态	条件	数据
SENDING WAIT	SENDING	没有数据要传输（但空闲计时器未到期）	
SENDING WAIT	SEND/RECV	有数据需要传输（但空闲计时器未到期）	
SENDING WAIT	WAITING	空闲计时器到期，表明主设备没有更多的数据要发送（队列为空）	继续等待从设备的应答
WAITING	SENDING WAIT	主移动设备有数据要传输（队列填充）	
WAITING	RECEIVING	主移动设备有从从设备接收的数据	从从设备接收数据
WAITING	WAIT FOR OK	要求从设备 SLEEP，等待 SLEEP OK 的消息	无数据
WAIT FOR OK	SLEEPING	从从设备接收 SLEEP OK 的消息	没有数据传输

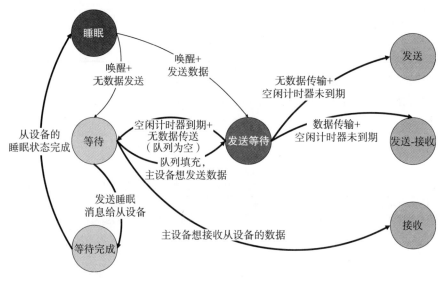

图 5-5　第二组主移动计算设备状态的状态转换

3. SENDING、SEND/RECV 和 RECEIVING ：处于这些状态的主设备正在主动发送或接收数据。

a. SENDING：主设备可以从从设备接收 NEW DATA 消息。主设备响应 WAKE UP 消息并进入 SENDING WAIT 模式。

b. 当主设备和从设备都没有更多要发送的数据时，主机发送一个 SLEEP 消息并进入 WAIT FOR OK 模式。

表 5-10 总结了第三组主移动设备状态的状态转换和相应的数据传输。

表 5-10　第三组主移动计算设备状态的状态转换

当前状态	下个状态	条件	数据
SENDING	SENDING WAIT	来自从设备的 NEW DATA 消息，WAKE UP 消息作为主移动设备的响应发出	主设备正在传输数据
SENDING	WAIT FOR OK	来自主设备的 SLEEP 消息。主设备在 WAIT FOR OK 状态下等待 SLEEP OK 消息	无
SEND-RECV	SENDING	接收从设备的 DONE 消息；没有更多数据发送到从设备	没有更多数据要传输
SEND-RECV	RECEIVING	IDLE 超时，队列为空。主设备无数据发送，可以继续从从设备接收数据	在 RECEIVING 状态接收数据
RECEIVING	SEND-RECV	主移动设备现在有数据要发送，队列中已填充了一些数据	数据在下个状态传输（SEND-RECV）
RECEIVING	WAIT FOR OK	从主移动设备发送 Done 和 SLEEP 消息给从设备。主设备在 WAIT FOR OK 状态下等待 SLEEP OK 消息	无

根据所描述的如图 5-6 所示的传输层协议，移动设备可以适当地暂停和重新启动其通信设备（如无线以太网卡），使用适当的命令通知基站，可以在非通信阶段对数据进行排队，而不会丢失任何数据。由 Robin Kravets 和 P. Krishnan 实施的该协议的实验结果显示，通信节省的电能高达 83%。

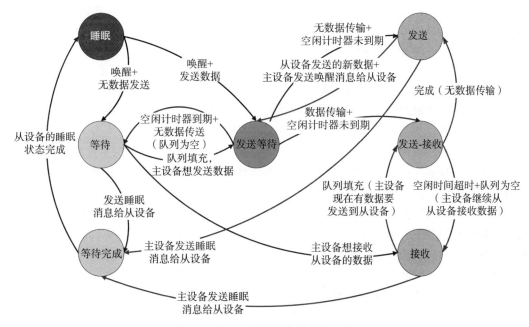

图 5-6　主移动计算设备的状态转换

5.4.3　电源管理方案

下面是可以部署在移动设备的传感器和传感集线器上的各种 PM 方案 [6]，以实现不同程度的功率节省和功率控制。

动态电压调节

该方案直接控制和改变设备的电源电压以控制其功耗。

动态电源管理

如果设备空闲时间超过预定时间，那么该方案会改变设备的电压状态。该方案需要正确预测设备空闲时间，以管理设备上的功率减少 / 节省方案。

基于任务的电源管理

该方案利用操作系统来管理设备的功率，并利用每个任务的设备使用模式来优化每个任务的功耗。每个任务都向 OS 任务调度程序报告自己的设备利用率，调度程序根据情况重新排列任务的执行顺序，以便尽可能地避免电源状态的更改（以减少开销）。

低功率固定优先级调度

该方案是动态电压缩放（DVS）和动态 PM 方案的混合。当设备空闲时间超过预定时间时，动态地改变设备的供电电压以使设备在断电模式下可运行。该方案不能结合任务的工作负载变化松弛时间（执行时间与最坏情况执行时间之差），因为不能在特定任务内动态调整电源电压。

运行电压跳变 [7]（Sakurai）

DVS 方案将电源电压动态降至尽可能低的状态，此状态下仍可进行正常操作，但系统、设备、传感器或所需器件的性能状态低于可能的最大性能。在如图 5-7 所示的传统 DVS 系统中，将环形振荡器的输出频率与所需的时钟频率进行比较，并通过频率 – 电压反馈环路来调节电源电压。然而，由于环形振荡器的关键路径电压 – 频率建模不准确（在同一芯片内关键路径可能不同，或者芯片制造过程可能不同，导致不同的电路延迟特性等），因此该 DVS 不能提供有效的电源电压控制。此外，由于系统时钟频率可以有不同的任意值，可能会导致接口上的数据交换问题。这些问题可以通过对传统 DVS 系统进行以下修改来解决：

- 电源电压由软件反馈而非硬件反馈控制；
- 根据芯片 / 传感器 / 设备的物理电压 – 频率关系来确定电源电压；
- 系统时钟频率限定为离散电平，可以通过将最高系统时钟频率除以任意值来获得。

图 5-8 显示了修改后的 DVS 方案的架构，该方案被称为运行电压跳变方案，并且使用了时隙概念。在此方案中，通过实验来测量时钟频率和电源电压之间的关系，并将其作为查找表存储在设备驱动中，然后通过软件反馈（而不是硬件反馈）来控制时钟频率和电源电压。它将任务划分成多个时隙，然后按时隙动态地控制设备的电源电压。这有助于充分利用工作负载变化松弛时间。

图 5-8 的处理器模块中显示的设备驱动程序具有两个查找表，这些查找表是根据使用设备的实际特性准备的。第一个查找表具有目标设备的电压 – 频率关系，第二个查找表包含改变时钟频率和电源电压所需的转换延迟。

图 5-9 显示了可部署在移动计算设备上的运行电压跳变方案所遵循的基本机制。此处描述了可用于确定所需时钟频率和相应电源的电压调度方法：

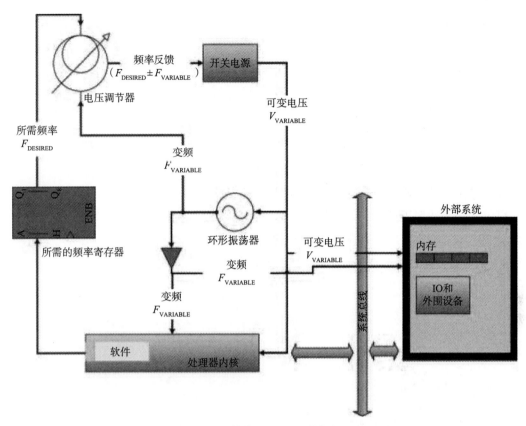

图 5-7 传统的 DVS 系统架构

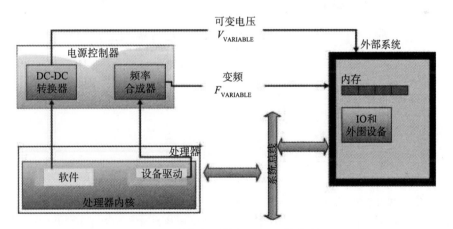

图 5-8 运行电压跳变 DVS 系统架构

1. 编译时间步骤：

a. 一个任务分为 N 个时隙。

b. 以下参数通过分析或直接测量获得：

T_{WC}：整个任务的 WCET（最坏情况执行时间）；

T_{wci}：第 i 个时隙的 WCET；

T_{ri}：从第 $(i+1)$ 到第 N 个时隙的 WCET。

2. 运行步骤:

a. 对于每个时隙, 目标执行时间通过以下方式获得:

$$T_{\text{TAR}} = T_{\text{WC}} - T_{\text{WC}i} - T_{\text{ACC}} - T_{\text{TD}}$$

其中, T_{TAR} = 目标执行时间; T_{ACC} = 从第一个时隙到第(i-1)个时隙的累积执行时间; T_{TD} = 改变时钟频率和电源电压的转换延迟。

b. 对于每个可能的时钟频率 $F_j = F_{\text{CLK}} / J$($J = 1, 2, 3 \cdots$), 估计的最大执行时间为 $T_j = T_{\text{W}i} \times j$, F_{CLK} 是主时钟频率。

c. 如果时钟频率 $F_j \neq$ 第(i-1)个的时钟频率, 则 $T_j = T_j + T_{\text{TD}}$。

d. F_{VAR} = 最小时钟频率 F_j, 其估计的最大执行时间 T_j 不超过目标时间 T_{TAR}。

e. 通过设备驱动程序中的查找表确定电源电压 V_{VAR}。

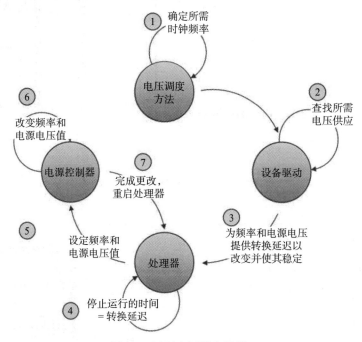

图 5-9　运行电压跳变机制

图 5-10 显示了在每个任务和每个时隙内可以控制电源电压的基本步骤, 同时确保在最坏情况下, 每个任务都仍能在执行时间内完成。因此, 该方案有效地利用了工作负载变化松弛时间以及最坏情况下的松弛时间(因任务执行时间与其最坏情况执行时间的偏差而产生)。

自适应电源管理系统

设备断电状态的持续时间应足够长, 以证明将设备置于断电状态所涉及的开销是合理的。设备处于断电模式的这段时间称为 BET(盈亏平衡任务)。

将设备置于断电模式后, 有两个主要开销:

1. 由于需要频繁地将设备从断电模式中唤醒而导致的时间延迟;

2. 唤醒设备的额外功耗。

由上述两项开销导致的时间延迟不能由运行电压跳变方案处理。

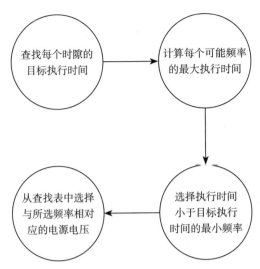

图 5-10　运行电压跳变步骤

自适应 PM 方案使用动态 PM、DVS、模式分析算法和基于 BET 时间的任务分区调度的特性。在此 PM 方案中执行以下步骤：

1. 基于 BET 来拆分任务，以降低移动环境中应用程序的功耗。
2. 分析设备／传感器的使用模式。
3. 将分析结果应用于任务调度，以进一步降低功耗。

图 5-11 显示了这个自适应 PM 系统的基本结构。

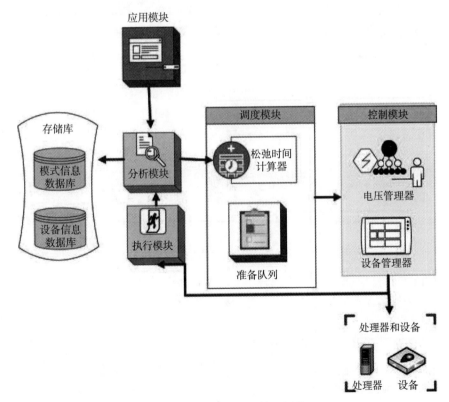

图 5-11　自适应电源管理系统

分析模块：该模块分析设备运行时的使用模式。最大期望（EM）等算法可以用于从输入模式列表中识别最大似然。当应用程序执行时，分析模块提取存储在模式信息数据库中的模式。如果此模式与将要运行的应用程序的使用模型相匹配，则检索/使用现有模式，而不会再次分析。这节省了模式分析的开销。

每次收集到新模式时都会对现有模式进行更新，而不是一次性收集设备的所有模式。这一直持续到最终确定代表性模式为止。

要修改未确定的代表性模式，可使用以下方法：

- 各个外围设备的使用计数。
- EM 算法中所有外围设备的总使用次数。

如果修改后未确定的代表性模式满足 EM 算法的参考值，则将它们确定为代表性模式。一旦确定，便不会再收集其他模式，这有助于降低存储要求。

调度模块：这个模块有以下两个组件。

- **松弛时间计算器**：$T_s = T_d + T_e$，其中 T_d = 时隙的截止时间，T_e = 时隙的执行时间。
- **就绪队列**：它使用基于盈亏平衡时间的任务分区调度来管理执行的时隙。它可以同时或连续地识别特定设备的使用时隙。它修改时隙的处理顺序以最小化设备功率状态的变化。该模块还将检查设备是否会连续用于多个时隙。如果可能，则该模块调度时隙，使得设备/逻辑不会在其间休眠，以避免唤醒开销。

图 5-12 显示调度模块将选择下一个任务，使得它使用与上一个时隙（在本例中是前一任务的时隙 2）中相同的设备（设备 7、8）。

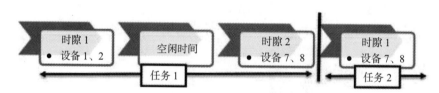

图 5-12　连续使用相同设备的有效时隙执行顺序

也可如图 5-13 所示进行调度，如果设备 7、8 没有参与任务 1，则它们可以在任务 1 期间保持空闲状态。

图 5-13　连续使用相同设备的有效时隙执行顺序

在图 5-14 中，设备 7、8 进入空闲状态，必须重新启动以进行下一个任务，这将导致更高的功耗（由于设备在空闲状态从开启到关闭然后再次开启）；或者设备停止进入空闲状态，并在两个任务之间保持开启状态，这种调度将消耗更多的电力。

每个任务 T_i 都具有相关的周期 P_i 和最坏情况计算时间 C_i。每 P_i 时间单位（实际单位可以是秒或处理器周期等）定期释放（执行）任务，然后可以开始执行。该任务需要在截止日期（下一个任务释放前）前完成执行。只要对于每个任务 T_i 在每次执行中的使用周期都不超过 C_i，实时调度程序就可以保证任务将总是能获得足够的处理器周期以及时完成每次调用。

图 5-14   连续使用相同设备的有效时隙执行顺序

控制模块：该模块具有以下两个组件。

- **电压调节管理器**：使用 DVS 方案来调整设备的电源电压。
- **设备管理器**：根据 PM 系统其他组件提供的信息来管理 / 实际控制设备。

在静态电压缩放[8]的简单版本中，为设备选择最低的可能工作频率，以便调度器能够满足给定任务集的所有期限。改变电压以匹配工作频率。

如果工作频率 f 按因子 α 缩放（$0 \leqslant \alpha \leqslant 1$），则任务所需的最坏情况计算时间 C_i 按因子 $1/\alpha$ 缩放，截止日期（所需周期）保持不变。

最坏情况下，利用率 $U_i = \dfrac{C_i(\text{计算时间})}{P_i(\text{所需周期})}$，则

$$\frac{C_1}{P_1} + \frac{C_2}{P_2} + \cdots + \frac{C_n}{P_n} \leqslant 1$$

使用频率缩放因子 α，我们可以得到：

$$\frac{C_1}{P_1} + \frac{C_2}{P_2} + \cdots + \frac{C_n}{P_n} \leqslant \alpha$$

选择最低频率 f，使得上述等式成立。

当一个任务被释放以用于下一次执行时，我们并不知道它实际需要多少计算量，因此我们保守地假设它需要特定的最坏情况处理时间。任务完成后，将使用的实际处理器周期数来与最坏情况规范进行比较。分配给该任务的任何未使用周期通常（或最终）都会被浪费，使处理器处于空闲状态。DVS 算法不需要额外的处理器周期，而是通过降低工作频率来避免周期浪费（周期节省）。剩余时间用于以较低 CPU 频率运行其他剩余任务，而不是完成更多工作。因此，如果某个任务的完成时间早于其最坏情况计算时间，则可以使用该任务消耗的实际计算时间，通过重新计算利用率可以回收剩余的时间。这个减少的值将一直使用，直到再次释放任务以供下一次执行为止。在每个调度点（任务释放或完成），使用完成任务的实际时间和其他任务的最坏情况时间来重新计算利用率，并适当设置频率。

如果任务 T_i 在使用 cc_i 周期后完成了当前的执行（远小于其最坏情况计算时间 C_i），那么可以将 cc_i 暂时视为其最坏情况的计算边界。在为该任务指定的利用率降低的情况下，可以找到一个较小的缩放因子（工作频率较低），使任务集保持可调度的状态[8]（意味着剩余任务以较低的设备频率执行），在下一个任务集中可能需要再次提高工作频率。

储存库：这个模块有以下两个组件：

- **设备信息数据库**：包含将在设备上运行的应用程序的代表性使用模式。
- **模式信息数据库**：包含设备 / 传感器属性以及设备状态（开、关、运行、空闲、唤醒、

功耗等）等。功耗信息由分析模块收集并存储在此存储库模块中。它还包含设备的BET，使用以下公式计算：

$$BET = \frac{2 \times T_w \times (P_w - P_p)}{P_p - P_i}$$

其中 T_w = 传感器 / 外围设备的唤醒时间；P_w = 传感器 / 外围设备唤醒时消耗的功率；P_p = 操作传感器 / 外围设备所消耗的功率；P_i = 空闲传感器 / 外围设备消耗的功率。

5.5 典型传感集线器中的电源管理

前面讨论了不同的 ACPI 电源状态。在 SOC 中使用传感集线器时，可以支持以下电源状态。表 5-11 从 OS 角度将传感集线器设备 D 状态和系统 /SOC 状态关联起来。

表 5-11   传感集线器设备 D 状态和系统 /SOC 状态

SOC 系统状态	传感集线器状态	说明
S0i0	D0 ～ D0i3, D3	传感集线器启动并运行。它从系统接收全部能量，并为用户提供全部功能。传感集线器可以在 S0i0 下进入 D0i1 ～ D0i3 状态，以便在正常工作周期内节省功耗
S0i1	D0*	传感集线器无法访问 S0i1 状态下的系统内存，但它可以保持在 D0i1 ～ D0i3 状态下 SRAM 或 DRAM 中的情境
	D0i1 ～ D0i3, D3	* 在 S0i1 状态下，传感集线器可能处于 D0 状态，但只要它必须从系统 DRAM 中引入代码或数据页面，它就会强制系统转换到 S0 状态以激活通向 DRAM 的路径
S0i2	D0*	传感集线器无法访问 S0i2 状态下的系统内存，但它可以保持在 D0i1 ～ D0i3 状态下 SRAM 或 DRAM 中的情境
	D0i1 ～ D0i3, D3	* 在 S0i2 状态下，传感集线器可能处于 D0 状态，但只要它必须从系统 DRAM 引入代码或数据页面，它就会强制系统转换到 S0 状态以激活通向 DRAM 的路径
S0i3	D0*	传感集线器无法访问 S0i3 状态下的系统内存，它可以保持 SRAM 或 DRAM 中的情境
	D0i1 ～ D0i3, D3	* 在 S0i3 状态下，传感集线器可能处于 D0 状态，但只要它必须从系统 DRAM 引入代码或数据页面，它就会强制系统转换到 S0 状态以激活通向 DRAM 的路径
S3 ～ S5	D3	不保持传感集线器情境；传感集线器处于 D3 状态

以下是任何传感集线器都可以实现的状态的详细说明。

D0：这是正常运行状态。所有传感器硬件组件都通电并正常工作。动态固件分页存在于传感集线器 SRAM 中，系统 DRAM 按需动态分页。

D0u：传感集线器的未初始化状态是指一个单独的传感集线器 SRAM bank 处于打开状态，以启动固件加载过程。DRAM 可以被传感集线器访问，但没有可加载的固件。D0 和 D0u 的主要区别在于，系统电源状态变化事件需要由传感集线器 ROM（而非可加载固件）来处理。由于除了一个 SRAM bank 外的所有 bank 均断电，因此该状态下的传感集线器功耗低于 D0。

D0i1：这是一种浅度节能状态，其中传感集线器硬件可以在睡眠模式下用 SRAM 进行时钟门控，以保持其内容。诸如定时器，或者来自传感器、主机或其他引擎的 GPIO 警报等中断可触发 D0 状态回转，这些中断可以通过定义的内部通信协议与传感集线器通信。

D0i2：这是一种中度节能状态，其中传感集线器硬件由时钟门控或电源门控（取决于特定的硬件模块节能能力），唤醒原因与 D0i1 类似。SRAM 内容被保留，而实际的 SRAM 电源状态取决于传感集线器的硬件能力。诸如定时器，或者来自传感器、主机或其他引擎的 GPIO 警报等中断可触发 D0 状态回转，这些中断可以通过定义的内部通信协议与传感集线器通信。

D0i3：这是一种深度节能状态，其中传感集线器硬件为时钟门控或电源门控，SRAM 内容被清空到 DRAM，唤醒原因与 D0i1 类似。与 D0i1 和 D0i2 相比，D0i3 中的传感集线器硬件功耗会更低，但由于需要在 D0i3 中为 SRAM 重新填充清空到系统 DRAM 的内容，因此恢复延迟更高。与 D0i2 相比，D0i3 状态的电能节省取决于 D0i3 的停留时间。D0i3 的退出过程对系统功耗有显著影响，因为它需要将 SOC 唤醒至 S0 以启用传感集线器到系统内存的路径，从而进行 SRAM 重新填充。

D3：这是断电状态，其中所有传感集线器硬件都被关闭，此时 SRAM 中没有固件情境保留。

通常，传感集线器在 D0、D0i1、D0i2 和 D0i3 之间循环，以便其在占空比为 x% 时于 D0 中工作，在占空比为 $(100-x)$% 时转到 D0i1 或 D0i2。传感集线器可以在任何系统电源状态下唤醒，具体取决于操作系统、软件和固件支持。传感器的电源状态取决于特定系统电源状态下硬件资源的可用性。传感集线器硬件无法在 DRAM 分页中的 D0 状态下工作，因为系统处于 S0i2 状态，而在 S0i2 状态下系统 DRAM 不可用。如果有需要，则传感集线器可以退出睡眠状态，并将系统从 S0i2 中唤醒到一个可以访问系统 DRAM 的状态。

图 5-15 显示了传感集线器中可能的电源状态转换。一些可能的关键 PM 设备状态为 D0、D0 *未初始化*（D0u）、D0i1、D0i2、D0i3 和 D3。

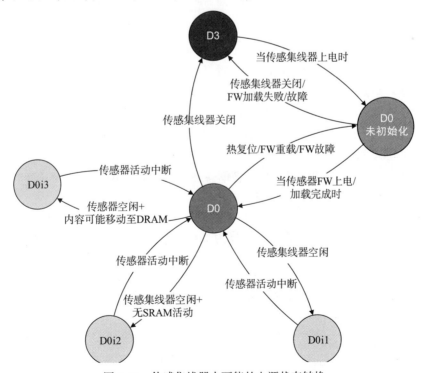

图 5-15　传感集线器中可能的电源状态转换

D3 到 D0u：当传感集线器硬件从 D3 状态上电时，发生 D3 到 D0u 的状态转换。如前所述，在 D0u 状态下，只有 SRAM 的某些 bank 结构（通常为 1）可以保留，可以从中加载固件。

D0u 到 D0：当传感集线器固件加载过程完成时，发生 D0u 到 D0 的状态转换。

D0 到 D0u：当传感集线器固件经历热复位时，发生 D0 到 D0u 的状态转换。如果软件存在重新加载固件的明确请求，或者由于某些保护失败 / 违规或看门狗定时器到期而导致的固件故障，则可能发生热复位。

D0 到 D0i1 和从 D0i1 退出：当传感集线器固件识别出潜在的空闲周期并决定进入浅度节能状态时，发生 D0 到 D0i1 的状态转换。如果在空闲检测时 SRAM 正在进行 DMA 活动，则 D0i1 为唯一可用的节能状态。任何传感集线器硬件中断都可触发 D0i1 到 D0 的状态回转。

D0 到 D0i2 和从 D0i2 退出：当传感集线器固件识别出潜在的不活跃周期，并且可用 SRAM 中没有 DMA 活动时，发生 D0 到 D0i2 的状态转换。在这种情况下，传感集线器固件根据预计的睡眠持续时间来决定是否将 D0i2 或 D0i3 作为目标节能状态。如果预计的睡眠持续时间超过 "D0i3 的最小睡眠" 阈值，并且 D0i3 恢复时间小于当前传感集线器使用模型设置的延迟容忍值，则传感集线器固件选择 D0i3 作为目标睡眠状态，否则进入 D0i2 状态。

D0i2 状态的进入和退出取决于传感集线器硬件的节能能力。任何已启用的传感集线器硬件中断都会触发退出。

D0 到 D0i3 和从 D0i3 退出：当传感集线器固件检测出一个潜在的空闲周期，证明 D0i3 可以如前所述地节省电能时，进入 D0i3 状态。在切换 D0i3 状态时，传感集线器 SRAM 内容被复制到系统 DRAM 中分配的传感集线器空间；复制后，传感集线器 DRAM 将被关闭。此操作要求系统从 S0iX 退出到 S0 并停留在 S0 状态，直到传感器硬件 DMA 操作完成。

D0 到 D3：当系统从 S3 进入 S5 状态，且需要关闭传感集线器时，发生 D0 到 D3 的状态转换。

5.5.1 Atmel SAM G55G/SAM G55 中的电源管理实例 [9]

通常，传感集线器可以通过以下方式实现：

- 专用微控制器（MCU），具有超小尺寸和超低功耗；
- 带集成传感器的基于应用处理器的集线器；
- 带集成 MCU 的基于传感器的集线器；
- 基于 FPGA 的方案。

接下来讨论使用 Atmel 集成 MCU 实现的传感集线器上的电源管理。

Atmel SAM G55G/SAM G55 的主要组件

Atmel SMART SAM G55 是一款闪存微控制器，采用带有浮点运算单元的 32 位 ARM Cortex-M4 RISC 处理器。它的最高运行速度为 120 MHz，具有 512 KB 的闪存和高达 176 KB 的 SRAM。

它拥有以下外围设备：

- 8 个灵活的通信单元（USART、SPI 和 I²C 总线接口）
- 2 个三通道通用 16 位定时器
- 2 个 I²S 控制器
- 单通道脉冲密度调制
- 1 个八通道 12 位 ADC
- 1 个实时定时器（RTT）和 1 个 RTC（均位于超低功耗备份区域）

支持的睡眠模式和唤醒机制

Atmel SMART SAM G55 设备具有三种软件可选的低功耗模式：睡眠、等待和备份。

- **睡眠模式**：在此模式下，处理器停止，所有其他功能可以继续运行。
- **等待模式**：在此模式下，所有时钟和功能都停止，但可以配置某些外围设备以根据事件唤醒系统，事件包括部分异步唤醒（SleepWalking）。
- **备份模式**：在此模式下，RTT、RTC 和唤醒逻辑均处于运行状态。

对于功耗优化，灵活的时钟系统能够为某些外围设备提供不同的时钟频率。此外，处理器和总线时钟频率可以在不影响外围设备处理的情况下进行修改。

Cortex-M4 处理器睡眠模式可以降低功耗：

- 睡眠模式会停止处理器时钟。
- 深度睡眠模式会停止系统时钟并关闭 PLL 和闪存。

系统控制寄存器（SCR）的 SLEEPDEEP 位用于选择使用哪种睡眠模式。

进入睡眠模式：接下来介绍软件可用于将处理器置于睡眠模式的各种机制。系统可能会产生虚假唤醒事件，例如调试操作会唤醒处理器。因此，软件必须能够在发生此类事件后使处理器重新回到睡眠模式。一个程序可能会有一个空闲循环来让处理器回到睡眠模式。

1. **等待中断**（WFI）：等待中断指令会导致处理器立即进入睡眠模式。当处理器执行 WFI 指令时，它停止执行其他指令并进入睡眠模式。

2. **等待事件**（WFE）：等待事件指令是否使处理器进入睡眠模式取决于事件寄存器的值。当处理器执行 WFE 指令时，它会检查这个寄存器：

- 如果寄存器为 0，则处理器停止执行其他指令并进入睡眠模式。
- 如果寄存器为 1，则处理器将该寄存器清零并继续执行其他指令，而不进入睡眠模式。

3. **Sleep-on-Exit**：当处理器在执行异常程序处理时，如果 SCR 的 SLEEPONEXIT 位被置为 1，那么它将返回到线程模式并立即进入睡眠模式。此机制用于发生异常时仅要求处理器能够运行的应用程序。

接下来介绍可用于唤醒处理器的各种机制。

1. **用 WFI 或 Sleep-on-Exit 唤醒**：通常情况下，处理器只有在检测到具有足够优先级的异常（导致异常处理）时才会被唤醒。一些嵌入式系统可能必须在处理器被唤醒之后，以及在它执行中断处理程序之前执行系统恢复任务。为了实现此目的，需要将 PRIMASK 位置为 1 并将 FAULTMASK 位置为 0。如果有可用中断到达，且中断优先级比当前异常优先级更高，则处理器被唤醒，但在将 PRIMASK 置为 0 之前，不执行中断处理程序。

2. **用 WFE 唤醒**：处理器会在以下情况下被唤醒。

- 检测到具有足够优先级的异常，从而导致异常处理。
- 检测到外部事件信号。处理器提供一个外部事件输入信号，外围设备可以驱动该信号，选择用 WFE 唤醒处理器，或选择将内部 WFE 事件寄存器置为 1，以指示处理器在稍后的 WFE 指令中不能进入睡眠模式。
- 在多处理器系统中，系统内的另一个处理器执行 SEV 指令。
- 此外，如果 SCR 中的 SEVONPEND 位置为 1，则任何新的挂起中断都会触发事件并唤醒处理器，即使中断被禁用或没有足够的优先级来导致异常处理。

Atmel SAM G55G/SAM G55 电源管理控制器

电源管理控制器（PMC）控制各种外设的时钟和 Cortex-M4 处理器。PMC 支持的特性之一是异步部分唤醒（也称为 SleepWalking）。

当在通信线路上检测到活动时，异步部分唤醒（SleepWalking）以完全异步的方式唤醒外设。在某些用户可配置的条件下，异步部分唤醒还可以触发系统退出等待模式（系统完全被唤醒）。

异步部分唤醒功能自动管理外设时钟。通过这个功能，外设（FLEXCOM0-7、ADC）仅在需要的时候进行时钟控制，因此可以降低系统的整体功耗。必须首先配置用于异步部分唤醒的外设，以便通过设置适当的寄存器位来启用其时钟。

当系统处于等待模式（如图 5-16 所示）时，系统的所有时钟（慢速时钟（SLCK）除外）都会停止。当发生来自外设的异步时钟请求时，PMC 会部分唤醒系统，以提供时钟给该外设。系统的其余部分没有时钟消耗，从而减少了功耗。最后，如果满足用户配置的条件，则外设可以唤醒整个系统，或者在下一个时钟请求之前停止外设时钟。如果发生唤醒请求，则自动禁用异步部分唤醒模式，直到用户通过在 PMC SleepWalking Enable 寄存器（PMC_SLPWK_ER）中设置 PIDx 来指示 PMC 启用异步部分唤醒。

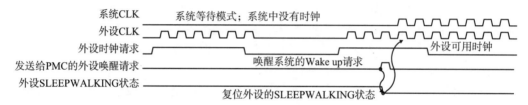

图 5-16   等待模式下的 SleepWalking

当系统处于活动模式（如图 5-17 所示）时，启用异步部分唤醒功能的外设会停止各自的时钟，直到外设请求时钟为止。当外设请求时钟时，PMC 将提供时钟且无须 CPU 干预。外设时钟请求的触发取决于可为每个外设配置的条件。

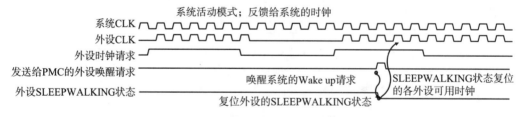

图 5-17   活动模式下的 SleepWalking

如果满足这些条件，则外设向 PMC 发出请求。PMC 禁用外设的异步部分唤醒模式，并为外设提供时钟，直到用户指示 PMC 重新启用外设的部分唤醒为止。这些都通过在 PMC_SLPWK_ER 中设置 PIDx 来完成。

如果不满足条件，那么外设将清除时钟请求，PMC 也会停止外设时钟，直到外设重新置位时钟请求为止。

5.5.2   Xtrinsic FXLC95000CL

FXLC95000CL[10] 是一款集成三轴 MEMS 加速度计和 32 位 ColdFire MCU 的智能运动传感平台，可实现用户可编程、自主、灵活且高精度的具有本地计算和传感器管理功能的运动传感解决方案。该设备可作为传感集线器，具有 32 位 ColdFire V1 CPU、充足的 RAM 和闪存、主 SPI 和 I²C 总线，以及外部差分模拟输入。

用户的固件以及硬件设备可以进行应用程序所需的系统级决策，例如手势识别、计步器、电子罗盘倾斜补偿和校准。

利用主 I²C 或 SPI 模块，该平台还可以管理辅助传感器，如压力传感器、磁力计和陀螺仪。嵌入式微控制器允许将传感器集成、初始化、校准、数据补偿和计算功能添加到平台，这些功能也可以从主处理器中卸载。由于应用程序处理器长时间处于断电状态，因此系统总功耗显著降低。

FXLC95000CL 的电源管理模式

ColdFire MCU 架构有多种操作模式，如复位、运行、停止和暂停（调试）。在设备级有三个主要阶段，即模拟阶段、数字阶段和空闲阶段，如表 5-12 所示。

表 5-12　FXLC95000CL 设备电源阶段

阶段	名称	描述
Φ_A	模拟阶段	所有模拟（C2V 和 ADC）处理在此阶段进行。在此期间，CPU 和相关外设均处于"安静"模式
Φ_D	数字阶段	CPU 和外设均处于活动状态，模拟处于低功耗状态
Φ_I	无效或空闲阶段	大部分设备断电以实现最低功耗

该设备的 MCU 只有一个 STOP 操作，但在设备级还有额外区别，如表 5-13 所示。

图 5-18 显示了各种电源状态转换以及设备阶段到 ColdFire MCU 操作模式的映射。Boot 和 Φ_D（功能相同）被映射到 MCU 运行模式，而 Φ_A、Φ_I 和 Sleep 阶段则被映射到该设备的 ColdFire STOP 模式。

表 5-13　FXLC95000CL 设备级 STOP 阶段

STOP 阶段	名称	描述
STOP$_{FC}$	STOP：快速模式时钟	名义上用于 Φ_A
STOP$_{SC}$	STOP：低速模式时钟	名义上用于 Φ_I
STOP$_{NC}$	STOP：所有时钟禁用	名义上用于 SLEEP 阶段

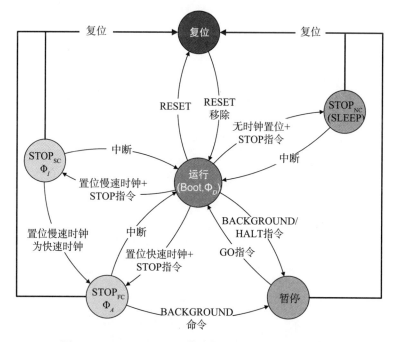

图 5-18　FXLC95000CL 传感集线器中可能的状态转换

5.6 参考文献

[1] Yurur Y, Liu CH, Perera C, Chen M, Liu X, Moreno W. Energy-efficient and context-aware smartphone sensor employment.

[2] Hewlett-Packard Corporation, Intel Corporation, Microsoft Corporation, Phoenix Technologies Ltd., Toshiba Corporation, Revision 4.0a April 5, 2010. Advanced configuration and power interface specification.

[3] Android reference, <https://developer.android.com/reference/android/os/PowerManager.html>.

[4] Kim N, Choi S, Cha H. Automated sensor-specific power management for wireless sensor networks.

[5] Kravets R, Krishnan P. Application-driven power management for mobile communication. Wireless Networks 2000;6:262−77.

[6] Park SO, Lee JK, Park JH, Kim SJ. Adaptive power management system for mobile multimedia device.

[7] Lee S, Sakurai T. Run-time voltage hopping for low-power real-time systems.

[8] Pillai P, Shin KG. Real-time dynamic voltage scaling for low-power, embedded operating systems.

[9] SAM G55G/SAM G55J Atmel. SMART ARM-based Flash MCU DATASHEET.

[10] Hardware Reference Manual. Xtrinsic FXLC95000CL intelligent motion-sensing platform.

软件、固件与驱动程序

本章内容
- Windows 传感器软件堆栈
- Android 传感器软件堆栈
- 传感集线器固件架构

6.1 软件组件简介

如今的移动设备具有传感器、传感组件或传感集线器，可以使用连续感测（包括情境感知）来为设备增加智能并为用户提供独特体验。这种用户体验取决于传感器硬件 – 软件集成和软件环境（如未知的操作系统）。

典型的移动或情境感知设备具有内置传感器，如加速度计、陀螺仪和磁力计，可以进行测量，或者检测各参数的变化，并以信号（具有一定的配置精度、准确性和持续时间）形式提供原始数据。相关软件或固件组件（包括应用程序）将这些原始数据解析为一些有意义的情境：手势或动作（例如，设备倾斜程度的检测、设备的意外掉落，或者游戏期间的手势）或推断设备周围的环境（使用温度、压力或湿度传感器 [1]）。

适用于 Android 和 Windows 等移动设备的 OS 平台支持三大类传感器：运动传感器、环境传感器和定位传感器。可以使用软件 / 固件组件、配置或框架（如 Android 传感器框架、Windows 基本驱动程序配置或 Windows 传感集线器配置）来访问这些传感器。该软件的主要模块可以分为以下几层 [2]，如图 6-1 所示。

- **物理传感和控制层**：该层与物理或硬件传感器相连。它配置、激活、控制和读取传感器，以便为更高层的软件或固件提供原始传感器数据。
- **传感器数据处理层**：该层以电压或电流的形式将原始传感器数据处理为可由评估层评估的值或数据。它使用各种误差估计机制来消除传感器数据的不确定性和噪声。
- **传感器数据评估层**：该层将传感器数据连接到更高的应用层。它使用各种算法和模型来将处理后的传感器数据评估为应用程序、设备和人类可以理解和使用的更有意义的情境。

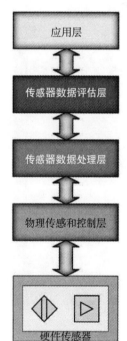

图 6-1 传感器数据处理基础软件 / 固件堆栈

6.2 Windows 传感器软件堆栈

Windows OS 本地传感器软件堆栈 [3] 由以下主要组件组成：

- **传感器驱动程序**：此组件或层直接与底层传感器设备 / 硬件通信。
- **传感器本机应用程序编程接口（API）**：此组件为本地应用程序提供传感器特定的 API。
- **传感器类扩展**：当需要使用相同的传感器时，此组件管理同一硬件传感器的多个实例。即使系统上可以打开多个传感器类扩展（如图 6-2 所示的基本驱动程序配置），每个开放式传感器类扩展实例对其管理的传感器也都是唯一的。传感器类扩展的两个主要功能是通知管理和电源管理。

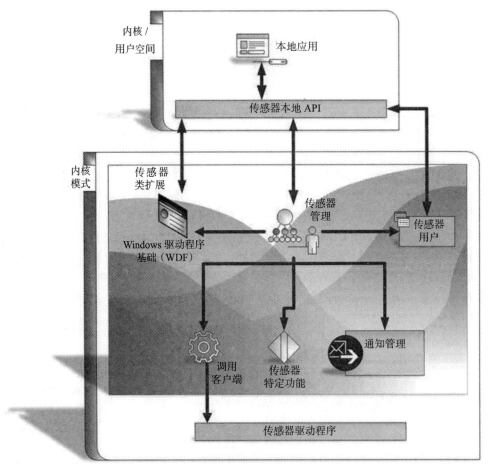

图 6-2　Windows 传感器类扩展组件

6.2.1　传感器驱动程序配置

Windows 传感器驱动程序模型中有两种可能的配置：基本驱动器配置和集线器配置。
在基本驱动器配置中，单个硬件传感器由该传感器的单独驱动器控制，如图 6-3 所示。
在集线器配置中，许多硬件传感器由专用传感集线器控制，因此只能通过该集线器访问。其他一些硬件传感器可通过应用处理器直接访问。图 6-4 显示了传感集线器以及应用处理器的配置。

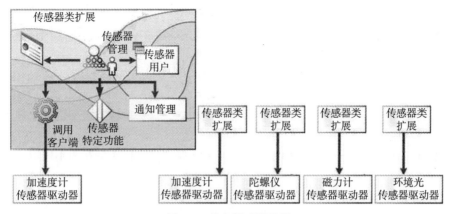

图 6-3　基本驱动器配置

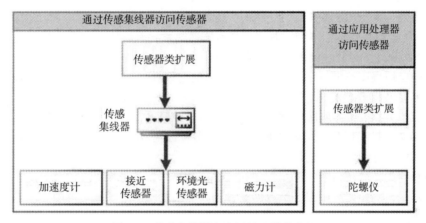

图 6-4　传感集线器和应用处理器的配置

6.2.2　传感器类扩展实现

传感器类扩展 [4] 由 Windows 驱动程序基础（WDF）、传感管理器、传感器特定功能、传感器用户、通知管理和调用客户端模块组成（如图 6-2 所示）。图 6-5 显示了传感器类扩展组件之间的交互。

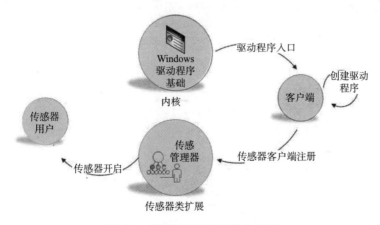

图 6-5　传感器类扩展组件的交互

WDF：此模块实现了 Windows 驱动程序的基本功能。

传感管理器：WDF 在调用客户端驱动程序的 DriverEntry [5] 函数（它初始化驱动程序）时创建此对象。

传感器用户：传感管理器在调用 SensorOpen [6]（用于打开传感器的函数）时创建此对象。传感器驱动程序可能有许多用户。

传感器特定功能：此模块实现特定于传感器的功能，这些功能是通用传感管理器无法实现的，如验证通知。

通知管理：该组件管理所有活动通知并校准工作频率，使传感器在为不同应用程序提供服务时更高效。

调用客户端 [7]：该模块连接客户端驱动程序和传感器类扩展，并定义通信接口（诸如 SENSOR_TIMING 和 SENSOR_CLIENT_REGISTRATION_PACKET 的数据结构，以及诸如 ClientDrvInitializeDevice 和 ClientDrvQueryDeviceInformation 等的函数）。

传感器类扩展通知管理

传感器类扩展在管理应用程序时需要与传感器联系起来。

以下步骤描述了通知管理方案 [8]，如图 6-6 所示。

- 各种应用程序请求特定传感器来进行操作，并以 R_1、R_2、R_3 和 R_F 的请求速率或通知速率提供传感器数据。R_F 是来自各种应用的所有请求速率中最快的一个。
- 传感器类扩展使得底层传感器以最快的通用频率 R_C 运行。
- 传感器类扩展以各自可能的请求速率或最接近请求数据速率的速率来向各种应用程序提供传感器数据。这是配置的通知速率。
- 传感器类扩展还会通知应用程序在传感器数据采集／处理期间它们各自的配置事件是否发生，例如，应用程序给数据设置了高低阈值或限定了一定范围。

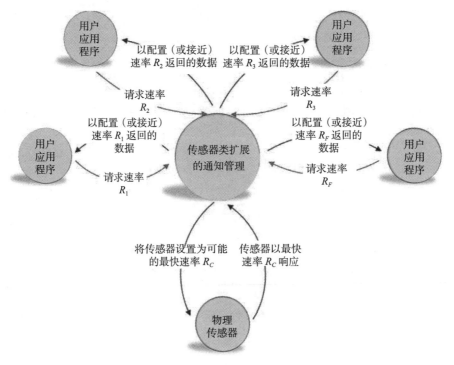

图 6-6　Windows 传感器类扩展中的通知管理

让我们考虑以下例子，其中 R_1=3ms、R_2=6ms、R_3=9ms、R_F=12ms。

情形 1：传感器采样频率为 3ms。在这种情形下，由于传感器传输数据的间隔时间为 3ms，因此每个应用程序都会按其请求的速率（分别为 3ms、6ms、9ms 和 12ms）提供数据。

情形 2：传感器的采样频率为 5ms。在这种情形下，传感器传输数据的间隔时间为 2ms（2ms、4ms、6ms、8ms 等）。传感器类扩展尝试以最接近其请求速率的速率向各个应用程序提供传感器数据；本例中，传感器类扩展将以 5ms 来响应 R_1=3ms、R_2=6ms 的应用程序，以 10ms 来响应 R_3=9ms、R_F=12ms 的应用程序。由此，一些应用程序将（比它们所请求的）更早或更晚地对数据进行门控。因此，应用程序依赖于传感器采样数据的时间戳，而非配置的通知时间。

传感器类扩展电源管理

传感器类扩展可以是传感器电源策略的所有者，它可以启动或停止传感器的电源。它使用 SensorStart[9]、SensorStop[10] 或 SensorGetData[11] 等功能来实现这一目的。

6.2.3　传感器状态

如图 6-7 所示，Windows 支持四种可能的传感器状态：初始化状态、空闲状态、活动状态和错误状态 [12]。

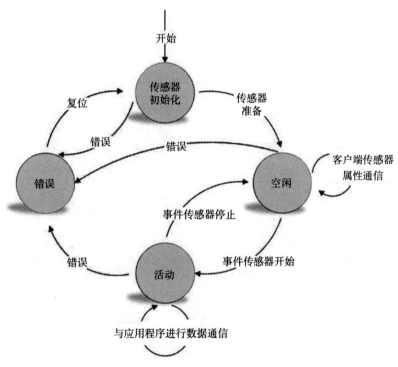

图 6-7　Windows 传感器状态

初始化状态：传感器在启动时进入此状态，并且只有在准备好响应本地 API 调用时才会转换到空闲状态。

空闲状态：当传感器准备响应客户端应用程序以请求和配置传感器功能 / 属性和数据字段范围时，传感器进入此状态。

活动状态：当客户端应用程序调用 EvtSensorStart[13]（事件传感器开始）时，传感器进入此状态。这会导致传感器以其默认属性或传感器类扩展设置的属性来启动。在此状态下，传感器将根据设定的配置对传感器参数进行主动测量并将数据发送给请求代理。当应用程序调用 EvtSensorStop[14]（事件传感器停止）来停止传感器时，传感器将转换为空闲状态。

　　错误状态：在发生任何错误时，传感器都可以从任何状态进入此状态。需要用户干预 / 复位才能从此状态恢复。

6.2.4　传感器融合

　　传感器融合是指将来自多个传感器的数据组合在一起，组合后的数据信息比每个单独的传感器数据更准确、完整和可靠。

　　在移动计算系统或智能手机中，若将诸如三轴加速度计、三轴磁力计、三轴陀螺仪等的传感器所获得的数据组合在一起，则可以获得关于设备位置和方向的更加准确和可靠的信息。例如 [15]，通过与加速度计和磁力计数据进行比较，传感器融合可以消除陀螺仪的偏差（这种偏差可能导致陀螺仪转动）。

　　Windows 虚拟传感器 [15] 的实例有方向传感器、倾斜仪、倾斜补偿罗盘和震动传感器。

　　如图 6-8 所示，Windows 融合软件堆栈包括：

- **传感器本地 API**：该组件通过应用程序访问融合特征和功能。
- **传感器类扩展**：该组件提供传感器特定的可扩展性。
- **Fusion 驱动程序**：该驱动程序读取传感器数据并使用融合算法对其进行处理。

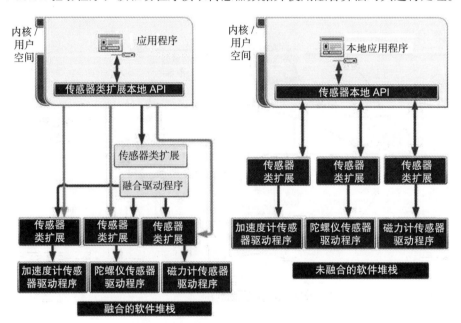

图 6-8　有 / 无融合支持的软件堆栈

6.3　Android 传感器软件堆栈

　　Android 应用程序可以通过 Android 传感器硬件抽象层（HAL）中定义的虚拟设备来访问移动计算设备的物理传感器 [16]。这些虚拟设备（称为 Android 传感器）提供来自物理传感器（如加速度计、磁力计、陀螺仪、接近传感器、光传感器、环境（温度、湿度）传感器、压力传感器和生物传感器（心率））的数据。

物理传感器可通过 I²C 或 SPI 协议上的硬件传感集线器来连接。Android 传感器在 sensors.h 中定义，Android 软件堆栈由应用程序、软件开发工具包（SDK）API、框架、HAL 和驱动程序组成。驱动程序连接底层物理传感器或传感集线器。Android 应用程序使用与传感器相关的 API 来识别传感器及其功能，并监控传感器事件。图 6-9 显示了 Android 传感器软件堆栈组件。

SDK：SDK 层以上的应用程序可以通过 SDK API 访问传感器。该层具有各种功能，可用于列出可用传感器并注册具有所需属性或要求（如延迟或采样率）的传感器。

框架：该层将各种应用程序连接到 HAL。由于 HAL 是单客户端，因此必须在框架中复用连接到单客户端 HAL 的应用程序。

HAL：此 API 将硬件驱动程序连接到 Android 框架。它包含一个由 Android 提供的 HAL 接口（sensors.h）和一个由 Android 设备制造商提供的 HAL 实现（sensors.cpp）。

驱动程序：驱动程序与底层物理传感器通信，并且由硬件制造商提供。

传感集线器和传感器：这些是物理传感器，可以测量各种参数，并将传感器数据提供给上层的软件堆栈。当主处理器或片上系统处于电源管理模式时，传感集线器也可以是可处理传感器数据的设备的一部分。传感器融合功能可以是传感集线器的一部分。

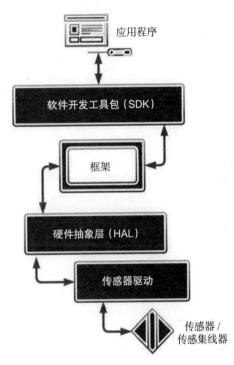

图 6-9　Android 传感器堆栈

6.3.1　Android 传感器框架

传感器框架 [17] 用于找出移动设备上可用的传感器、访问这些 Android 传感器、了解其功能以及获取原始传感器数据。它还为某些复合传感器提供了默认融合实现，例如，加速度计和陀螺仪融合的重力传感器，以及加速度计和磁力计融合的地磁旋转矢量计。

传感器框架通过多路复用将各种应用程序连接到 HAL，从而可以支持所有应用程序需求的传感器延迟和采样率。HAL 将与相应的传感器驱动程序通信。应用程序无法直接与传感器或传感器驱动程序通信，因此无法直接配置传感器。

在传感器框架的帮助下，应用程序只能请求配置底层传感器的采样频率和最大报告延迟，而不允许配置任何其他参数，以防止一个应用程序以可能破坏其他应用程序的方式来配置传感器。传感器框架可防止应用程序请求传感器的冲突模式。例如，它不支持当其中一个应用程序请求高准确度 / 高采样模式时，另一个应用程序请求低功耗模式，因为传感器无法在低功耗模式下同时支持更高的准确度或更快的采样率。

如图 6-10 所示，每个应用程序都会为底层传感器请求特定的采样频率和最大报告延迟。当多个应用程序试图访问具有不同采样频率和最大延迟的相同底层传感器时，框架将帮助设置底层传感器：

- **最大采样频率**（来自所有请求的采样频率）：在这种情况下，即使请求的采样频率低于其他应用程序，应用程序也会以更快的速率从传感器接收数据。
- **最小报告延迟**（来自所有请求的报告延迟）：在这种情况下，一些应用程序将以低于其请求延迟的延迟从传感器接收数据。

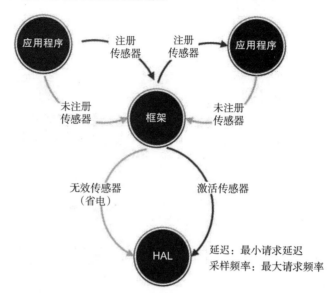

图 6-10　Android 应用程序 – 框架 – HAL 交互

传感器框架包括以下内容：

- **类**：Sensor Manager、Sensor 和 SensorEvent；
- **接口**：SensorEventListener。

Sensor Manager [18]：该类通过创建传感器服务实例来帮助访问设备传感器。它提供了各种方法来访问传感器、监听传感器、注册 / 注销传感器监听器、报告传感器准确度、校准传感器或设置传感器的数据采样率。

Sensor：该类用于创建底层传感器的实例。传感器能力信息可以通过该类方法获得。

SensorEvent [19]：该类表示传感器事件，其中包含实际传感器数据、传感器类型和所提供数据的属性（准确度、时间戳等）等信息。

SensorEventListener [20]：此接口创建两个回调方法（onAccuracyChanged 和 onSensor-Changed），当新传感器数据 / 事件 / 时间戳的可用性更改时，或者当底层传感器的准备度发生变化时，两个方法用于接收来自传感管理器的通知。

6.3.2　硬件应用层

硬件应用层（HAL）[21] 接口在 sensors.h 中（为 Android 传感器堆栈）定义。该接口将Android 框架与硬件专用软件连接起来。HAL 的主要功能是：

- 列出 HAL 实现的所有可用传感器；
- 激活或停用传感器；
- 设置传感器的采样率和最大报告延迟；

- 提供有关可用传感器事件的信息；
- 刷新传感器硬件 FIFO 并在完成后报告该事件。

6.3.3 Android 传感器类型和模式

大多数移动设备都有内置传感器来测量设备的方向、运动以及周围的环境参数（如温度、湿度等）。Android 平台支持以下类别的传感器[17]：

- **运动传感器**：这组传感器沿着设备的 $X—Y—Z$ 坐标测量加速度或旋转力，如加速度计和陀螺仪。
- **环境传感器**：这组传感器测量环境参数（如温度、压力、湿度和光强度），如温度计、气压计和环境光传感器。
- **位置传感器**：这组传感器测量移动设备的物理位置和方向，如磁力计。

Android 支持的传感器类型将在第 11 章中列出，命名为 TYPE_<xyz>，其中 xyz 代表"ACCELEROMETER""AMBIENT_TEMPERATURE"等。

Android 传感器堆栈有基础传感器和复合传感器[22]。

基础传感器不是物理传感器，而是根据底层物理传感器命名的。基础传感器意味着这些传感器在对底层单个物理传感器的原始输出进行各种校正之后，将传感器信息传递给用户。一些基础传感器类型的例子有：SENSOR_TYPE_ACCELEROMETER（加速度型）、SENSOR_TYPE_HEART_RATE（心率型）、SENSOR_TYPE_LIGHT（光强度型）、SENSOR_TYPE_PROXIMITY（接近型）、SENSOR_TYPE_PRESSURE（压力型）和 SENSOR_TYPE_GYROSCOPE（陀螺仪型）。

复合传感器是在处理或融合来自多个物理传感器的数据后，发送传感器数据的传感器。复合传感器类型的例子有：重力传感器（加速度计＋陀螺仪）、地磁旋转矢量计（加速度计＋磁力计）和旋转矢量传感器（加速度计＋磁力计＋陀螺仪）。

Android 传感器的行为受传感器中硬件 FIFO 的影响。当传感器将其事件或数据存储在 FIFO 中而不是向 HAL 报告时，其被称为批处理（batching）。这种批处理过程[23]仅在硬件中实现，有助于节省功率，因为传感器数据或事件是在后台获取、分组，然后一起处理，而不是唤醒 SOC 来接收每个单独的事件。当特定传感器的传感器事件在将其报告给 HAL 之前被延迟至最大报告延迟时间时，或者当传感器必须等待 SOC 唤醒并因此必须存储所有事件时，会发生批处理。更大的 FIFO 将实现更多的批处理，从而可能节省更多电能。

若传感器没有硬件 FIFO，或最大报告延迟时间设为 0，则传感器可以在连续操作[23]模式下运行，其中事件不会被缓冲，而是立即报告给 HAL。此操作与批处理过程相反。

基于 Android 传感器允许 SOC 进入挂起模式或从挂起模式唤醒的能力，这些传感器可以通过定义中的标志而被定义为唤醒传感器或非唤醒传感器。

非唤醒传感器[24]：这些传感器不会阻止 SOC 进入挂起模式，也不会唤醒 SOC 以报告传感器数据的可用性。下面列出了与 SOC 挂起模式[23]相关的非唤醒传感器行为。

SOC 挂起模式期间：

- 该传感器类型继续生成所需事件并将其存储在传感器硬件 FIFO 中，而不是将其报告给 HAL。
- 如果硬件 FIFO 被填满，那么 FIFO 会像循环缓冲区一样循环，新事件将覆盖先前的事件。

- 如果传感器没有硬件 FIFO，则事件将丢失。

SOC 从挂起模式退出：

- 即使没有超过最大报告延迟，硬件 FIFO 数据也会发送到 SOC。这有助于节省电能，因为如果 SOC 决定再次进入挂起模式，则不必立即唤醒 SOC。

当 SOC 不处于挂起模式时：

- 只要不超过最大报告延迟，传感器事件就可以存储在 FIFO 中。如果在最大报告延迟时间结束前 FIFO 被填满，则事件将会报告给唤醒 SOC，以确保没有事件丢失。
- 如果超过最大报告延迟，则来自 FIFO 的所有事件都会报告给 SOC。例如，如果加速度计的最大报告延迟为 20s，而陀螺仪的最大报告延迟为 5s，那么加速度计和陀螺仪都可以每 5s 进行一次批处理。如果必须报告一个事件，则可以报告来自所有传感器的所有事件。如果传感器共享硬件 FIFO，并且其中一个传感器的最大报告延迟时间已过，那么即使其他传感器未达到最大报告延迟，也会报告 FIFO 中的所有事件。
- 如果最大报告延迟设置为 0，则由于 SOC 处于唤醒状态，事件可以传递到应用程序；这将导致持续运行。
- 如果传感器没有硬件 FIFO，则事件将立即报告给 SOC，并导致持续运行。

唤醒传感器 [24]：无论 SOC 电源状态如何，这种类型的传感器都必须提供其数据／事件。这些传感器将允许 SOC 进入挂起模式，但在需要向 SOC 报告事件时将其唤醒。下面列出了与 SOC 挂起模式 [23] 相关的唤醒传感器行为。

SOC 挂起模式期间：

- 该传感器类型继续生成所需事件并将其存储在传感器硬件 FIFO 中，而不是将其报告给 HAL。
- 这些传感器将从挂起模式中唤醒 SOC，以便在最大报告延迟到期之前或其硬件 FIFO 填满时交付事件。
- 如果硬件 FIFO 已满，则 FIFO 不会像非唤醒传感器那样循环。因此，当 SOC 需要时间退出挂起模式并启动 FIFO 刷新进程时，FIFO 不应该溢出（并导致事件丢失）。
- 如果最大报告延迟设置为 0，则事件将唤醒 SOC 并报告；这将导致持续运行。
- 如果传感器没有硬件 FIFO，则事件将唤醒 SOC 并报告；这将导致持续运行。

SOC 从挂起模式退出：

- 此传感器类型的行为与非唤醒传感器类似，即使未超过最大报告延迟，硬件 FIFO 中的数据也会传送至 SOC。

当 SOC 不处于挂起模式时：

- 此传感器类型的行为与非唤醒传感器类似。

Android 传感器以四种可能的报告模式生成事件 [25]，即连续报告、变化报告、单次报告和特殊报告。

在连续报告模式中，事件以恒定速率生成，该速率由传递给 HAL 中定义的批处理函数的采样周期参数设置所定义。该模式示例为加速度计和陀螺仪。

在变化报告模式中，当感测值发生变化时（包括在 HAL 处激活此传感器类型）会生成事件。这些事件是在批处理函数的采样周期参数所设置的两个事件之间的最短时间间隔之后报告的。该模式示例为心率传感器和计步器。

在单次报告模式中，当事件发生时传感器将自动停用，并在事件生成后立即通过 HAL

发送该事件信息。检测到的事件不能存储在硬件 FIFO 中。需要重新激活单次传感器才能发送任何其他事件。能够检测到导致用户位置发生改变的动作的传感器都属于这一类别（如正在步行或者正处于移动车辆中的用户）。这种传感器被称为触发传感器，对于这类传感器，最大报告延迟和采样周期参数没有意义。

在特殊报告模式中，传感器将根据特定事件来生成事件。例如，加速度计可以使用特殊报告模式在用户迈出一步时生成一个事件，或者其也可以用于报告移动设备的倾斜。因此，底层物理传感器在特殊报告模式下可用作步进检测器或倾斜检测器。

6.3.4　Android 传感器融合 / 虚拟传感器

从一个或多个硬件传感器获取数据的基于软件的传感器被称为虚拟传感器。虚拟传感器可以通过传感器融合的过程形成，将多个传感器的数据转化为单个传感器无法测量或获取的有用信息。虚拟传感器可以看作是可测量内容和开发人员需要测量的内容之间的桥梁。

Android 虚拟传感器 [15] 有：TYPE_GRAVITY（重力型）、TYPE_LINEAR_ACCELERATION（线性加速度型）、TYPE_ROTATION_VECTOR（旋转矢量型）和 TYPE_ORIENTATION（方向型）。

可以通过扩展 Android 传感器堆栈来创建虚拟传感器。虚拟传感器集成在传感器 HAL 中，如图 6-11 所示。情境感知应用程序将有一个定义库，可以帮助使用虚拟传感器。

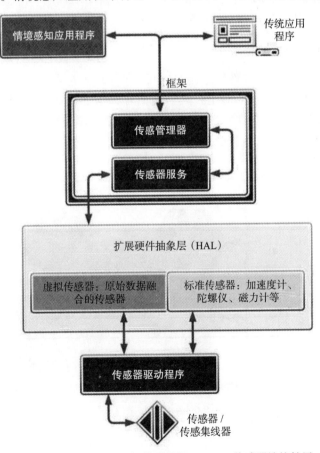

图 6-11　传感器融合 / 虚拟传感器的 Android 传感器堆栈扩展

这里有两条路径：一条是原始传感器的传统路径，另一条是情境感知路径。传感管理器与没有虚拟传感器支持的框架中的相同。传感器 HAL 上方的 Android 框架依旧可以支持虚拟传感器 / 融合。

6.4 传感集线器软件和固件架构

图 6-4 显示了通过传感集线器访问传感器的架构。在这种"通过传感集线器的传感器"架构中，内核不会使用传感器驱动程序来与传感器进行通信，而是会与传感集线器进行通信。然后，传感集线器将与底层传感器进行通信，获取传感器数据，并将该数据传回内核。

这些传感集线器将有自己的操作系统 / 固件，并将根据传感集线器类型（专用微控制器传感集线器、基于应用处理器的传感集线器或带有微控制器的基于传感器的集线器），使用各种内置库 / 框架来连接传感器以及内置处理器或应用处理器。各种传感集线器的硬件架构在第 4 章讨论过。

为这种传感集线器设计的固件核心称为实时操作系统（RTOS）。RTOS 管理所有传感集线器资源，如定时器、中断、存储器和电源管理。固件可以帮助配置和访问底层传感器及其各自的数据。它还可以预处理传感器数据、标记传感器事件、执行传感器数据融合，以及实现复杂传感器算法的某些部分。

传感集线器固件的主要组件是 Viper 内核、传感器驱动程序、传感器 HAL、传感器核心、传感器客户端、协议接口和存储器接口。

6.4.1 Viper 内核

Viper 微内核提供对底层硬件传感器的访问，该模块不包含传感器驱动程序。内核可以驻留在传感集线器微控制器 ROM 上，具有与内存通信的 DMA 驱动程序、与主机通信的 IPC 驱动程序、安全引擎、中断服务程序以及用于 I²C、GPIO、UART 和 SPI 等通信协议的接口 API/ 驱动程序（如图 6-12 所示）。

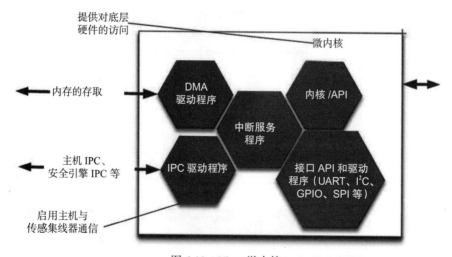

图 6-12　Viper 微内核

6.4.2 传感器驱动程序

这些模块由传感器驱动程序组成，可从传感器供应商站点 / 应用下载。开发人员可以选择不同的传感器，并开发驱动程序。

6.4.3　传感器 HAL

该层将各种设备驱动程序连接到传感器 API。传感器客户端使用传感器 HAL 访问数据，传感器配置模块使用传感器 HAL 配置底层传感器，如图 6-13 所示。

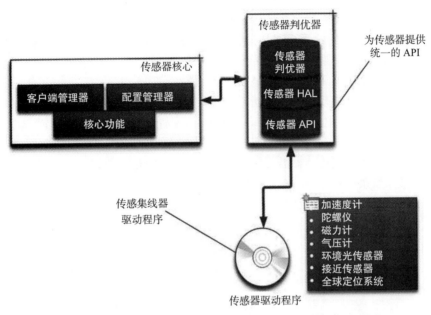

图 6-13　传感器 HAL 连接至传感器客户端和传感器配置模块

6.4.4　传感器核心

这是由传感管理器、配置管理器和核心功能组成的处理中心。它包含静态数据模型和正在运行的线程模型。

静态数据模型

所有物理传感器和所有传感算法都被抽象为传感器对象。传感器对象具有属性、配置、状态以及与其他传感器对象的关系的数据项。传感器对象有以下三种类型，如图 6-14 所示。

- **物理传感器**：此对象用于硬件平台上的底层物理传感器，通过物理传感器驱动程序直接操作物理传感器。
- **抽象传感器**：这是抽象对象或数据处理算法的对象。
- **端口传感器**：这是上传传感器结果的抽象，可以是配置端口、事件端口或获取单端口类型。

通过抽象，所有传感器类型都可以从传感器对象中派生出来。其中一些属性为：唯一的

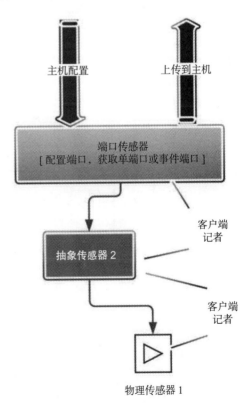

图 6-14　带客户端和记者的传感器树

传感器 ID、传感器状态（空闲或数据就绪）、数据缓冲区大小以及传感器客户端（消耗底层传感器数据等）。

正在运行的线程模型

传感器对象形成传感器树（如图 6-14 所示），传感器对象还通过生产者 – 消费者（记者 – 客户端）关系互相链接。树的根是物理传感器（因为它们没有 reporter 来收集任何数据），而端口传感器形成传感器树的叶子。在传感器树中，来自 reporter（记者）的数据由每个传感器对象收集和处理，并将结果提供给该传感器对象的客户端。

传感器树中有两个主要路径：配置路径和执行路径。

配置路径：如果主机发出启动、停止或调整传感器的请求，则配置路径从树的叶子（端口传感器对象）开始，指向树的根（物理传感器）。当配置传感器时，它将配置它的 reporter。这些 reporter 随后充当客户端，并进一步配置他们自己的 reporter，从而形成配置路径。如果客户端配置了传感器，则传感器需要仲裁来自其所有正在运行的客户端的配置请求，然后确定其运行参数（如频率）。图 6-15 为一个配置路径示例，该路径遵循以下步骤来配置整个传感器树：

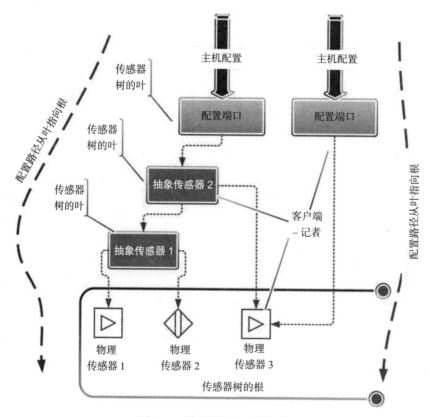

图 6-15　传感器树的配置路径

1. 主机发送配置命令以启动抽象传感器 2。
2. 配置抽象传感器 2 的配置端口。抽象传感器 2 是此配置端口的 reporter。
3. 该配置端口配置抽象传感器 2 并启动该传感器。
4. 抽象传感器 2 配置其 reporter。抽象传感器 1 和物理传感器 3 则是抽象传感器 1 的

reporter。物理传感器 3 在接收到该配置命令时启动。

5. 抽象传感器 1 配置其 reporter，即物理传感器 1 和物理传感器 2。

执行路径：此路径是多线程的，从传感器树的底部指向顶部，由传感器数据驱动。每个物理传感器都可以分配一个线程。当底层物理传感器报告数据可用性或传感器轮询计时器被触发时，线程将启动。判优器将使用滑动窗口来确定是否需要将可用的传感器数据传递给客户端。接收数据时，客户端将存储数据、缓存数据，然后使用他们的算法进行处理。如果这些客户端也有输出数据，那么他们会将其提供给树中正在运行的客户端。最后，数据将到达端口层，从端口层传递给主机 /IA。该执行路径由传感器树根到叶的数据驱动，是一个多线程模型。

图 6-16 为一个执行路径示例。该路径遵循以下步骤来配置整个传感器树：

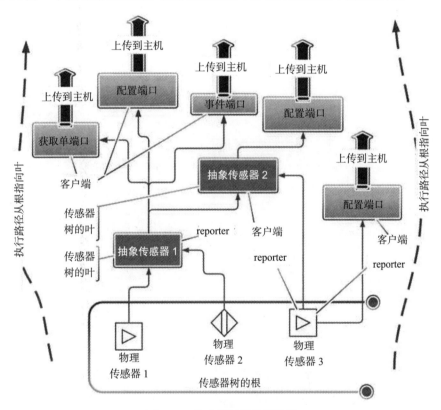

图 6-16　传感器树的执行路径

1. 物理传感器 2 使用硬件中断来指示传感器数据的可用性。该传感器 2 是 reporter，并连接到其客户端抽象传感器 1。如果物理传感器 3 报告数据可用性，则判优器将决定是否要将数据传递给其两个客户端（抽象传感器 2 和端口）。

2. 客户端抽象传感器 1 存储从物理传感器 2 接收到的数据。抽象传感器 1 将继续缓存来自其所有 reporter（物理传感器 2 以及物理传感器 1（如果它也报告数据））的数据。

3. 一旦缓存了足够的数据，抽象传感器 1 将处理来自其所有 reporter 的接收数据。作为处理结果，抽象传感器 1 将有输出数据（或没有输出数据）。如果抽象传感器 1 没有任何输出数据，则不会发生进一步的操作。

4. 如果抽象传感器 1 有输出数据，那么它将向所有活动客户端提供该数据。在这种情况下，抽象传感器 1 将其数据发送到不同的端口传感器（获取单端口、事件端口、**配置端口**）和抽象传感器 2。

5. 如果抽象传感器 2 处理接收到的数据并且有输出数据，那么它将进一步传递输出**数据**给其客户端（示例中为配置端口）。

6. 将所有到达端口层的数据 / 结果上传到主机系统。

因此，执行路径从传感器树的底部指向顶部。

6.4.5 传感器客户端

这是底层传感器和平台主机 / 主处理器之间的主要模块。

6.4.6 协议接口

该接口将传感集线器连接到主机和传感器核心，并使用 IPC（进程间接口）与主机进行通信。

图 6-17 显示了传感集线器固件架构的所有组件。

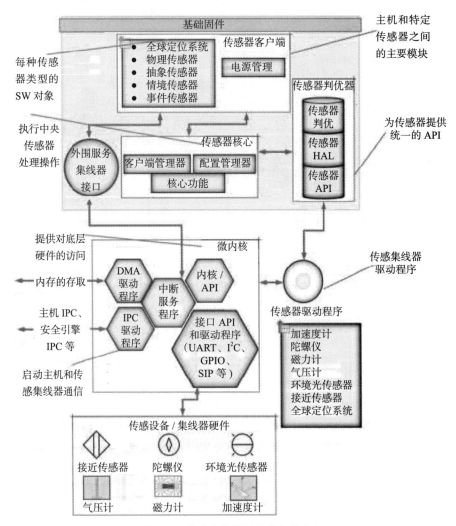

图 6-17 传感集线器的固件架构框图

6.4.7　固件和应用程序加载过程

典型的传感集线器固件通过以下三个主要阶段加载：

- **从安全引擎非易失性存储器加载内核代码**：该内核代码具有应用程序加载器，可帮助加载位于非易失性存储器中的应用程序以及与主机软件一起存储的应用程序。
- **从安全引擎非易失性存储器加载应用程序代码**：这些应用程序一开始就有内核。
- **在主机软件的帮助下加载应用程序**：此步骤是可选的；这些类型的应用程序在一开始也有内核。

上述阶段可以分为以下步骤：

步骤 1：传感集线器固件镜像通常具有内核代码 / 数据、应用程序代码 / 数据以及含有图像大小和位置等信息的维护结构。包含传感集线器的移动计算设备的主要安全引擎将整个固件镜像从其非易失性存储器复制到为传感集线器定义的 DRAM 空间中。内核镜像的位置将位于维护结构之后。图 6-18 展示了这一步骤。

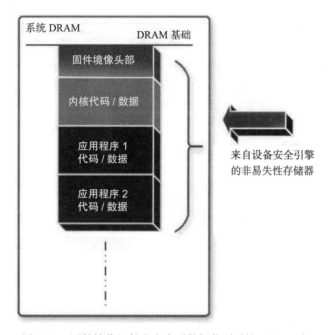

图 6-18　固件镜像组件由安全引擎加载到系统 DRAM 中

步骤 2：安全引擎非易失性存储器中还有一个启动模块。这个启动模块采用命令序列的形式（初始化存储器，将数据写入传感集线器存储器，并执行复制的代码）。对这些命令的支持被预加载到传感集线器 ROM 中。ROM 内容可以由传感集线器的微控制器执行。

- 初始化命令将初始化传感集线器存储器 /SRAM，并将设置目标地址以复制安全引擎非易失性存储器中的代码。此步骤还可以确保通过分阶段开启存储区来打开 SRAM 不会超出移动设备的功耗限制，如图 6-19 所示。在加载启动代码之前，还应通过擦除 bank（存储区）来使 SRAM 处于已知状态。
- 借助写入命令，将启动代码从安全引擎非易失性存储器复制到传感集线器存储器 /SRAM 中。写入命令具有需要复制的数据的存储位置、要传输的实际数据以及要传输数据的大小。

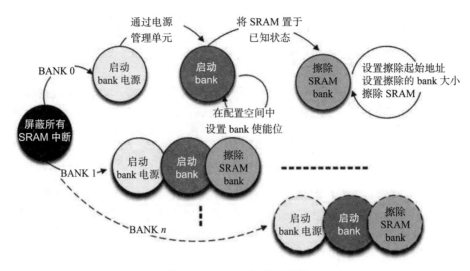

图 6-19   SRAM 初始化流程

- 接下来，执行命令将把控制权交给传感集线器存储器（SRAM）中加载的启动代码。

图 6-20 显示了将启动代码加载到传感集线器 SRAM 中的步骤。启动代码将包含用于访问系统 DRAM 的 DMA 驱动程序。它还可以包含与移动计算设备的电源管理单元进行通信的驱动程序，以确保传感集线器在其 SRAM 和系统 DRAM 之间的任何 DMA 传输期间有足够的系统 DRAM 访问权限。

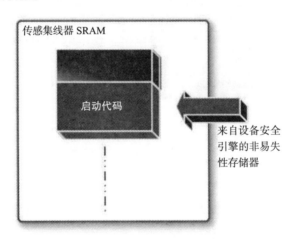

图 6-20   加载传感集线器启动代码

步骤 3：启动代码将向安全引擎请求主机 DRAM 中存在的传感集线器固件镜像的位置（步骤 1 的结果）。然后，安全引擎将向传感集线器发送所请求的 DRAM 位置、固件镜像的大小，还将识别可用作固件目标的传感集线器 SRAM。

步骤 4：启动代码将从设备的电源管理单元中寻求许可，以访问 DRAM 并继续 DMA 操作，以便将内核从系统 DRAM 复制到传感集线器 SRAM（如果 DRAM 可访问）。

步骤 5：启动代码将首先复制位于固件镜像前几千字节中的清单 [26] 结构，然后解析这些结构，以获取有关内核镜像的位置和大小，以及 SRAM 中目标地址的信息。根据清单中提供的信息将内核代码复制到传感集线器 SRAM。

　　固件镜像的内核放置在开头和应用程序之前。内核首先从主机 DRAM 加载到传感集线器 SRAM 中，然后该内核接受来自启动代码的控制。

　　图 6-21 显示了将内核从系统 / 主机 DRAM 加载到典型传感集线器 SRAM 中所采取的步骤。

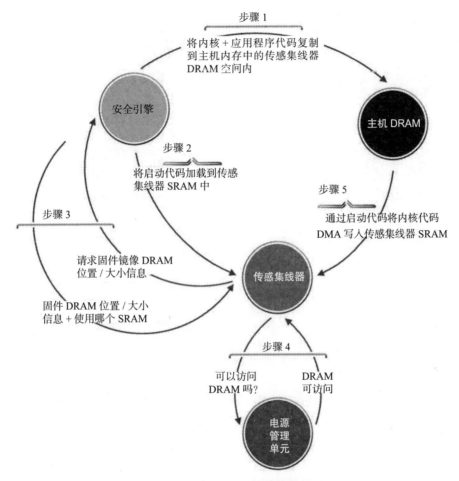

图 6-21　传感集线器内核代码加载过程

　　图 6-22 显示了加载内核代码后传感集线器 SRAM 的内容。

　　之后内核可以继续加载应用程序。内核空间加载器和用户空间加载器有助于加载典型传感集线器应用程序。

- **内核空间加载器**：该模块有助于加载和启动应用程序。位于 DRAM 中固件镜像开头的图像描述符指定应用程序的位置。内核空间加载器检查传感集线器固件镜像的这个标头，以找出这些描述符，这些描述符包含来自分配给传感集线器的 DRAM 空间开始处的应用程序的偏移量。加载这些应用程序后，内核空间加载器将等待从主机加载应用程序的请求。该请求附带了有关特定应用程序在传感集线器 SRAM/ 存储器中的位置信息。

- **用户空间加载器**：该模块有助于从主机加载应用程序。它执行三个主要功能：与传感集线器主机驱动程序通信，以便通过主机嵌入式控制器接口（HECI）固件来接收传感集线器固件加载请求；加载客户端、通过使用进程间通信与安全引擎/基础设施进行通信来验证加载的固件；以及请求内核空间加载器模块加载并启动已认证的应用程序。

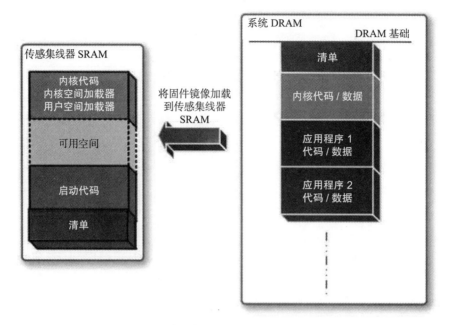

图 6-22　传感集线器 SRAM 加载内核代码

图 6-23 显示了加载传感集线器应用程序所涉及的可能步骤。

1. 主机传感集线器驱动程序在主机 /OS 内存中分配直接内存访问范围，并将传感集线器固件复制到该空间。

2. 主机传感集线器驱动程序向 HECI 驱动程序发送消息以加载传感集线器应用程序。

3. HECI 驱动程序向传感集线器用户空间加载器发送消息，以分配传感集线器 DRAM 空间，从而将应用程序加载到其中。

4. 传感集线器用户空间加载器请求传感集线器内存管理器分配 DRAM 空间。如果 DRAM 空间可用，则内存管理器使用传感集线器 DRAM 空间地址进行响应。然后，该 DRAM 地址由传感集线器用户空间加载器传递给 HECI 驱动程序。如果 DRAM 空间不可用，那么用户空间加载器将向 HECI 驱动程序传递缺乏 DRAM 可用性的信息。

5. HECI 驱动程序将使用 DMA 驱动程序将应用程序从主机 OS 内存复制到传感集线器 DRAM 空间中。主机 HECI 驱动程序将收到主机 DMA 请求完成的通知。

6. 然后，HECI 驱动程序向传感集线器用户空间加载器发送关于应用程序到达的消息。

7. 用户空间加载器接下来将请求设备的安全引擎，以验证加载在传感集线器 DRAM 空间中的固件模块。如果验证失败，那么用户空间加载器将从传感集线器 DRAM 中清除该模块。

8. 如果安全引擎对应用程序验证成功，那么它将指示传感集线器内核空间加载器加载并启动应用程序。

9. 一旦加载应用程序，内核空间加载器便将通知用户空间加载器。

10. 然后将应用程序加载消息传递给主机传感集线器驱动程序。

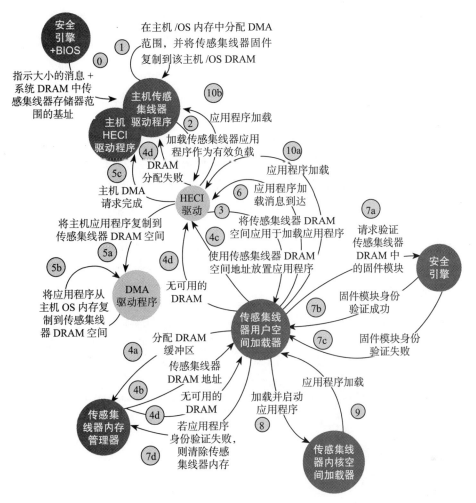

图 6-23 典型传感集线器中的应用程序加载过程

6.4.8 情境感知框架

情境感知不仅代表设备的原始状态或动作，还包括其他信息，如用户如何携带设备、用户的位置、设备所在的位置或设备周围的环境。

当特定情境发生变化时，情境感知设备将自动进行配置和调整，以适应新的情境。传感集线器设备固件 / 软件需要一个框架，使设备能够适应、管理变化或条件，并采取适当的措施进行响应。该框架被称为集线器感知框架。条件集和相应的操作集一起构成设备的一种状态；当所有条件都满足时，设备将采取或执行操作。

有三种类型的插件可以构成这种状态：

- **触发器**：这是一个条件插件，用于处理任何不会导致逻辑上有意义的状态引入的事件，如手势更改、定时器更改或消息接收器。
- **状态**：这是一个条件插件，用于处理任何会导致逻辑上有意义的状态引入的事件，如时间段、显示状态或活动。
- **操作**：这是一个动作插件，当条件得到满足时执行所需的操作，如消息发送或电话管理。

集线器感知框架是一个灵活的集中式情境管理器，具有冲突检查模块，可以在同时满足相同基础条件时进行检查，并避免冲突情况。如果发生冲突，那么此模块可确保保留最后的有效情况。

如图 6-24 所示，集线器感知框架由以下组件组成：

- **集线器感知服务**：这是维护所有已注册插件和来自多个客户端的所有传入情境的核心模块。
- **情境编辑活动**：这是默认的情境编辑活动，可以由任何不希望直接使用集线器感知服务来编辑情境的活动调用。它会执行情境编辑。
- **活动**：这些是请求使用集线器感知服务的活动。此活动可以直接调用集线器感知活动并自行管理所有情境，或者它（此活动）可以调用情境编辑器活动以使用其内置的默认情境。
- **插件**：这些插件位于单独的软件包内，并且未明确注册到集线器感知服务中。

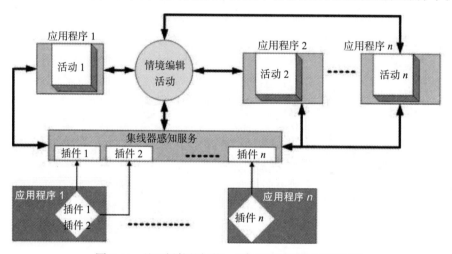

图 6-24　基于插件的架构，用于识别集线器情境框架

感知堆栈同时支持情境感知应用和传统传感器框架，如图 6-8 和图 6-11 所示。Windows 和 Android 的"传感器融合"部分介绍了这些框架的详细信息。

6.4.9　节能型固件架构

第 5 章中讨论了各种电源管理状态和转换的详细内容。本节的重点是了解固件架构，该架构能最大限度地降低传感集线器功耗对整个系统功耗的影响，同时保持传感集线器充分且适当的性能。

当需要执行各种任务时，传感集线器固件将在活动阶段工作，在空闲时（直到需要唤醒以进行下一个任务）休眠。

电源状态管理单元（见图 6-17）检测空闲阶段，计算可能的睡眠持续时间，并为传感集线器选择适当的睡眠状态。

基本固件电源状态决策流程如图 6-25 所示。固件根据正在进行的 DMA 活动状态和传感集线器应用程序的延迟容限来选择状态。D0 是正常活动 / 工作状态，而 D0i1、D0i2 和 D0i3 是节能睡眠状态。

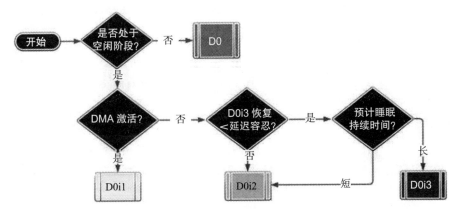

图 6-25　固件电源状态转换决策流程

当检测到预计的空闲阶段时，将触发电源状态转换决策过程。由于应用程序轮询传感器，或者是基于来自传感器生态系统或硬件的中断等事件，因此传感集线器的活动可能是周期性的。

内部定时器可用于监测传感集线器的周期性活动。RTOS 将检查预定的计时器事件，固件可以计算预计的空闲时间，并将其作为最近的计时器到期前的剩余时间。

内部定时器不能用于监测传感集线器的事件活动，因此需要基于事件历史的启发式方法来计算预计的空闲持续时间。传感器应用程序还可以选择明确地通知固件有关事件活动以及到下一个预计外部事件的剩余时间的消息。固件的电源管理结构可以通过使用下一个预计的硬件事件发生时间来计算预计的空闲持续时间。

在检测到预计空闲时间时，固件会检查是否有正在进行的 DMA 传输。

如果正在进行任何 DMA 传输，则传感集线器 SRAM 无法进入 D0i2 或 D0i3 状态，因此固件会决定将传感集线器保持在 D0i1 状态。

固件将根据应用的延迟需求来评估预计的睡眠持续时间，以选择 D0i2 和 D0i3。

如果 D0i3 恢复时间大于当前延迟容限值，则固件将选择 D0i2 而非 D0i3。 如果延迟容限大于 D0i3 恢复时间，则固件需要考虑预计的睡眠持续时间参数。 如果传感集线器预计在短时间处于睡眠状态，则固件决定进入 D0i2 状态，如果预计长时间睡眠，则进入 D0i3 状态。

6.5　参考文献

[1] Android. Android developer guide, <https://developer.android.com/guide/topics/sensors/sensors_overview.html>, online resource for developers.

[2] Merrett GV, Weddell AS, Harris NR, Al-Hashimi BM, White NM. A structured hardware/software architecture, for embedded sensor nodes, paper.

[3] Microsoft. Windows hardware development center, <https://sysdev.microsoft.com/Driver_Components/Sensor_driver_configuration_architectures>, online resource for developers.

[4] Microsoft. Windows hardware development center, <https://sysdev.microsoft.com/en-us/Hardware/Sensor_class_extension_implementation>, online resource for developers.

[5] Microsoft. Windows hardware development center, <http://msdn.microsoft.com/library/windows/hardware/ff544113.aspx>, online resource for developers.

[6] Microsoft. Windows hardware development center, <https://sysdev.microsoft.com/en-us/

Hardware/oem/docs/Driver_Components/SensorOpen>, online resource for developers.

[7] Microsoft. Windows hardware development center, <https://sysdev.microsoft.com/en-us/Hardware/oem/docs/DDSI_interface__sensor_CX_and_client_driver>, online resource for developers.

[8] Microsoft. Windows hardware development center, <https://sysdev.microsoft.com/en-us/Hardware/Sensor_class_extension_architecture>, online resource for developers.

[9] Microsoft. Windows hardware development center, <https://sysdev.microsoft.com/en-us/Hardware/oem/docs/Driver_Components/SensorStart>, online resource for developers.

[10] Microsoft. Windows hardware development center, <https://sysdev.microsoft.com/en-us/Hardware/oem/docs/Driver_Components/SensorStop>, online resource for developers.

[11] Microsoft. Windows hardware development center, <https://sysdev.microsoft.com/en-us/Hardware/oem/docs/Driver_Components/SensorGetData>, online resource for developers.

[12] Microsoft. Windows hardware development center, <https://sysdev.microsoft.com/en-US/Hardware/Converged_sensors_driver_model>, online resource for developers.

[13] Microsoft. Windows hardware development center, <https://sysdev.microsoft.com/en-us/Hardware/oem/docs/Driver_Components/EvtSensorStart>, online resource for developers.

[14] Microsoft. Windows hardware development center, <https://sysdev.microsoft.com/en-us/Hardware/oem/docs/Driver_Components/EvtSensorStop>, online resource for developers.

[15] Steele J, Sensor Platforms (July 10, 2012). Understanding virtual sensors: from sensor fusion to context-aware applications, newsletter/online.

[16] Android. Android sensor guide, <https://source.android.com/devices/sensors/index.html>, online resource for developers.

[17] Android. Android developer guide, <https://developer.android.com/guide/topics/sensors/sensors_overview.html>, online resource for developers.

[18] Android. Android developer guide, <https://developer.android.com/reference/android/hardware/SensorManager.html>, online resource for developers.

[19] Android. Android developer guide, <https://developer.android.com/reference/android/hardware/package-summary.html>, online resource for developers.

[20] Android. Android developer guide, <https://developer.android.com/reference/android/hardware/SensorEventListener.html>, online resource for developers.

[21] Android. Android sensor guide, <https://source.android.com/devices/sensors/hal-interface.html>, online resource for developers.

[22] Android. Android sensor guide, <https://source.android.com/devices/sensors/sensor-types.html>, online resource for developers.

[23] Android. Android sensor guide, <https://source.android.com/devices/sensors/batching.html>, online resource for developers.

[24] Android. Android sensor guide, <https://source.android.com/devices/sensors/suspend-mode.html>, online resource for developers.

[25] Android. Android sensor guide, <https://source.android.com/devices/sensors/report-modes.html>, online resource for developers.

[26] Android. Android developer guide, <https://developer.android.com/guide/topics/manifest/manifest-intro.html>, online resource for developers.

传感器验证和软硬件协同设计

本章内容

- 验证策略和阶段
- 传感集线器硅前验证
- 传感集线器原型平台
- 传感器测试卡解决方案
- 软硬件协同设计
- 矩阵验证
- 基于特征的验证

7.1 验证策略和挑战

今天的移动设备具有复杂的组件，必须彼此兼容并与各种操作系统兼容。因此，仔细验证这些设备以保证领先的性能、可靠性和兼容性是非常重要的。

验证开始于设计构思，并贯穿整个产品生命周期（PLC）。所有设备和传感器组件以及第三方生态系统和硬件组件都必须进行独立测试。发现漏洞时，将向设计阶段进行反馈，用以推动这些移动设备的整体设计和制造的改进。

验证阶段有许多挑战，如门电路数量的增长、验证预算的减少、复杂的生态系统、产品配置的增加，以及测试序列的不确定性。这些问题需要在设计阶段尽早发现，因为任何问题（如兼容性或可靠性问题）都极度耗费调试时间和实际成本。如果在移动计算设备的 PLC 中才发现问题，就会严重影响用户体验。

7.2 通用验证阶段

任何组件的验证都遵循其 PLC。基于通用 PLC，验证的关键阶段 [1] 为：

1. 质量和技术准备设计
2. 硅前仿真
3. 原型
4. 系统验证
5. 模拟验证
6. 兼容性验证
7. 软件 / 固件验证
8. 生产资质
9. 硅调试

7.2.1 质量和技术准备设计

验证工作需要在计划和设计阶段完成，而不是留待 PLC 的后期阶段。这种集成验证方

法在减少设计迭代的次数方面更有效，从而保证产品在可预见的承诺期限内交付。开发过程
有以下三个阶段，验证在细化设计过程中扮演了关键的角色：

- **技术准备**：在此阶段，对新技术进行实施可行性评估，保证生态系统中所有相关成分的高质量。在可行性研究的基础上，对功率、性能、模型面积消耗、设计成本、验证等因素进行评估。这种技术准备评估（包括验证）在加速开发周期的同时可实现更高的设计质量和健壮的产品路线。
- **前端开发**：这是组件设计和实现阶段。将质量和可靠性挂钩与逻辑和物理设计一起实现，从而可以在整个 PLC 中进行验证和质量监控。这种全面的开发方法会影响到设计流程，如 RTL（寄存器传输级）生成、合成、结构化设计 / 布局以及制造过程库 / 嵌入式组件。在此阶段，正式的验证和断言用于发现 bug。
- **设计和执行**：在此阶段，通过设计和验证团队的紧密协作，实现高效的设计和验证过程。行业领先的设计和技术为市场带来新的用户体验，但随之而来的是复杂设计的挑战，如产品性能和功率的极限。验证在最后的设计过程中继续进行，同时评估每个设计更改对产品质量和可靠性的影响。

7.2.2 硅前仿真

在最终产品被移植到硅上之前，使用工业和专业级的工具进行仿真设计。该设计在软件中仿真，并在仿真设计中运行多种测试向量，以根据其优先级提供各种功能的全面覆盖。仿真可以在单元级、芯片级或系统级进行。

- 在单元级，使用验证工具、软件和方法来验证设计的内部功能。在特定约束条件下，对内部设计序列和测试向量进行处理，并将输出与预期结果进行比较。在单元级仿真中发现的任何 bug 都可以用最小的成本快速修复。
- 在芯片级，多个单元和接口受到限制，并通过其相互依赖的功能和特征进行验证。通常，在芯片级发现的任何 bug 都比在单元级发现的 bug 更难修复，而且成本也更高。
- 使用完整的操作系统或生产固件来验证系统级的设计。行业基准测试和认证测试也可以是系统级验证策略的一部分。与在单元级或芯片级发现的 bug 相比，在系统级发现的 bug 通常比较复杂，并且在时间和影响方面成本更高。

7.2.3 原型

在此阶段有多种原型平台可供使用，如大型盒式仿真器、FPGA（现场可编程门阵列）系统、使用 C 语言模型系统的虚拟平台，或使用 FPGA 和仿真器的虚拟 / 软件模型的混合平台。原型有助于在硅生产之前估计组件 / 设备的行为和性能。原型平台可以包括实际的硬件组件、第三方设备、真实的操作系统和软件驱动程序，因此是捕获设计中系统集成 bug 的理想平台，这些 bug 可能在早期的硅前仿真阶段未被发觉。原型平台比较昂贵，但可以通过验证逻辑功能来确保高质量的设计；可以通过 BIOS/OS 引导和电源管理等流程运行；可以验证驱动程序和第三方实际设备的协作性；还可以帮助开发和清理计划用于硅后验证的测试、工具和流程。

在硅后验证期间，这些原型平台可用于重现硅故障，并通过与硅相比更好的可观察性来实现更深的调试。它们还可以验证针对 bug 的修复建议，并在通过最终 / 另一个步骤进行设计前发现之前修复过程中可能引入的其他 bug。原型平台的使用可以通过减少向市场按时、

高质量交付产品所需的步骤来节省数百万美元。

考虑到这些原因，原型设计是验证过程中最关键的阶段之一，它有助于提升组件／设备的整体质量并加快上市时间。

7.2.4　系统验证

这个阶段从硅开始，实际的硅组件在一个真实的平台上进行全面的测试。在各种环境条件下，于硅上执行大量的迭代，并混合执行大量聚焦、随机和并发测试。对硅部件的各个部分进行验证和表征。系统验证的一些重点为：

- 被测组件的体系结构和微体系结构。例如，缓存体系结构、数据空间、执行浮点运算等。
- IO、内存和组件间通信接口。
- 各种条件下的电源管理流程和性能参数，例如并发流量和组件内外独立管理的电源块。

7.2.5　模拟验证

此阶段，在频率、电压和温度的极端条件下，对设备的模拟完整性和电路边缘性进行测试，以确保设备在生产规格范围内工作。模拟完整性测试可确保设备和平台具有电稳定性。发现的任何问题都会得到纠正，或者反馈到流程或生产中。

7.2.6　兼容性验证

此阶段，设备／硬件经过验证，可与其他第三方及生态系统设备／软件／固件和驱动程序兼容。这些组件或设备通过各种操作系统（如 Windows、Linux 和 Android）、平台、外部供应商／测试卡、第三方外围设备和众多应用程序（如游戏、基于位置的服务、基于传感器的程序以及行业基准测试）来进行详尽的兼容性、压力和并发性测试。这些设备还会进行协议测试和数据一致性检查。测试设备的各种参数超出其正常限度，以在最坏情况下验证设备／设计。

7.2.7　软件／固件验证

软件／固件组件是先前讨论的验证阶段的一部分，主要从原型验证阶段开始。然而，一旦硬件设备满足严格的软件堆栈验证的需求，则会启动集中且严格的软件／固件验证阶段。在此阶段，强调在最坏的情况下实现软件／固件流、软件／固件与硬件交互、软件／固件可靠性和兼容性等。软件／固件堆栈也在此阶段进行各种认证测试。软件、固件和驱动程序仅在完成验证阶段之后才会发布。

7.2.8　生产资质

先前的验证阶段是在架构、功能和特性方面确保产品的高质量。然而，与实际硅产品有关的制造材料和工艺对于确保最终产品在各种环境条件下的可靠性，以及产品满足或超过产品寿命的所有操作参数来说同样重要。这些制造材料和工艺在产品认证阶段得到验证，其中组件或设备在性能、功能、质量和可靠性方面与最终用户的期望进行比较和认证。有关设计质量、材料质量、制造质量和操作可靠性的结果都会被记录和审查。如果存在问题，则通过设计验证迭代或通过高级调试工具来修复或纠正设计。该结果还用于评估新技术和流程改进。当设计符合生产质量标准时，就可以大批量生产并在市场上销售。

7.2.9 硅调试

此验证阶段，在晶体管级观察或改变设备的物理和电气特性。可以通过改变晶体管的某些特性来修复硬件缺陷。例如，激光电压探头可以帮助观察设备中单个或更多晶体管的物理和电气特性。通过观察这些特性，任何逻辑或电气问题都可以追溯到硅上的物理原因。激光化学蚀刻机可以帮助隔离硅上的可疑区域，以进一步验证或修复。聚焦离子束可以帮助添加、删除或修改晶体管和导线，以调整时序。还可以通过添加或绕过逻辑单元来修复问题或bug，从而改变数字功能。改变后的硅可以通过验证周期来确认问题或 bug 是否被修复。

因此，可以使用不同的工具来识别、隔离和修复硅中的 bug/ 问题，从而节省或减少实现可接受功能及期望高质量设备和组件所需的硅迭代次数。

7.2.10 传感集线器硅前验证

典型的传感集线器验证环境由各种代理组成，这些代理可以通过 I²C、SPI、UART 等接口访问传感集线器。这些接口用于驱动信号，包括复位到传感集线器中，并以输出信号或内存数据更新的形式来观察相应的输出。传感集线器的典型测试层具有以下组件：

- **配置层**：该层有助于设置传感集线器验证环境的测试台拓扑及各种配置参数。它提供了控制测试台、仿真、验证组件和测试台拓扑的方法。它可以帮助设置子组件模式并启用 / 禁用驱动程序、代理、代理数量（实例数量）、监视器、检查器、覆盖和断言。
- **测试库**：包含可在传感集线器上执行的各种测试。该库是诸如复位、电源、配置读 / 写或者数据接收 / 发送等序列的序列集。
- **接口环境**：此环境包含总线功能模型（BFM）、记分板、监视器、BFM 驱动器和测试序列发生器，它们在相应的传感集线器接口上充当从站或主站。例如，I²C 和 SPI 为从机，JTAG 为主机。这些环境组件的交互步骤如图 7-1 所示。

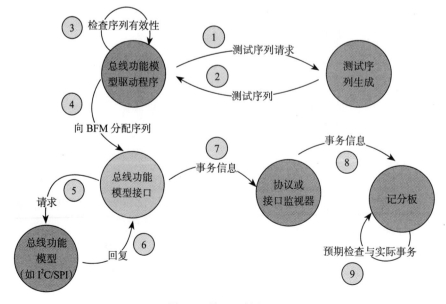

图 7-1 接口组件交互

7.2.11　监视器

监视器是环境的组件，用于观察和存储，并在需要时在与其连接的接口处打印与事务、数据或命令相关的信息。还有覆盖监视器，用于观察协议信号、解释数据、验证覆盖点以确保测试覆盖了预期的特征。例如，连接到传感集线器 I²C 接口的 I²C 监视器将具有与该输入接口处有关的 I²C 事务的所有信息。

7.2.12　检查器

检查器是环境的组件，它从连接的监视器获取信息，并检查是否存在任何协议违规。如果发现违规，它会显示或打印错误。例如，连接到 I²C 监视器的 I²C 检查器将在观察到 I²C 协议违规时标记错误。

7.2.13　记分板

记分板是环境的组件，用于检查从系统中不同接口／监视器接收到的数据。它持续跟踪观察点处传入、传出的交易或数据，并将其与连接的其他观察点进行比较。例如，记分板的一个端口连接在输入接口（如 I²C）监视器上，另一个端口连到传感集线器内部的观察点，然后记分板将输入接口数据与观察点观察到的数据进行比较。

7.2.14　定序器

定序器将生成一个序列项，该序列项包含 BFM 决定事务配置所需的参数，以及需要使用的命令。因此，该序列不是到达 DUT（被测设备）的确切事务，但它确定了实际事务的样子。

7.2.15　驱动程序

驱动程序首先从定序器请求序列项，然后将其作为新配置分配给 BFM 接口。这个序列随后通过 BFM 周围的包装器进行分析和解码。包装器随后驱使实际的 BFM 生成事务（如 I²C 或 SPI 事务）。驱动程序确保首先将配置命令发送到 BFM，以对 BFM 进行编程。BFM 事务信息也由监视器和记分板捕获以进行分析（如图 7-1 所示）。

7.2.16　传感集线器原型

如今，传感器生产者面临前所未有的来自竞争对手的挑战，因此，迫切需要缩短从硅后验证到进入市场的时间。为了加速硅后验证阶段，必须在硅器件到达前准备好所有的硅后测试。硅器件到达后的上市时间至关重要，因此这段时间不应花在准备、调试和修复测试上。在第一次硅到达之前，高质量的测试理应可用。

验证的原型设计阶段有助于通过在硅到达之前启用测试和验证环境来缩短传感集线器的上市时间。它还提供了一个可以利用真实传感器和相应生态系统来设计和验证软硬件的平台。原型平台也称为早期原型（EP）平台，将软件、固件和系统验证执行链接至 PLC 和软件／固件硅前软件（PSS）。原型平台也可用于向客户演示可行或设计的样品。使用真实传感器和硬件传感集线器启用传感器固件，有助于确保固件在硅到达前准备就绪。

然而，部署这些平台存在许多挑战，应对这些挑战的努力推动了对原型平台、工作流模型和传感器生态系统的决策，这些决策用于提高硅的生产质量。仔细定义的跨团队工作模型以及所有相关设计和验证组件的一致计划也非常重要，因为它有助于及时调试和处理问题，避免重复验证，并通过软硬件协同设计实现复杂验证。

以下部分中，讨论了一些原型平台示例，这些示例可用于传感集线器原型化设计，以执行本章前面讨论的各种验证阶段及正在进行的硬件和固件设计。

原型平台的例子包括 QEMU 和带传感器的 FPGA 平台。

7.2.17　QEMU

QEMU[2]（快速模拟器）是免费的开源软件，充当运行虚拟机的托管虚拟机管理程序，客户操作系统可以作为进程在其上运行。它可以通过二进制转换（通过转换二进制代码来模拟指令集）在任何主机上转换任何目标代码，并模拟其他硬件设备。

图 7-2 显示了传感集线器的两个主要 QEMU 模块，即传感集线器模拟硬件和传感集线器固件。其中，传感集线器模拟硬件模块包括模拟整个传感集线器硬件或仅模拟传感集线器部分的软件模型，这些部分对于在此纯软件平台上启用传感集线器固件开发和调试至关重要。第二个模块是实际固件代码，称为传感集线器固件。完全相同的固件镜像也可以在 FPGA 原型平台上运行。因此，QEMU 允许在软件环境中进行早期固件的开发和调试，然后转换到 FPGA 以便运行真实 RTL 代码流。

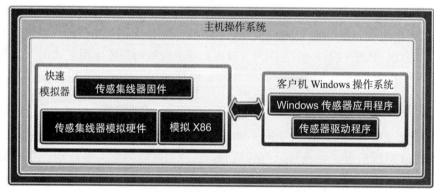

图 7-2　传感集线器 QEMU 设置

如图 7-2 所示，QEMU 还支持运行为传感集线器开发的 Windows 软件代码，使用虚拟机将其连接到固件。这样可以在 QEMU 上运行 Windows 传感器应用程序。

7.2.18　FPGA 平台

FPGA 系统可以包括以下主要组件，如图 7-3 所示：

- 主机系统，具有传感器软件和应用程序，以及测试内容和用于驱动 FPGA 系统连接到 PCIe（总线和接口标准）插槽的设备驱动程序。
- 将 FPGA 中的 DUT 连接到主机 PC 的 PCIe 桥。
- 如果是基于 MCU 的传感集线器，则传感集线器 RTL 代码连同其 MCU（微控制器单元）一同作为 DUT。
- 安全引擎或音频子系统等单元的附加 RTL 代码，传感集线器与之交互并需要成为验证的一部分。

- DUT 中的任何 RAM 和 ROM 存储器，这些需要移植到 FPGA RAM 中。
- 任何其他用于与传感集线器通信的接口或路由器。
- 通过 HAPSTRAK 或 FMC 连接器连接到 FPGA 板的物理传感器。

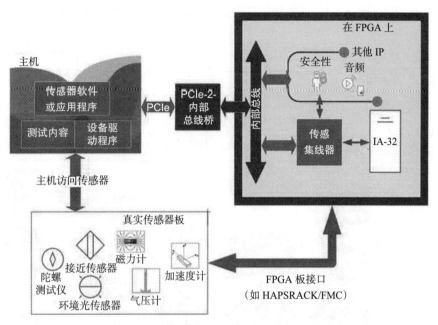

图 7-3　传感集线器 FPGA 原型设计框图

FPGA 系统可以基于硅前仿真模型，其中 FPGA 内的时钟、复位和电源控制与硅前测试台上的类似，但它们是使用 FPGA 板 PLL（或从 PCIe 时钟）生成的。

传感集线器与安全引擎相互作用，用于引导和电源管理流程。因此，有一个可以模拟安全引擎的原型系统非常重要，以便固件可以执行握手协议及引导或电源管理流程。

如果由于 FPGA 资源或时序限制而无法将实际安全引擎原型化到 FPGA 系统中，则可以开发软件模拟器来模拟传感集线器 – 安全引擎握手协议。这种 FPGA 架构如图 7-4 所示。模拟所有安全引擎流和行为的软件模拟器被加载到主机 PC 上。安全引擎模拟器将根据握手流程（如启动流程或电源管理流程）来更新传感集线器 – 安全引擎握手寄存器，从而启用安全引擎和传感集线器间的信道。

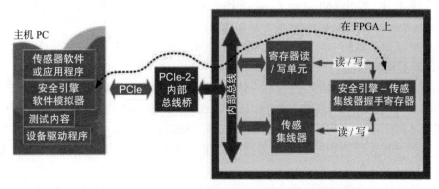

图 7-4　FPGA 中的传感集线器 – 安全引擎软件通信模型

传感集线器和寄存器读 / 写单元还可以启动传感集线器 – 安全引擎握手寄存器的读 / 写传输。这种基于软件模拟器的握手机制能够在软硬件开发周期的早期验证完整固件 / 软硬件交互流，并发现重要的交互 bug。

图 7-5 显示了从设计 RTL 数据库到最终验证报告的典型 FPGA 模型构建。

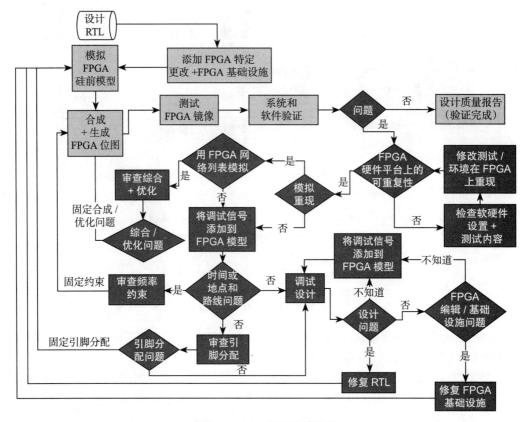

图 7-5　FPGA 模型构建过程

镜像生成的过程涉及生成硅前模型、合成、分区和位图生成。在 FPGA 硅前模型中，RTL 与其他 FPGA 基础设施组件集成，设计中的嵌入式存储器模块用 FPGA 等效存储器（BRAM）代替。FPGA 硅前模型定义了约束，并定义和生成了时钟源。在合成过程中，使用 FPGA 供应商工具（如 SynplifyPro 和 SynplifyPremier）生成网络列表，然后是物理合成或 PAR（分区）(使用如 ISE 或 Vivado 等工具)，最后生成位文件。

原型用户需要了解 FPGA 模型与真实硅之间的区别。对用户（如系统验证或软件验证团队）来说，需要理解和记录 FPGA 镜像的局限性。

FPGA 镜像可以通过移植到 FPGA 的硅前仿真测试来确定。这可确保用户和验证阶段不会受到期限或低质量 FPGA 镜像的影响。例如，30% ～ 40% 的硅前仿真测试可以用作质量检验门测试。除了基本的 FPGA 门测试之外，客户和验证团队也可以运行他们的验收测试，以确保发布的 FPGA 位图中的功能准备就绪。在自动运行并于 FPGA 位图上执行大量测试之前，这种验收测试非常重要。

如果在验证阶段出现测试用例失败，则会探索并跟踪各种 FPGA 调试路径，如图 7-5 所示。Xilinx Chipscope 或 Synopsys 标识可用于编译和构建具有预定调试信号列表的 FPGA

镜像，这些调试信号可以在测试失败期间观察。各种协议分析仪（如 I²C、UART、PCIe 和 SPI）也可用于失败测试用例的调试。

确定故障的根本原因后，将确定修复并发布新的 FPGA 镜像以进行验证。对失败进行评估，以改进设计、验证方法和基础设施。

7.3　传感器测试卡解决方案

本节讨论了三种可能的生态系统 / 传感器卡设计，可用于验证具有真实物理传感器的传感集线器以及软件模拟传感器。

7.3.1　带物理传感器的测试板

图 7-6 显示了连接到主机 PC 和 FPGA 平台的传感器板的框图。这些传感器板具有以下组件：

- **传感器阵列**：指测试板上存在的多个物理传感器，如加速度计、陀螺仪、磁力计、GPS（全球定位系统）、接近传感器、环境光传感器等。
- **逻辑分析仪连接器 / 调试端口**：这些端口可以连接到逻辑分析仪，以进行验证期间可能需要的任何调试（如传感器事务 / 数据观察）。
- **电压和电源块**：该模块负责为电路板上的传感器和组件供电。
- **连接到 FPGA 平台的连接器**：测试板可以使用连接到 Synopsys FPGA 板的 HAPSTRACK 连接器，也可以使用用于非 Synopsys 板的 FMC 连接器。
- **连接到主机 PC 的 PCIe 连接器**：测试板可以通过 PCIe 插槽连接到主机 PC 或任何客户参考板。这为在硅前原型和硅后验证中使用相同的传感器板提供了灵活性。
- **状态或错误 LED 指示灯 / 显示器**：传感器板可以具有各种 LED/ 显示指示器，用于显示与板上存在的各种组件相关的状态和错误。

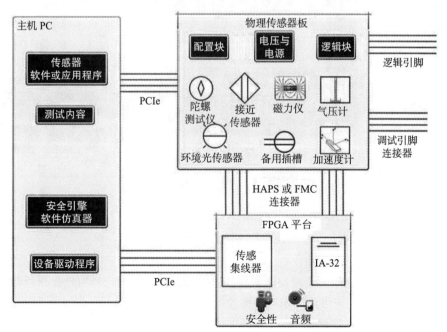

图 7-6　物理传感器板连接到 FPGA 平台和主机 PC

这将是一种低成本的解决方案，可以无缝地衔接各种原型方案，如 FPGA 或仿真器。可以使用开放式传感器插槽来增加未来的传感器。该传感器卡可以通过 HAPSTRACK 或 FMC 连接器连接到 FPGA 板，兼容多 IP、多 FPGA 板解决方案。它还可以连接到其他子卡，这些子卡可以用来添加新的传感器、功能或其他现成的解决方案。由于该传感器测试板可以连接到其他客户参考板和平台，因此在多个验证阶段（包括原型阶段和硅后验证阶段）使用相同的测试板更加容易。

也可以使用基于 FPGA 的传感器测试卡。各种传感器接口协议模型可以在 FPGA 中实现，如 UART、I²C 或 SPI。这些协议模型用于模拟物理传感器行为，因此可以用于验证 EP 中的传感集线器以及硅后验证。

7.3.2 软件传感模拟器

传感模拟器的目标是为传感器验证提供自动化环境。它支持多个基础设施层，因此可以与 FPGA 和 QEMU 配合使用。传感模拟器使用户能通过从预先准备好的传感器输入列表中选择来控制传感器输入（数据提供器）。这具有几个优点，例如易于运行、能重现情景 / 问题、与自动化机器人等其他选项相比成本更低。以下是它的一些关键特征：

- 它可以注入合成数据（如噪声）。
- 它可以与真实的物理传感器一起运行。
- 它在 QEMU 等虚拟平台的软件中实现。
- 用户可以选择传感器类型和传感器数据类型来注入传感集线器。
- 它实现了真实的传感器行为，可用于模拟负面（错误）行为。

图 7-7 显示了软件传感模拟器的一些主要组件。

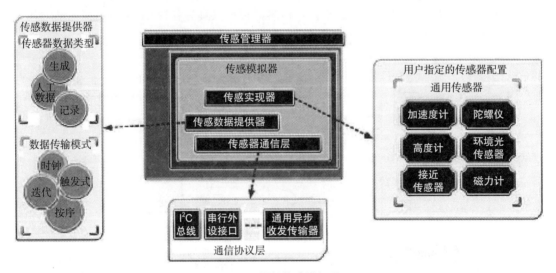

图 7-7 软件传感模拟器

模拟管理器

这是检测环境并创建传感器模拟所需基础设施的主要组件。它向用户公开所有模拟应用程序编程接口（API），用户可使用模拟管理器的功能。

传感模拟管理器

该组件管理模拟传感器，并指示每个传感器的状态。特定传感器可处于执行、就绪、发送传感器数据、完成数据传输、空闲、初始化或错误状态。传感管理器执行以下主要功能：

- 将传感器实例连接到物理层传输。
- 委派传感器和相应的执行错误、事件和通信方法（针对基于传输的传感器）。
- 设置和验证模拟传感器列表。
- 启动和停止执行提交的传感器列表。这可以通过启动和停止命令或 GUI 按钮（如果列表中的传感器就绪时可用）来完成。

传感模拟器

该块为传感管理器提供传感器功能。它由二部分组成：传感实现器、传感数据提供器和传感器通信层。

传感实现器： 该模块由基本 / 通用传感器协议组成，如加速度计、高度计、陀螺仪、接近传感器、罗盘、环境光传感器等。传感管理器允许用户选择传感器类型和传感器型号。传感实现器可以利用其他用户指定的传感器配置来增强可用的通用传感器协议。

传感数据提供器： 该模块提供对传感器数据传输速率、执行或模拟中需要使用特定数据类型的迭代次数、数据传输模式（基于时钟、按序、迭代或基于触发器）和数据解释模式（作为原始传感器输出数据或来自 I²C、SPI、UART 等传感器接口协议之一的输入数据）的控制。该模块还可以充当数据注入器模块，可以根据用户需求使用新数据覆盖现有传感器数据。传感数据提供器可支持的不同数据传输模式包括：

- **基于时钟：** 在此模式下，系统时钟和传感器数据速率控制何时传输下一个传感器数据。例如，如果传感器数据速率为 400Hz，那么传感数据提供器每 $1/500Hz = 0.002s$（或 2ms）产生数据。但如果在基于时钟的模式下允许较低的数据速率，则可以以 4ms 的间隔发送数据（相当于 $1 / 0.004s = 250Hz$ 的时钟速率）。
- **按序：** 在此模式下，数据提供器根据 I²C 或 SPI 等通信接口接收的请求来发送数据。
- **迭代：** 在此模式下，数据由数据提供器（根据用户请求命令）通过主机 /GUI 提供。
- **基于触发器：** 在此选项下，根据用户选择来开始传感器数据的传输，选择开始发送真实传感器数据前默认发送零。

传感器通信层： 该组件提供通过 I²C、SPI、UART 等进行通信的机制。具体通信机制是基于环境（无论是带真实物理传感器的 FPGA 还是 QEMU）来选择的。

图 7-8 显示了各种软件传感模拟器组件之间的交互，包括所需的用户交互。

当用户选择开始初始化时，模拟管理器初始化并发现所有可用的传感器。从可用传感器列表中，用户可以选择数据模拟所需的传感器。然后，传感模拟管理器验证所选的传感器和它们各自的记录数据（传感器需要发送的数据），以及用户选择的属性。此传感器验证是确保正确的传感器模拟行为的必要步骤。在通过验证检查时，所选的传感器按其各自的属性编程并被激活。传感器将处在"模拟准备就绪"的状态。

模拟管理器的下一步是等待用户命令以启动传感器模拟。收到启动命令时，模拟管理器为传感器模拟分配传感器、错误、事件和通信方法。

随后，传感模拟器根据所选的数据传输模式，从所需传感器生成数据，并将其提供给通信层。然后，通过传感器通信协议（如 I²C、SPI 和 UART）将数据发送给请求代理，最后通过模拟管理器将数据发送给用户，模拟管理器将公开所有的模拟 API。

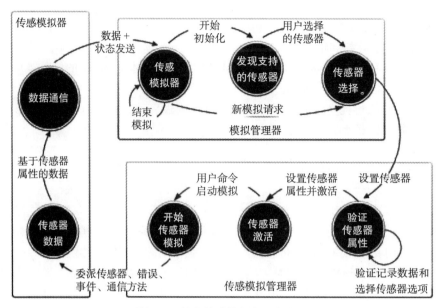

图 7-8　软件传感模拟器组件交互

7.4　验证策略和概念

本节将讨论一些有助于缩短设计产品上市时间的验证策略和概念。

7.4.1　软硬件协同设计

为了在产品级协调资源和进度，需要有一个定义明确的设计和软件里程碑，以便最终产品发布。考虑一个示例：为了尽快将最终产品推向市场，设计需要与在其上运行的软件一起开发。在这种情况下，需要通过验证来相互连接的硅前 RTL 里程碑和 PSS 里程碑；本质上需要软硬件协同设计和协同验证。

图 7-9 显示了一种方法的设计开发阶段，它没有／只有限制性的协同设计，并且软硬件设计和验证阶段存在重叠。

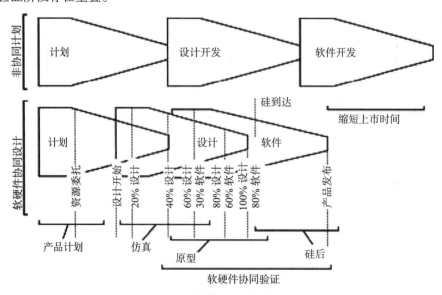

图 7-9　软硬件协同设计与协同验证

表 7-1 显示了软硬件设计和验证里程碑的一致性，可以缩短最终产品的整体上市时间。它还强调了原型平台在软硬件验证阶段里程碑前移中的重要性。

表 7-1　软硬件协同设计与协同验证里程碑一致性

里程碑	设计阶段	软件阶段	验证阶段
计划 0	计划开始	计划开始	计划开始
计划 40（40% 计划）	资源＋进度提交	资源＋进度提交	资源＋进度提交
设计 0	设计开始	架构定义完成	• 提出硅前仿真 • 提出原型环境
设计 20	20% 设计完成	软件协同设计开始	• 硅前仿真开始 • 原型设计 /FPGA 平台构建开始
设计 40	40% 设计完成	软件协同验证就绪	• 40% 硅前仿真 • 在原型上启动软硬件协同验证
设计 60	60% 设计完成	30% 软件协同设计	• 60% 硅前仿真 • 原型上的 30% 软硬件协同验证
设计 80	80% 设计完成	60% 软件协同设计	• 80% 硅前仿真 • 原型上的 60% 软硬件协同验证
设计 100	100% 设计完成	80% 软件协同设计	• 100% 硅前仿真 • 原型上的 80% 软硬件协同验证
硅到达	设计错误修复或解决方案	100% 软件完成	• 原型上的 100% 软硬件协同验证 • 硅后验证开始
产品发布	NA	NA	• 100% 硅后验证完成 • 100% 软件验证完成

7.4.2　矩阵验证和基于特征的验证

当计划产品进行软硬件协同设计和协同验证时，重要的是协调产品的功能实现，使软硬件都在产品的同一阶段实现该功能，然后在验证阶段使用软硬件交互来验证该硬件功能。

另一个重要的设计考虑因素是实现和验证产品功能的优先顺序，称为功能优先级。使用软硬件交互来验证优先级列表中每个功能的概念称为基于功能的验证。

一旦确定了功能的优先级，下一步就是分析最适合的平台来验证每个优先级功能。例如，在硅前仿真中，以简单的寄存器读写验证为目标会更容易和更经济。但是基于大量寄存器写入、状态转换以及带有包括电源管理检查的设计单元的多次握手的复杂流程，最好在平台（如原型平台）上验证，既可以用软件，也可以用硬件。需要物理层交互或仿真设计的功能最好在真实的硅上进行验证。例如，无法在仿真或原型设计平台中验证低压差稳压器，而必须在硅上完成。

创建优先级功能列表并确定最佳验证平台的过程称为矩阵验证。矩阵验证还可以标记特定功能在每个验证平台上所能完成的验证深度。

如表 7-2 所示，电源管理功能具有高优先级，可以在较低硅前覆盖率和中等原型覆盖率的情况下进行验证，因为仿真只能使用行为 BFM 来验证基本流程，而在原型设计平台中，软件电源管理流程可以与电源管理硬件一起执行，甚至可以在传感集线器验证时使用真实传感器执行。

类似地，低压差稳压器具有中等优先级。由于这是设计的模拟部分，因此它在硅前和原型平台上的覆盖率较低。这些功能只能在真实的硅中得到充分验证。此类功能的覆盖风险很高，因为只有硅到达之后才能完全覆盖，而且在硅上发现的任何问题都有更长的 bug 修复周转时间，并且还可能导致额外的生产步骤。

表 7-2　矩阵验证示例

功能	优先级 （1= 高，2= 中，3= 低）	计划覆盖深度 （1= 高，2= 中，3= 低）			覆盖风险 （1= 高，2= 中，3= 低）	依赖（软件、原型、BIOS、工具等）
		硅前	原型	硅		
电源管理	1	2	2	1	2	添加验证该功能所需的任何依赖项
低压差稳压器	2	3	2	1	1	
寄存器写入	3	1	1	1	3	

简单的寄存器访问功能可以在所有验证平台上轻松验证，因此具有最低的整体覆盖风险。验证器可以在原型设计或硅验证阶段完全取消这些功能验证的优先级，并在硅前验证阶段完全覆盖。考虑到在整体产品质量上验证某一功能的投资回报，可以做出这样的决定。

7.5　参考文献

[1] Intel platform and component validation white paper: A Commitment to Quality, Reliability and Compatibility.

[2] Cong K, Xie F, Lei L. Automatic concolic test generation with virtual, prototypes for post-silicon validation.

传感器校准和制造

本章内容
- 校准传感器的动机
- 校准模型
- 制造和校准用例

8.1 校准传感器的动机

任何传感器用例的基本需求都是要信任传感器提供的数据。缺乏这种信任，传感器提供的数据将毫无意义，并且会被丢弃。数据出现误差可能有多种原因——有些数据误差是在制造过程中增加的，而其他数据误差则是环境变化的结果。一个常见的例子是一个导航系统：如果认为它提供的方向不正确，那么用户可能会关闭导航系统。

这种类型的误差通常可以通过校准过程来确定。校正（与误差相反）将应用于接收到的传感器数据。建立和设计校准过程涉及理解供应链和系统设计。传感器供应商、系统制造商，甚至最终用户都可能会参与校正过程，这取决于误差如何发生。产品的使用范围也可能受到可以通过校准来纠正误差的程度的限制。

8.2 供应链利益相关方

传感器供应商、系统设计人员和系统制造商构成了传感器供应链主要的三大块。传感器由传感器供应商制造，基于传感器的系统是由系统设计人员设计，具有所需传感器的最终平台或系统则由系统制造商制造。

8.2.1 传感器供应商

传感器供应商努力通过达到合适的产品性能和成本水平来实现盈利。将有前景的技术从原型转移到大批量生产阶段的路线通常需要高水平的资本投资设备和工厂，以及多年来对传感器件制作工艺的微调。

这些性能和成本水平通常由安装传感器的设备的需求来决定。这将定义传感器规格，通常包括列出的每个参数的最大值和最小值。这些规格通常与系统制造商的要求相关联。如果系统制造商愿意校准并消除传感器误差，那么供应商可能能够扩大其规格。

因此，传感器供应商将会对其制造过程进行微调，以使尽可能多的设备符合规格范围。图 8-1 显示了传感器制造工艺，其中所制造的晶片经过晶圆级测试，随后进行封装和封装/传感器级测试。在测试期间超出规范的失败设备将被丢弃，但会增加制造传感器的总成本。这种增加的成本会迅速降低每个传感器的利润。例如，如果传感器的市场价格是 3 美元，制造传感器的成本是 2 美元，那么供应商将把销售价格的 33% 作为利润。然而，20% 的收益损失会使成本增加到 2.50 美元，则利润从 33% 减少到 17%。

图 8-1　传感器制造过程

减少产品差异的一种方法是在晶圆测试阶段校准模拟电路（如图 8-1 所示）。常见的调整可包括通过调整模数转换器（ADC）的基准电压来调节每个传感器的灵敏度（标度）。在这个例子中，ADC 的输出电压可以使用参考电压进行测试。根据输出，参考电压将通过一种一次性可编程只读存储器来编程。

也可以在传感器中设计自适应电路以消除偏差（如图 8-2 所示）。这些电路不需要校准，而是使用基准电路来测量传感器偏差，该偏差可能会随着温度或其他环境变化而变化。检测设备误差的两种常见方法包括：在复位时和采集信号后对设备进行两次采样，以及检测参考传感器电路不会采集信号。在这两种情况下，从信号中减去参考信号或复位信号，有效地调整输出以改变偏差[1]。

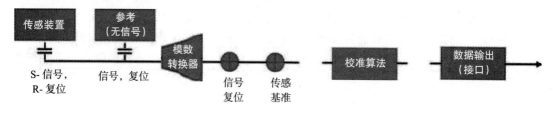

图 8-2　去除传感器偏差的自适应电路示例

最后，传感器供应商可以添加由设备制造商编程的数字校准块。这些算法可以包括简单的查找表或多项式方程，以调整传感器的非线性。

8.2.2　系统设计人员

校准可以使设计人员通过更灵活的设计规则和更便宜的传感器组件达到理想的产品规格。加速度计校准可以校正在将其放置于系统机械设计中时添加的倾斜度，光传感器校准可以通过覆盖传感器的盖玻片来调整光线损失。

为了理解校准误差和系统变化的影响，设计人员可以选择评估最坏情况下的最终用例。该系统可由代表传感器供应商规格的最大值和最小值的传感器构成，并包括其他最坏情况下的系统变化（例如，对于光传感器，为通过盖玻片的预期最高衰减水平）。

最后，在理想情况下，系统设计人员将设计限制在制造过程中向传感器添加系统误差的规则。例如，可以指示设计人员将磁力计传感器放置在远离可被磁化物体（如螺丝孔）一定距离的地方，否则在启用时（如数字转换器）可能会导致意外误差。

8.2.3　系统制造商

系统制造商将被激励，以最小化生产线中传感器校准所增加的时间和劳动力成本。为了评估校准需求，制造商可以首先从一批原型中收集性能数据，评估系统到系统的差异，以确定校准的需要。这种评估还可能导致组件规格的变化，例如减少盖玻片覆盖光传感器的偏差。

次要的需求是适应来自多个供应商的相同类型的传感器。在这种情况下，制造商可以开发一种通用的校准流程和工具以涵盖多种产品。

8.3 校准过程

校准过程的目标是确定校准校正，使其足够准确，以帮助维持被测系统的数据质量。此外，结果也必须在产品的使用范围内有效。

设计校准过程应基于对系统误差来源的全面了解——包括误差的来源以及在产品使用范围内每种误差的变化情况。这一深入研究的一个有用副产品是，它还对产品的局限性有一个务实的理解，并且可以影响产品需求或设计中的变化。例如，如果在高温范围内传感器偏置漂移变得不可预测，则产品计划人员可能会考虑降低产品的需求（即支持较低的最高温度）或添加更昂贵的校准电路或算法。

8.3.1 创建系统模型

定义校准过程的第一步是了解产品需求和行为。这包括了解校正后的传感器数据的准确程度以及产品的使用范围。

第二步是了解产品性能如何变化——无论是在其用例（即温度和输入电压）内还是产品之间的变化。实现这一目标通常需要研究系统内的每个组件，并找出可能导致的最坏情况误差。

在为每个组件创建误差模型后，可以创建一个系统级误差模型。这种方法有许多好处，例如可以为系统设计人员提供关于如何选择合适组件（即传感器）并调整其制造过程以减少误差的建议。

误差模型还应该确定误差在整个产品用例中将如何变化至达到最大值。例如陀螺仪，组件的偏置误差可能在整个温度范围内发生显著变化。或者当传感器在其最高温度和最小输入电压下工作时，传感器的随机噪声可能最强。

8.3.2 分析误差来源

系统中的大多数误差源都可以分为两类：系统的或随机的。传感器中的系统误差指的是偏差、漂移或比例误差等，这些误差可通过校准过程发现并进行校正。另一方面，随机误差（或噪声）是指无法校准的不可预测的误差。

在分析误差来源时，经常会发现系统误差和随机误差都有显著的影响因素。在某些情况下，可以发现去除系统源（通过校准）将留下可容忍的随机噪声水平。然而，在其他情况下，随机噪声仍然是很重要的（或占主导地位），因此需要其他改进数据的方法（如数字滤波器）。

这种分析的结果通常可以确定哪些误差是系统性的。此外，具体的系统误差可以通过校准过程来识别。

8.3.3 设计校准过程

即使在校准过程之后，产品使用中仍然可能存在残留的系统误差。在设计过程时，首先必须确定产品内允许的剩余系统误差（或校准误差），然后设计人员应确定如何最大限度地减少这个误差。

最小化该误差的第一步是确定校正机制和工艺条件。这会考虑到前面介绍的系统建模工作，以确定误差在整个用例中如何变化。例如，如果传感器的标度（灵敏度）在整个温度范围内具有非线性响应，则系统设计人员可以创建一个非线性方程，并通过在整个温度范围内测试产品来定义校准参数。但是，如果非线性效应可以接受，则可以采用一种成本更低的方法，即在中温范围内捕获单个测量值，以最大限度地减少产品使用中的最坏情况误差。

校准过程本身也有误差，必须知道这些误差并且及时管理。这对于确保过程误差远小于可接受的校准误差来说至关重要。过程本身的误差必须比可接受的校准误差更严格。

8.3.4　动态校准

在许多情况下，校准过程不会包含可能影响系统的所有系统误差。在某些情况下，存在不可预测的环境因素，如温度变化或外部磁场波动。在其他情况下，制造商可能已经选择了更便宜且不太全面的校准，降低产品性能以减少制造成本。最后，由于传感器老化和系统变化，系统本身可能会随时间而改变。

可通过称为动态校准的自适应机制来减少这种变化的系统误差。该机制通过使用最近的传感器数据或来自其他来源的输入来进行一般假设，以推断传感器误差，如具有随温度变化的偏移量的陀螺仪。因此可以采用两种方式进行动态校准。首先，传感器可以参考片上温度传感器并查找相应的温度偏移量。其次，如果不存在查找表，则可以假定当其他系统运动传感器报告没有运动发生时，陀螺仪未运动，因此来自陀螺仪的唯一信号将是偏移误差。

8.3.5　管理校准过程和设备

校准过程的一个关键原则是确保纠错的质量。例如，如果校准目标是将数据误差最小化至 ± 10%，则所使用的过程和设备的数据误差必须更少（如 ± 5%），且必须在整个过程使用的周期内保持这个质量水平。

为确保这种质量水平，可能需要举行单独的计划会议。此计划或管理将确保校准过程是可重复的，确保操作人员接受相关培训并限制校准设备的使用。

所选择的校准设备相对于产品使用来说将具有不同的质量，它不需要坚固耐用，因此要小心存放和使用。校准设备的精确度需要比产品上传感器的精确度更高，保持这种精确度水平可能需要设置如何存储和使用的条件，以及在必须重新校准之前，基于了解设备的最长使用时间来设置时间表。

校准设备的精确度可以在有更精确仪器设备的实验室中进行维护。这种仪器设备可由拥有更准确的二级参考的标准实验室提供（服务）。这个标准实验室将在国家标准组织中维护其设备，以保持设备的精确度。通过一系列过程和认证，确保校准设备与国家标准相关联，且该设备的校准可追溯。

8.4　单轴和多轴线性校准

为了描述线性校准方法，我们将首先描述单轴校准和多轴校准。

在检查光传感器并假设线性响应时，传感器误差可以分为以下两组。

- **比例或乘法误差（A）**：这将描述传感器响应中的乘法误差。例如，如果传感器的入射光增加 100%，测量数据增加 105%，则比例误差将为 5%。
- **偏移或偏置误差（B）**：这是传感器显示的误差，即使没有任何外部刺激。

线性误差通常可表示为：

$$V=A*R+B$$

测量过程非常简单，过程中需要两个传感器测量来隔离比例和偏移的影响。

8.4.1 传感器限制和非线性

在单轴传感器中，需要检查传感器的最大和最小响应电平以及传感器的非线性。图 8-3 显示了传感器对刺激信号的响应。

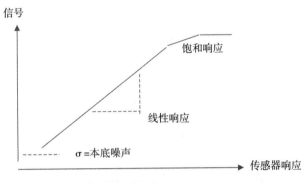

图 8-3　传感器响应与信号

最大范围：最大范围通常由内部传感器 ADC 决定。例如，10 位 ADC 会将传感器的数据输出限制在 1024（2^{10}）。然而，当传感器接近其最大电平时，其响应可能会发生变化，从而降低最大校准电平。

最小范围：应根据传感器性能来评估类似的最小限制。考虑因素应包括非线性和传感器噪声。例如，如果光传感器输出（转换为 lux）的标准偏差测量为 10lux，则最小校准和用例限制可以设置为 10lux。注意：实际上，可以在系统中添加数字滤波器来降低传感器的噪声。

非线性：大多数传感器系统将具有非线性，表现为在整个传感器范围内变化的"比例误差"。如果非线性足够大（> 1%），则可以修改校准方程（添加多项式方程）以考虑非线性。

$$V(X)=\left[A*R+R+i(R)\right]_{\min R}^{\max R}$$

非线性在传感器校准中的含义是，需要多个数据点（超过两个）来准确描述非线性影响。

8.4.2 校准具有多个正交输入的传感器

代表更复杂信号的传感器通常具有多个核心传感设备。如三轴加速度计，它包括一个 MEMS 传感装置，可以检测 X 轴、Y 轴和 Z 轴上的加速度。

基于先前的光传感器示例，可以假设每个轴能彼此独立地校准。然而，若要确定设备方向和倾斜，则要求所有三个输入一起校准。

方向：描述传感器如何按方向放置在设备内。在一个完美的传感器中，当系统平放在桌子上时，加速度计可以输出 $9.8, 0, 0 \, \mathrm{m}^2/\mathrm{s}$。但是，如果传感器在系统内倒置，结果将为 $-9.8, 0, 0 \, \mathrm{m}^2/\mathrm{s}$，需要方位乘数 $(-1, 0, 0)$ 与其相乘。

倾斜：需要一个 3×3 矩阵来覆盖三个轴的倾斜。倾斜可能是设计上的，也可能是由于制造过程中的变化（例如，硅芯片相对于封装的错位，或芯片相对于印刷电路板的错位）而产生的。

图 8-4 显示了加速度计沿 Y 轴（偏离 α_{XZ} 或 α_{YZ}）和 Z 轴（偏离 α_{XZ}）的错位轴。

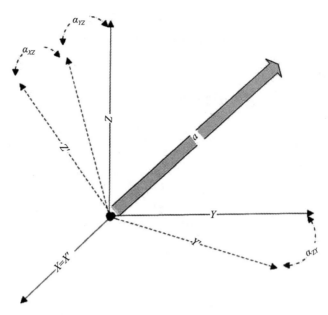

图 8-4 采用几何模型来描述传感器轴的错位

以下为来自三轴传感器的等式，其中 3×3 矩阵表示比例和倾斜，1×3 矩阵表示偏置误差。

$$\begin{bmatrix} V_1 \\ V_2 \\ V_3 \end{bmatrix} = \begin{bmatrix} A_{11} & A_{12} & A_{13} \\ A_{21} & A_{22} & A_{23} \\ A_{31} & A_{32} & A_{33} \end{bmatrix} \times \begin{bmatrix} R_1 \\ R_2 \\ R_3 \end{bmatrix} + \begin{bmatrix} B_1 \\ B_2 \\ B_3 \end{bmatrix}$$

A 的对角线元素表示沿三个轴的比例因子，其他元素为横轴因子。这些元素描述了轴偏差和串扰效应。对于理想的加速度计，横轴因子都将为零。V 是加速度计输出信号。B 是传感器轴的偏移／偏置。

一种简单的三轴加速度计校准技术如图 8-5 所示，从六个位置进行校准。对于移动设备（如平板电脑）中的加速度计，校准方式通常为先将该设备面朝上放置，然后依次将每一侧朝下放置。

8.4.3　校准颜色传感器

彩色 RGB 传感器是光传感器，包含多个光电探测器，可对红色、绿

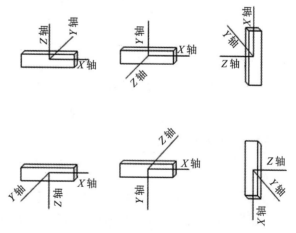

图 8-5　三轴加速度计校准位置

色和蓝色可见光谱进行采样。传感器提供有关光信号及其颜色组成的信息。通过覆盖每个光电二极管的彩色滤光片阵列来限制到达每个光电二极管的光的颜色。

这些类型的传感器存在串扰挑战，红色、绿色和蓝色光会泄漏到每个光电二极管中，如

图 8-6 所示。考虑到这个原因，必须为每个滤光片校准以了解漏光情况。

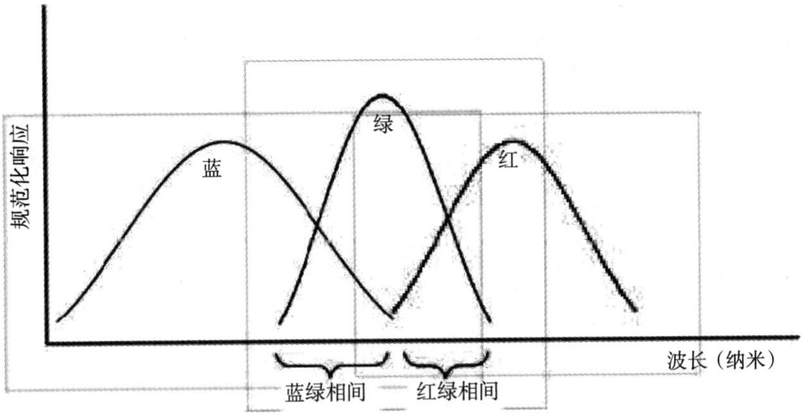

图 8-6　颜色传感器响应图

每个颜色通道的校准方程式旨在表示采样颜色的比例（增益），同时减去相邻的串扰。

$$G' = G^* A_{GG} - R^* A_{GR} - B^* A_{GB}$$

所有三种颜色的色彩校正可以用如下显示的 3×3 矩阵表示。

$$\begin{bmatrix} R' \\ G' \\ B' \end{bmatrix} = \begin{bmatrix} a_{11} & a_{12} & a_{13} \\ a_{21} & a_{21} & a_{21} \\ a_{31} & a_{23} & a_{33} \end{bmatrix} \begin{bmatrix} R \\ G \\ B \end{bmatrix}$$

这些传感器的校准通常需要对整个光照范围内红色、绿色和蓝色光电二极管的响应进行采样。这可以通过将 RGB 传感器暴露在可调单色光源下并记录传感器对每个波长的响应来实现。

8.5　参考文献

[1] Nakamura J., editor, Image sensors and signal processing for digital still cameras (optical science and engineering), 2005.

传感器安全和位置隐私

本章内容
- 传感器攻击
- 传感器数据的安全性
- 保护位置隐私
- *k*- 匿名
- 混淆
- 伪装

9.1 移动计算安全和隐私简介

移动计算设备可在各种环境和各种情况下使用。例如，它可以用作手机或计算设备，或者用于访问在线购物、数据库等。硬件、软件、通信协议、资源的变化以及它们的局限性和异构性使得安全性成为移动设备用户和应用的主要关注点。例如，用户可以使用移动设备进行在线交易（如银行业务、股票交易和购物）、与同伴进行通信（使用各种应用程序、电子邮件、社交网站）或访问基于位置的服务（LBS，如天气报告和地图）。在所有这些用例中，敏感用户数据（包括用户位置）都是共享的。这些用例需要来自其他用户、服务提供商或（用户连接到的）任何其他基础设施的数据安全性和身份验证。移动计算和传感器的安全问题与数据机密性、数据完整性、数据认证和访问控制有关。

安全解决方案应该能够根据系统资源利用率、硬件资源可用性、服务质量（QoS）需求和所需的数据安全级别的变化来动态地更改协议。

移动计算设备的安全性问题也与用户数据隐私有关。用户数据在传输和存储过程中应受到保护。隐私安全解决方案应确保在敏感用户信息暴露给任何超出用户直接控制范围的外部系统或服务时，用户会收到通知。它还应该记录所有暴露、交互和隐私信息 / 数据交换的情况。隐私安全解决方案应该能够检测到攻击系统所造成的任何违规或试图公开用户隐私数据的行为。

移动隐私很复杂，因为很难确定信息 / 数据的隐私级别。这使得很难确定哪些信息 / 数据能共享，而哪些又不能共享。此外，还难以确保隐私安全系统不会错误地暴露、散布或滥用用户信息。

图 9-1 显示了移动生态系统的组件，由于有各种通信路径和 LBS（如 GPS、Wi-Fi 和 RFID（射频识别）），这些服务可收集并传输安全的用户位置，因此该移动生态系统易受到安全和隐私威胁。

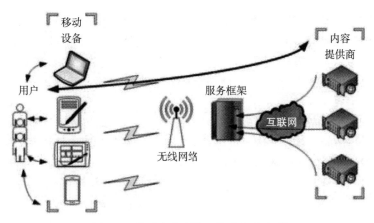

图 9-1 移动生态系统：隐私和安全 [1]

9.2 传感器安全

今天的移动设备和消费类产品通过在设备上使用许多内置传感器和外部传感器来提供优质的用户体验，这些传感器可以测量各种情境参数，如设备 / 用户方向、加速度、运动、方向和环境条件（如压力、湿度等）。许多应用程序在游戏、LBS 和社交网络中使用这些传感器数据。

例如，Nike 的自力式运动鞋 [2] 鞋底有压力传感器。当使用者将脚放入鞋内时，由钓线制成的内部线缆系统的线缆会基于算法压力方程而收紧。

如相机、GPS 和音频传感器之类的传感器可提供用户的精确位置、语音、图片和其他敏感信息。另外，一些传感器（如运动传感器或方位传感器）还提供详细的设备 / 用户信息，例如用户的移动方向。因此，使用此类敏感传感器数据的应用程序和设备实际上可能正在收集敏感用户数据，甚至可能会将其公开给生态系统中的其他代理以提高用户体验水平。敏感的传感器数据可能看起来与用户无关，这些传感器的秘密操作可能会欺骗用户，使其认为设备及其传感器是安全的，但其实这些数据可被利用，以进行身份盗用、跟踪定位、泄露密码等。

例如，可以通过使用累积的长期传感器数据来推断用户的身份，可以通过应用暴露个人位置，也可以跟踪键盘输入，或者可以通过测量传感器异常来识别移动计算设备。

要使传感器数据被视为安全，应保持其机密性、来源完整性和可用性。只要传感器数据不符合这三个特性 [3] 中的任何一个，则认为其安全性受到了侵犯或损害。

机密性意味着传感器数据仅提供给预定代理商并用于预期目的，任何中间代理都不应该访问此传感器数据，也不能够读取、修改或理解数据。来源完整性意味着传感器数据实际上来自它声称的源；否则数据的真实性和安全性会受到影响。可用性意味着授权用户 / 代理在需要时可以及时访问传感器数据。任何数据拒绝访问的行为都是安全违规，因为它阻止了授权代理访问数据。

为了有效规划任何与传感器 / 传感器数据相关的安全和隐私问题的缓解方案，了解不同类型的威胁 / 攻击非常重要。

9.2.1 传感器攻击类型

主要的安全威胁 [3] 可以分为位置跟踪、窃听、按键监控、设备指纹识别和用户识别。这些攻击通常发生在多个传感器上，因为传感器越多，信息类型越多，更多的数据可以被获取。

- **位置跟踪**：在此类型的威胁下，攻击使用传感器数据来定位设备，无须使用 GPS 或任何其他位置传感器。例如，加速度数据可用于通过使用统计模型获得估计的轨迹来推断智能手机的位置，然后使用地图匹配算法来获得预测的位置点（200m 半径内）。
- **窃听**：传感器可能泄露未直接测量的信息，例如，运动传感器可能泄露声音信息。即使没有直接访问设备麦克风，也可以从陀螺仪传感器获取声音样本。
- **按键监控** [4]：可以从传感器数据中推断出许多用户的输入。例如，内置的加速度计和陀螺仪可以暴露用户的输入，运动传感器数据可以用来推测用户的键盘输入。为了从原始传感器数据推断按键输入，应用程序从智能手机的传感器（如加速度计、重力传感器或陀螺仪）获取原始传感器数据，然后对原始数据进行预处理，识别对应于用户键盘敲击的信号段并从连续的传感器数据流中将其提取出来。接下来，通过将按键传感器数据与键盘点击开始和停止的时间戳相匹配，来进一步隔离按键传感器数据。接着将得到的孤立数据集（特征／属性的集合）馈送到分类器中，该分类器使用机器学习算法将其映射到适当的密钥。此外，还可以使用光电传感器来增加通过使用按键输入过程中与光线变化有关的数据而得到的按键推断的准确性。
- **设备指纹识别**：传感器能提供可以使用这些传感器来唯一识别设备的信息。不同的移动计算设备可能具有相同的传感器类型或制造商，但这些传感器将具有较小的制造缺陷和差异，这对每个传感器和使用该传感器的设备都是独特的。这些制造差异和缺陷可以用于对设备进行指纹识别。
- **用户识别**：攻击可以利用传感器数据来识别用户。例如，当设备（如可穿戴设备、智能服饰和其他智能设备）的用户带着设备走路／跑步／攀爬时，生成的加速度信号可用于直观且无障碍地识别用户 [5]。

9.2.2 传感器数据安全

为了保护隐私并确保传感器数据的安全性，安全机制应该提供以下功能 [6]：

1. 安全机制应确保传感器数据安全存储，以便在需要时及时提供给授权用户。

2. 安全机制应增加攻击成本，并降低受损传感器的增益，这意味着攻击将无法从受损传感器获取重要数据。

3. 对于互连传感器系统，安全机制应该通过最小化故障或受损的单个传感器的影响来增加数据可用性。

4. 安全机制应该是可实现的，并且对传感器／传感器网络的性能和资源利用具有可接受的影响。

为了传感器数据的安全性，传感器网络中的传感器或传感器节点可以考虑以下一些方法。

基本加密方案

传感器数据安全机制必须加密数据 [7] 以确保机密性，使得只有授权用户才能访问并解密该传感器数据。以下为一个基本的加密方案：

1. 生成随机会话密钥 K_r，计算数据的密钥哈希值 $h(\text{data}, K_r)$。

2. 用 K_r 加密数据和 $h(\text{data}, K_r)$，得到 $\{\text{data}, h(\text{data}, K_r)\}K_r$。

3. 使用授权用户和当前传感器节点之间共享的密钥 K_{UV} 加密 K_r。

4. 存储 {data, h(data, K_r)}K_r、{K_r}K_{UV} 为 DATA，并销毁 K_r。

该 DATA 将在需要时提供给授权用户，然后授权用户用密钥 K_{UV} 解密原始数据并确保 h(data, K_r) 安全。

该方案仅提供基本安全，不能充分保障数据不受受损传感器或拜占庭故障（进程 / 数据等的任意偏差）影响。

秘密共享方案

使用基本方案时，如果传感器受损或表现出异常行为，则数据无法得到保护。在这种情况下，可以通过复制传感器数据并分发给相邻传感器 / 传感器存储代理来提高数据安全性，假如其中一个传感器受到威胁，则授权用户可以从其他传感器 / 存储代理来恢复数据。但是，简单的复制会导致复制数据数量的存储开销，因此不符合资源利用率可接受限度的标准。为了缓解这个问题，可以使用称为 (k, n) 阈值方案的秘密共享方案。该阈值方案需要 k 个点来定义 $k-1$ 次多项式。在这种秘密共享方案中，秘密 S 被分成 n 个数据（S_1, S_2···S_n），如果用户知道任意 k 个或更多的数据片段，则可以用这些数据片段来计算 S 以恢复整个秘密 S。如果用户仅知道 $k-1$ 个或更少的数据片段（S_i），则不能确定秘密 S。如果 $k=n$，则需要所有的数据来重建秘密 S。因此，可以通过确保未授权的用户 / 硬件不能获得超过 $k-1$ 个数据来提高数据安全性。

部分解密

传感器数据包括用户 ID 以及私人信息（如用户位置及其行走 / 跑步路径）。在如图 9-2 所示的部分解密方案[8]中，根据用户希望如何控制传感器数据的情况，传感器的部分数据可以被屏蔽，用户 ID 可以用匿名 ID 替换，或者加密密钥可以转换为不同的加密密钥（从分发服务密钥转换为使用服务密钥），同时数据仍然保持加密。用户配置使用的服务，并提供执行此任务的策略。传感器数据保持受保护状态，因为数据屏蔽和密钥转换是在不解密数据的情况下完成的。

加密数据随后通过分发服务，在该服务中数据使用分发服务密钥解密，然后利用使用服务块中的使用服务密钥来进一步解密。

平滑分组水印方案

在该方案中，将易碎的数字水印嵌入传感器数据流内，使得原始传感器数据的任何改变 / 修改都会破坏嵌入的水印。这种水印被称为易碎的水印，因为水印本身在传感器数据损坏时会发生变化。

在平滑分组水印方案[9]中，执行步骤为：

- 对于每个数据值 S_i，使用密钥 k 和 HASH 函数，生成数据的密钥哈希值（S_i, k）。秘密密钥 k 对于传感器数据发送器和接收器是已知的。Individual_Hash$_i$ ← HASH($S_i \| k$)，其中 $i=1,2,3$···，S_i 是传感器数据元素。图 9-3 显示了这一步骤。
- 接下来，根据数据类型确定组大小，计算组哈希值。对于每个组，组哈希值（Hash group$_i$）是该组的数据值 S_i 的所有单独哈希值（Individual_Hash$_i$）级联的哈希。
  - 如果有三个组，使得 group$_i$ 具有 l 个单独的传感器数据，则组 group$_{i+1}$ 具有 m 个单独的传感器数据，group$_{i+2}$ 具有 n 个单独的传感器数据。对于每个单独的传感器数据，单个哈希值按照上一步骤计算。

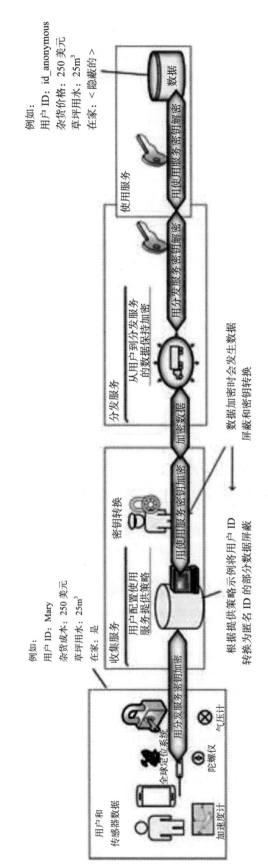

图 9-2 部分解密技术

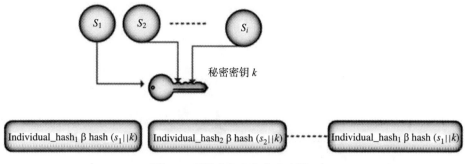

图 9-3　平滑分组水印方案步骤 1

- ◆ Hash_group$_i$ ← HASH(k||[Individual_Hash$_1$||Individual_Hash$_2$||$\cdots$Individual_Hash$_l$])
- ◆ Hash_group$_{i+1}$ ← HASH(k||[Individual_Hash$_1$||Individual_Hash$_2$||$\cdots$Individual_Hash$_m$])
- ◆ Hash_group$_{i+2}$ ← HASH(k||[Individual_Hash$_1$||Individual_Hash$_2$||$\cdots$Individual_Hash$_n$])
  - ◆ 水印被计算为不同组的哈希值级联的哈希。
- 水印 W ← HASH(k||[Hash_group$_i$||Hash_group$_{i+1}$||Hash_group$_{i+2}$||$\cdots$])
- 然后通过用水印位替换数据元素的最低有效位，将水印 W 嵌入到传感器数据中。

上述过程如图 9-4 所示。

简化平滑分组水印方案

考虑传感器数据流 $D = \{S_1, S_2, S_3 \cdots S_i\}$。在简化的平滑分组水印方案[9]中，该传感器数据流被组织成不同大小的组，这些组根据被称为同步点的数据读取来划分。

对于数据流 D 中的每个数据元素 S_i，计算哈希值 Individual_HASH$_i$ ← HASH(S_i||k)，该方案检查这个单独的数据元素哈希值以确定该数据元素是否是同步点。如果 [Individual_HASH$_i$] mod [secret parameter]=0，则数据元素 S_i 被认为是一个同步点。由于该同步点基于秘密参数（secret parameter）和秘密密钥 k，因此，在不知道秘密参数和秘密密钥的情况下，任何攻击都难以确定同步点。

如果 S_i 是同步点，并且该组满足最小组的大小要求（数据元素等于或大于最小组大小要求），则嵌入水印，否则将数据存储在缓冲区中（不发送）。

如果有两个这样的传感器数据组（group$_i$ 和 group$_{i+1}$）：

$$\text{group}_i \leftarrow (S_1||S_2||S_3\cdots S_n)$$
$$\text{group}_{i+1} \leftarrow (S_{n+1}||S_{n+2}||S_{n+3}||\cdots S_m)$$

那么 group$_i$ 的水印按照如下方式计算：

水印 W ← HASH(k||[group$_i$||group$_{i+1}$])

因此在该方案中，水印是通过将 HASH 函数应用于 group$_i$ 和 group$_{i+1}$ 中的所有单个数据元素（连同秘密密钥 k 的级联）来计算的，这与平滑分组水印不同，平滑分组水印是使用哈希多次计算来获得的（首先计算单个数据元素，再计算每个组，接着计算组的组合）。简化的平滑分组水印因此节省了平滑分组水印方案的计算资源和功率。

接着通过替换 group$_i$ 中数据元素的最低有效位来嵌入已计算过的 group$_i$ 的水印，如图 9-5 所示。

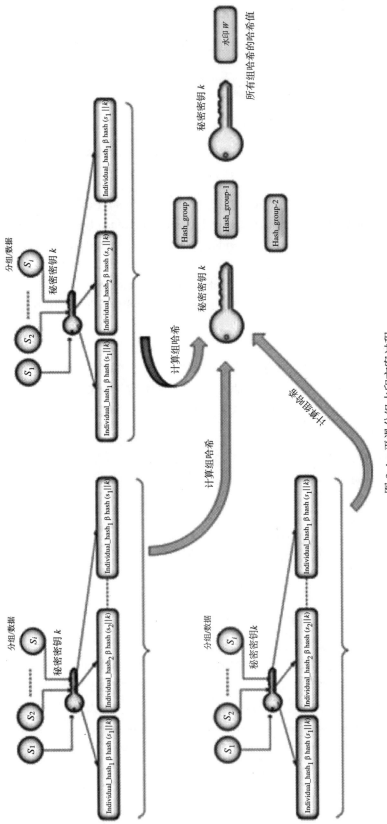

图 9-4　平滑分组水印方案过程

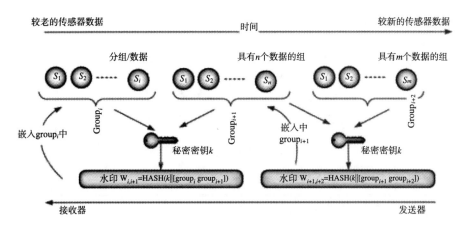

图 9-5　简化平滑分组水印处理过程

　　嵌入水印后，$group_i$ 被发送到接收器。接收器将使用秘密密钥 k 和秘密参数以及最小组的大小来检测接收到的组的完整性。接收器将检查（如前面描述的嵌入过程一样）每个接收的数据元素是否为同步点。

　　如果接收到的数据元素 R_i（对应于 S_i）不是同步点并且该组小于最小组的大小，则将接收到的传感器数据元素 R_i 放置在缓冲区。否则，接收的数据元素形成 $group_i$ 和 $group_{i+1}$。在接收端形成组之后，使用与水印嵌入过程期间相似的步骤来重建水印 W。如果接收端的重建水印与提取的水印（来自接收到的数据元素）相匹配，则接受 $group_i$ 的数据，否则检测机制会在重新检查当前组的结果之前对前一组执行类似检查，如果继续发现重建和提取的水印之间不匹配，则拒绝数据元素。

前向水印链

　　前向水印方案 [9] 使用伪随机数发生器生成用于确定数据组大小的随机数，而不是像简化的平滑水印方案那样使用同步点。不需要计算组中每个数据元素的哈希值来确定组的大小，因此与简化的平滑水印方案相比，前向水印方案的开销减少了。发送器和接收器已知的秘密密钥 k 被用作伪随机数发生器中的种子，因此攻击者很难识别组大小。

　　如果一个组有 n 个数据元素，比如 $group_i \leftarrow (S_1 \| S_2 \| S_3 \cdots S_n)$，那么如同在简化的平滑水印方案中一样，仅将该组（而不是两个组一起）的所有单个数据元素 S_i 级联的 HASH 作为产生的水印。

　　水印 $W \leftarrow \text{HASH}(k \| [group_i])$

　　然后通过替换 $group_{i-1}$ 中所有数据元素的最低有效位来嵌入这个水印（对于 $group_i$），如图 9-6 所示。

　　在接收数据组时，接收器使用相同的伪随机数发生器和秘密 k 来再现组大小，并将接收到的数据组织成类似于发送端的组。然后接收器重建 $group_i$ 的水印并将其与该组接收到的水印进行比较。如果两个水印匹配，则接收的数据被认为是可信的，否则接收器认为接收到的数据被改变／泄露，并且拒绝组 $group_i$ 的数据元素。

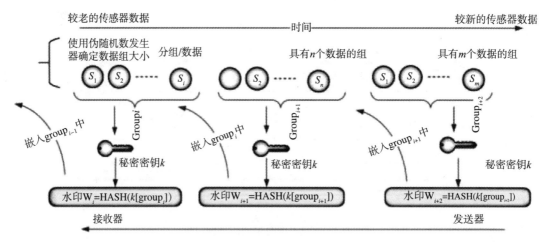

图 9-6   前向水印链处理过程

9.3   位置隐私

位置隐私意味着能够防止未经授权的代理 / 用户了解设备当前或过去的位置。

LBS 是使用传感器来识别设备位置和其他用户或设备情境信息（如日期、时间或环境）的服务。LBS 是当今移动计算设备的要求，它们向设备用户提供与用户 / 设备位置相关的信息和服务。

传感器或传感器节点（位于提供位置和情境信息的传感器网络中）及其物理位置在认证、识别用户的地理路径以及其他基于位置的应用中是非常有用的。用户的地理路径可以提供有关用户对访问地点的偏好、在那些地点花费的时间以及在那里参加的会议或聚会等的信息。由于这种基于位置的信息非常重要且有价值，因此需要谨慎对待，否则攻击者可能会获得这种信息，从而导致无法预料的后果。在使用基于位置的社交媒体服务时，重要的是了解用户希望公开的信息类型以及向谁公开信息。用户可能不希望向最亲密的朋友提供他们的位置信息，但根据需要和目的可能想要向远方的熟人公开该信息。

对于位置隐私决策 [10] 需要考虑几个关键因素，例如信息生命周期（位置情境 / 数据被攻击者发现前的持续时间）、信息消费者（数据消费者类型和用户信任等级）、给用户带来的好处（在与服务提供商共享位置情境后用户获得的益处）、用户 – 内容关系（内容所有权影响隐私感知）、文化和环境（由于文化和使用环境的不同而导致的隐私感知差异）、个人情境（在另一环境中使用的位置数据会影响隐私感知）。

9.3.1   攻击威胁类型

当使用任何 LBS 时，确定传感器 / 传感器节点或设备位置的定位系统将收集位置数据和用户跟踪数据。如果传感器 / 位置数据隐私没有得到充分的保护，那么它就会成为一种安全风险，因为这些数据会泄露用户或设备信息（如位置信息、路由信息等）给服务提供商、其他用户以及攻击者。

与位置感知系统和 LBS 相关的隐私威胁可以分为两类：通信隐私威胁和位置隐私威胁。由泄漏的位置信息引起的位置隐私威胁 [11] 有以下几类：

- **跟踪威胁**：在此类威胁中，攻击者可以实时接收到持续更新的用户位置信息，该信息结合用户的移动模式可以精确地识别用户的位置路线、预测用户的未来位置或频繁行进的路线。

- **识别威胁**：在此类威胁中，攻击者可以接收用户位置的不定时更新，这可以用来识别用户频繁访问的位置（比如家或工作场所），这些位置可能会泄露用户的身份。
- **分析威胁**：在此类威胁中，攻击者并不具备识别用户所需要的信息，但他们可以使用这些位置来分析用户。例如，攻击者可以确定用户访问的医院、宗教场所，或用户购物的地点以及频率。

通过上述位置隐私威胁，攻击者可以收集用户的位置信息，即使用户不透露他们的身份[12]，攻击者也可以通过这些信息获得用户在不同位置的生活方式、时间、移动目的等隐私信息的线索。

攻击者收集用户身份信息的方式示例如下：

- 当用户从专属于用户的位置发送消息时，获得消息来源位置坐标的攻击者就可以把这个坐标与现有的位置数据库（用户的工作地址、居住地址、电话号码等）相关联并识别用户，因为它是用户独有的位置坐标。
- 当用户出于合法目的公开其身份和位置信息时，攻击者可以获得这些信息。如果用户接下来发送匿名信息（用户不想透露其身份），那么攻击者可以利用先前获得的位置信息将匿名消息和用户联系起来，从而识别用户身份。
- 如果攻击者在特定位置识别出用户，并且如果继续获取一系列可链接到该用户的位置更新，那么攻击者将获得用户访问过所收到的一系列更新中的所有位置的信息。当用户频繁地发送位置信息时，攻击者就可以把这些位置和同一个用户联系起来，识别用户并掌握用户的完整移动路径。

攻击者所掌握到的信息主要可分为两类：

- **时间信息**：攻击者可以获取有关用户位置的单个快照的信息、可以访问用户一段时间内累积的多个位置，或可以访问用户的完整移动轨迹。
- **情境信息**：攻击者可以获取超出时空信息的额外情境信息。例如，攻击者可以读取用户的电话簿来获取用户地址、朋友类型、兴趣地点等信息。

图 9-7 显示了攻击者掌握的信息如何在时间（基于时间的）和情境空间中相结合，这具体取决于攻击者可获取的信息类型。

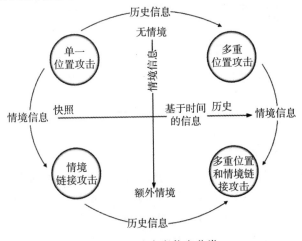

图 9-7　攻击者信息分类

如图 9-8 所示，位置隐私攻击可以分为单一位置攻击、情境链接攻击、多重位置和情境链接攻击、多重位置攻击以及受损 TTP（可信第三方）。

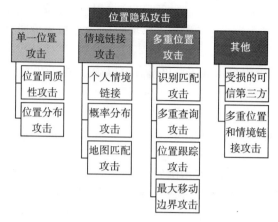

图 9-8　位置隐私攻击分类

- **单一位置攻击**：在此攻击类型中，攻击者通过分析用户位置更新或用户 / 用户设备生成的单个查询来推断关于用户的私人信息。该类别下可能有两种攻击类型：位置同质性攻击和位置分布攻击。

在位置同质性攻击中，当攻击者发现 k 个用户的位置（如在 k-anonymity 中）几乎相同时，用户位置信息就会暴露，如图 9-9 所示。

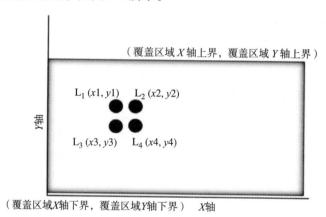

图 9-9　位置同质性（位置几乎相同）

使用地图可以进一步减少用户位置的有效区域。如图 9-10 所示，攻击者可以确定用户 $L_1 \sim L_4$ 在去往机场的路上，在 90 号州际公路附近。

如果用户分布在一个更大的区域，那么位置信息就不受这种攻击类型的影响，如图 9-11 所示。

如果用户在混淆区域内非均匀分布（例如在混淆区域中，该区域试图覆盖位于人口稀少区域中带有敏感信息的用户，而远离人口稠密区域中的其他非敏感用户），则会发生位置分布攻击。如图 9-12 所示，用户 L_5 是人口稀少区域中的敏感用户，而 $L_1 \sim L_4$ 是人口稠密区域中的非敏感用户。在这种情况下，攻击者可以推断出混淆区域被扩展至同时覆盖人口稀少和人口稠密的区域，以覆盖敏感用户 L_5，因为如果 L_4 是敏感用户，则群集区域将是不同的。

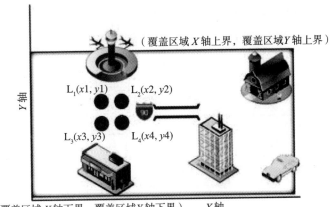

图 9-10 位置同质性（带有地图信息）

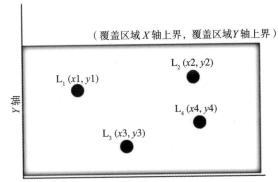

图 9-11 位置同质性示例（分布式定位）

- **情境链接攻击**：在此攻击类型中，攻击者除了拥有时空信息之外还拥有情境信息。在这个类别下有两种攻击类型：个人情境链接攻击和概率分布攻击。个人情境链接攻击基于个人情境信息（用户兴趣或偏好等），例如，攻击者可以将混淆区域缩小到诊所的位置（在混淆区域内）以获得在特定时间访问诊所的用户的位置信息。概率分布攻击使用环境情境信息来计算用户在混淆区域上的概率分布，如果分布不均匀，则攻击者有很高概率能识别出用户的位置区域。地图匹配机制可用于通过移除不相关的区域来将混淆区域范围缩小。在个人情境链接攻击中，攻击者可以使用地图匹配将混淆区域缩小到诊所的位置。

- **多重位置攻击**：在此攻击类型中，攻击者通过多重位置更新和查询来推断用户信息。身份匹配、多重查询攻击和最大移动边界攻击都属于多重位置攻击类型。

在身份匹配攻击中，可通过链接用户属性将多个用户别名（如"位置隐私的保护机制"部分所述）链接到同一身份，从而破坏由用户别名提供的隐私。在多重查询攻击下，可能存在收缩区域攻击或区域交互攻击。

在收缩区域攻击中，攻击者对连续查询或更新进行监视，以确定 k-anonymity 集的用户成员是否发生变化（详见" k-anonymity "部分），如果用户成员的改变能在连续查询或更新中被识别出来（其他用户在不同实例更新时存在差异），那么该用户的隐私就已经暴露（详见

"*k*-anonymity 扩展" 部分中的 historical-*k*-anonymity)。

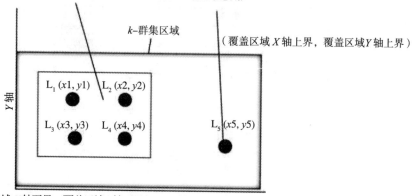

图 9-12 位置分布攻击

在区域交互攻击中，攻击者使用各种用户位置更新或用户查询来计算它们的交集，并从中推断出用户的隐私敏感区域，甚至用户位置。

在最大移动边界中，如名称所示，攻击者计算用户在两个连续的用户位置或查询之间的可能移动位置。基于此计算，攻击者可以缩小用户能移动的地区/区域，并忽略位置更新/查询的剩余区域。如图 9-13 所示，用户只能在时间点 t_1 和 t_2 更新的两个连续用户位置之间的阴影区域（由最大移动边界界定）移动。攻击者可以忽略 t_2 时间下的其他区域，并缩小用户位置的范围。

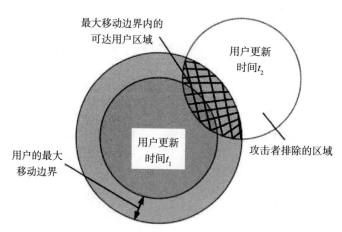

图 9-13 最大移动边界攻击

- **多重位置和情境链接结合**：此攻击类型是几种不同攻击类型的组合或序列，例如地图匹配与区域交互攻击结合以确定用户位置/移动。
- **受损的可信第三方**：在这种情况下，攻击者通过破坏可信第三方以获取存储在某些可信第三方（如位置服务）的用户信息或数据。

定位系统依赖于传感器/传感器节点和其他生态系统组件之间的通信和信息交换。定位系统上可能出现的一些通信隐私攻击类型是 [14]：

- **更改传感器数据**：当传感器或传感器节点受到攻击或损害时，位置传感算法可能会中断，或者受损节点可能会更改位置数据，导致其报告错误的位置或向未经授权的用户报告。
- **伪装攻击**：许多分布式定位系统中都存在各种地标。在伪装攻击中，恶意传感器节点可以伪装成这些地标并扩散错误的位置信息，从而导致这些传感器/传感器节点定位到错误的位置。
- **修改攻击**：如果有多个传感器提供位置和情境信息（比如在传感器网络中），则传感器之间交换的数据就可能被修改或伪造，这可能会进一步导致欺骗攻击，即传感器受损，并模仿授权设备或用户来窃取数据或绕过隐私访问控制。
- **Sinkhole 攻击**：在此类型的攻击中，传感器/传感器节点将通过发布虚假路由更新来吸引所有流量。

9.3.2　保护位置隐私

为了保护用户的位置情境，隐私保护机制 [15] 在让用户体验 LBS 好处的同时，需要更改攻击者可以访问、观察或获取到的信息，并减少信息泄露。

用户、应用程序和隐私工具在保护位置隐私方面发挥着重要作用。

用户和应用程序在可以与移动生态系统代理（如其他用户、外部应用程序、服务器等）共享的信息量方面受到了隐私策略的影响。

保护位置隐私的挑战 [12]

以下是一些保护位置隐私的挑战：

1. 隐私威胁随着数据精度的增加而增加，因此需要在 LBS 的 QoS 和位置隐私保护之间进行权衡。

2. 位置更新频繁，因此应评估和缓解位置持续更新中的隐私威胁。服务响应时间和隐藏时间成为一个重要的考虑因素，因为 LBS 需要满足最低 QoS 要求。

3. 隐私要求是针对用户个性化的，可以根据用户的位置和时间而有所不同。因此，需要处理不同程度的隐私要求。

4. 如果一个位置是隐形的，则 LBS 无法访问准确的位置信息。因此，让 LBS 基于特殊隐形区域信息（而不是准确的位置信息）提供高效、准确和匿名的服务变得具有挑战性。

隐私工具的架构

这些隐私保护工具有三种主要架构：

1. **分布式**：这些策略工具可以在用户移动设备上实现，使得策略工具控制的位置情境类型、数量和时间可由外部代理/用户共享、查看或观察。

2. **集中式**：集中式策略工具中，在信息可被外部代理/用户共享、查看或观察之前，可信服务器通过修改用户的情境信息来保护隐私。

3. **混合型**：这种策略工具是分布式和集中式架构的混合体。

位置隐私的保护机制

图 9-14 显示了一些位置隐私保护机制的主要组件。

用户：用户是具有真实身份和别名的移动网络的成员。用户的真实身份可以是用户属性的一个子集，如姓名、身份证号等，其可以唯一标识一个用户。每个用户的真实身份都是独一无二的，不会随时间而改变。如果 I 是所有用户真实身份的集合，那么特定用户的真实身份可以由一组用户和一组身份之间的一一对应来表示，如 $U \rightarrow I$。每个用户还将具有临时识别用户的别名，以便在通信中识别并认证用户而不泄露用户的真实身份。这些别名可能会过期或从系统 / 通信中被取消，并且无法从别名中识别真实用户。别名可以为 IP 地址、应用程序签名、MAC 地址等。

事件：事件是用户身份或别名、事件的时间戳以及用户的位置标记（用户事件发生的位置）等的函数。

Event=function(id, time stamp, location stamp)

图 9-14   位置隐私保护机制

如果 id= 用户 ID、time stamp= 时间 T、location stamp= 位置 L，那么事件被称为特定用户的实际事件。因此，实际事件表示用户随时间变化的实际位置 / 状态。用户的实际路线是该用户的所有实际事件的轨迹。

应用程序：移动设备用户可以使用各种应用程序，这些应用程序可以分为：手动或自动（基于位置情境如何传达给授权用户 / 生态系统代理）；连续或离散（基于应用程序如何随时间发送用户位置情境信息）。例如，使用地图的应用程序可以是自动且连续的，而在线购物应用程序是手动且离散的。

方法：这些是任何位置隐私保护机制的基本功能，它们可以将隐藏的或不可观察的事件转换为一组可观察事件集。这里简要讨论四种不同的可以部署在事件上的转换函数。其涉及隐藏事件（修改事件集）、添加虚拟事件（修改事件集）、模糊化（修改时间戳和位置标记）以及匿名化（修改事件标识）。事件指的是现实世界中和观察者眼中的用户的时空状态。

- **隐藏事件**：这是用户位置隐私保护的基本功能，通过在转换过程中移除一部分事件来隐藏用户路由的信息，从而使这些被删除的事件在隐私机制的输出中不可观察。移动设备或服务提供商在特定时间段内会变得"沉默"以实现"隐藏事件"机制。

例如 [16]，在图 9-15 中，两个用户 U1 和 U2 同时进入沉默期，而在该区域中，他们的别名被更新（A → Y 和 B → X）。因为攻击者无法将新的假名准确地链接到原始用户，所以用户的匿名现在是受保护的。攻击者无法准确判断 PATH1 是对应于 A，还是对应于 PATH2。

- **添加虚拟事件**：在这种机制中，外部观察者被一些通过使用变换函数的事件注入方法而添加的虚拟事件误导。使用此机制生成的事件轨迹看起来就像任何普通用户路由一样（如图 9-16 所示）。

- **模糊化**：使用此机制，通过向这些时间 / 位置标记添加噪声，可改变用户实际事件的位置标记或时间戳，从而导致事件的位置或时间不准确。

- **匿名化**：使用此机制，可以通过更改事件的标识来中断用户和用户事件之间的链接。为了实现这一点，转换函数可以用用户的有效别名来替换每个事件上用户的真实身份。这些别名可以随着时间的推移由用户添加或撤销，而用户在称为混合区域的某些预定区域中保持"沉默"，在用户离开混合区域时（因此也使用隐藏事件机制）恢复。在完全匿名的情况下，所有事件的身份都被替换，因此事件没有任何标识。

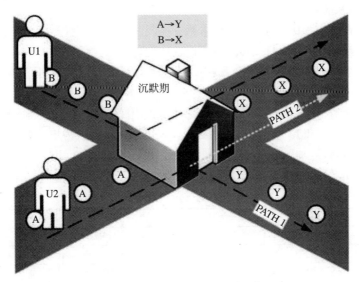

图 9-15　隐藏事件或"沉默"期

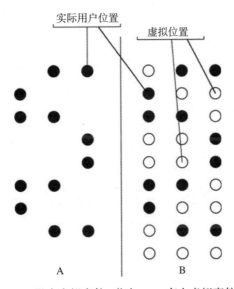

图 9-16　A= 没有虚拟事件 / 节点；B= 存在虚拟事件 / 节点

9.3.3　位置隐私保护方法

提供 LBS 的位置服务需要用户的确切位置，但这会使用户的位置数据受到隐私威胁。通过为移动环境中的 LBS 用户使用各种位置隐私保护机制，可以降低隐私威胁。这些方法已在 9.3.2 节中简要介绍过，本节将会进行详细阐述。

k-anonymity

k-anonymity[17-18]（*k*- 匿名）指的是：发布或公开的数据中每个人的信息都与至少 *k* − 1 个

同样包含在公开数据中的人的信息无法区分。

匿名是指一个主体在一组主体中不可识别的状态，并且位置匿名通过控制信息流和防止泄露不必要的信息（如个人身份和位置）来保证任何位置信息都不能通过推理攻击与特定的个人/团体/机构相关联。

在 k-anonymity 方法中，用户指定的参数 k 控制隐私级别，具有两个操作，这使得数据的观察者/消费者难以识别用户、传感器或设备：

- 泛化：该操作通过将与关键隐私相关的用户/传感器/设备属性替换为更通用的属性来隐藏它。
- 抑制：此操作会删除或抑制与关键隐私相关的用户/传感器/设备属性。

表 9-1 有八个记录和五个属性。通过泛化，关键属性被替换为更一般的属性，如精确年龄被 10 年范围所取代。通过抑制，关键属性将被删除并替换为 null，如名称和运动。因此，在使用这两个操作之后，结果属性表将如表 9-2 所示。

表 9-1　用户属性

姓名	年龄	性别	地址	运动
John	21	男	加利福尼亚州	网球
Marry	34	女	俄勒冈州	游泳
Mark	24	男	佛罗里达州	骑单车
Smita	44	女	加利福尼亚州	羽毛球
Rambha	33	女	俄勒冈州	跳舞
Julie	56	女	加利福尼亚州	徒步
Sunil	27	男	加利福尼亚州	网球
John	21	男	佛罗里达州	网球

如果 k-anonymizing 处理可以确保使用泛化和抑制操作之后至少有 k 个人是不可检测的，则在用户指定的隐私级别 k 下，可以保证公开数据中的用户隐私。

表 9-2 表示 2-anonymity，因为有三个属性（年龄、性别和地址），使得它们进行任意组合都至少能找到两个记录，这些记录具有相同的所有属性，彼此无法区分，这样就无法从中推断出用户的真实身份。

表 9-2　泛化和抑制之后的用户属性

姓名	年龄	性别	地址	运动
Null	$20 < \text{Age} \leqslant 30$	男	加利福尼亚州	Null
Null	$30 < \text{Age} \leqslant 40$	女	俄勒冈州	Null
Null	$20 < \text{Age} \leqslant 30$	男	佛罗里达州	Null
Null	$40 < \text{Age}$	女	加利福尼亚州	Null
Null	$30 < \text{Age} \leqslant 40$	女	俄勒冈州	Null
Null	$40 < \text{Age}$	女	加利福尼亚州	Null
Null	$20 < \text{Age} \leqslant 30$	男	加利福尼亚州	Null
Null	$20 < \text{Age} \leqslant 30$	男	佛罗里达州	Null

用户至少要指定以下四个参数来保护位置隐私：

- k：该参数表示位置 k-anonymity 模型中的匿名级别。为了实现匿名，每个隐藏区域至少需要覆盖 k 个不同的用户，k 值越大意味着对隐私的保护级别越高。

- $A_{\min}$：为了确保隐藏区域对于人口密集区域而言不太小，该参数指定隐藏区域所需的最小面积。
- $A_{\max}$：该参数指定隐藏区域的最大面积，以确保适当的 QoS（查询结果的准确性和大小）。
- **最大可容忍隐藏延迟**：此延迟的值越大，服务质量越低。当隐藏延迟时间越长，用户离开发出查询的位置的可能性就越大。

移动设备用户的位置可以由三元组（$[x1, x2]$，$[y1, y2]$，$[t1, t2]$）表示。n 元组是 n 元素的序列（或有序集合）。区间 $[x1, x2]$ 和 $[y1, y2]$ 描述用户的二维位置，$[t1, t2]$ 描述用户出现在区域 $[x1, x2]$ 和 $[y1, y2]$ 的时间段。如果其他 $k-1$ 个对象也出现在该元组描述的区域和时间段中，则用户的位置元组是 k-anonymous。

例如，图 9-17 显示了映射到矩形的位置 L_1、L_2、L_3 和 L_4，其由 $\left(X_{\mathrm{CLOAK_{LOWER}}}, X_{\mathrm{CLOAK_{UPPER}}}, Y_{\mathrm{CLOAK_{LOWER}}}, Y_{\mathrm{CLOAK_{UPPER}}}\right)$ 标识或简称为 $\left(\left[x_{\mathrm{ck\_1}}, \mathrm{xck_{ck\_u}}\right], \left[y_{\mathrm{ck\_1}}, y_{\mathrm{ck\_u}}\right]\right)$。相应的表格如表 9-3 所示。当位置映射到隐藏区域时，攻击者无法确定每个移动用户的确切位置。在此例中，隐藏区域有四个用户，这些用户形成了隐藏集。

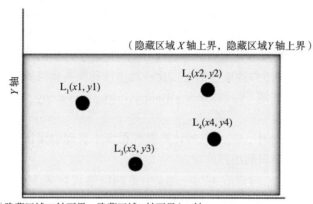

图 9-17　位置 k-匿名

表 9-3　匿名地区 / 位置

用户	真实位置	隐藏位置
L_1 ($x1, y1$)	($x1, y1$)	$([x_{\mathrm{ck\_1}}, \mathrm{xck_{ck\_u}}], [y_{\mathrm{ck\_1}}, y_{\mathrm{ck\_u}}])$
L_1 ($x2, y2$)	($x2, y2$)	$([x_{\mathrm{ck\_1}}, \mathrm{xck_{ck\_u}}], [y_{\mathrm{ck\_1}}, y_{\mathrm{ck\_u}}])$
L_1 ($x3, y3$)	($x3, y3$)	$([x_{\mathrm{ck\_1}}, \mathrm{xck_{ck\_u}}], [y_{\mathrm{ck\_1}}, y_{\mathrm{ck\_u}}])$
L_1 ($x4, y4$)	($x4, y4$)	$([x_{\mathrm{ck\_1}}, \mathrm{xck_{ck\_u}}], [y_{\mathrm{ck\_1}}, y_{\mathrm{ck\_u}}])$

k-anonymity 扩展

k-anonymity 可阻碍用户与查询之间的关联，但不会阻碍用户与敏感查询内容之间的关联。如果所有用户查询的位置相同并且在同一个集合中（彼此匿名），那么由 k-anonymity 提供的隐私是不够的。例如，如果一群朋友计划去看电影，那么他们可以发出指向特定电影院的位置查询。这些查询位于同一位置附近，很可能是一起匿名的。这种情况下，即使特定查询无法链接到特定用户，攻击者仍然可以知道所有这些用户都正在寻找一个特定的电影院。

此外，即使查询的并不是同一个位置，敏感的位置信息也会出现在查询中。所以 *k*-anonymity 在一定程度上保护位置隐私，但不保护查询隐私。对于敏感查询（如特定餐馆和医院）与常见查询（如交通和天气）而言，这个缺点比较严重。

如表 9-4 和表 9-5 所示，攻击者有可能获得关于查询、位置和用户的信息，并尝试推断它们之间的关系。

<table>
<tr><th colspan="2">表 9-4   匿名查询</th></tr>
<tr><th>位置</th><th>查询</th></tr>
<tr><td>[(2, 3);(5,7)]</td><td>公园</td></tr>
<tr><td>[(4, 6);(5,8)]</td><td>公交车站</td></tr>
<tr><td>[(3, 7);(5,9)]</td><td>餐厅</td></tr>
<tr><td>[(2, 3);(5,7)]</td><td>公园</td></tr>
<tr><td>[(2, 3);(5,7)]</td><td>公园</td></tr>
<tr><td>[(2, 3);(5,7)]</td><td>公园</td></tr>
</table>

<table>
<tr><th colspan="2">表 9-5   攻击者可见的用户位置</th></tr>
<tr><th>位置</th><th>用户 ID</th></tr>
<tr><td>[(2, 3)]</td><td>U_1</td></tr>
<tr><td>[(5,8)]</td><td>U_2</td></tr>
<tr><td>[(3, 7)]</td><td>U_3</td></tr>
<tr><td>[(5,7)]</td><td>U_4</td></tr>
<tr><td>[(3, 5)]</td><td>U_5</td></tr>
<tr><td>[(4,10)]</td><td>U_6</td></tr>
</table>

假设有六个用户 $U_1 \sim U_6$，匿名表如表 9-4 所示，其中位置列表示隐藏区域。表 9-5 表示用户 ID 及其各自的位置。

表 9-4 中有四个是对公园的查询，攻击者从表 9-5 可以推断出用户 U_1 可能已经做出了四个查询中的一个（位置列中 [(2,3)]）。攻击者无法得出 U_1 做出的确切查询，但是因为那些查询的对象都是公园，所以攻击者可以断定 U_1 一定查询了 "公园"，从而侵犯了用户 U_1 的位置隐私并获得了关于该用户的敏感信息。这种攻击被称为查询同质性攻击。

k-anonymity 有很多扩展 [13]，如 strong *k*-anonymity、*l*-diversity、*t*-closeness、*p*-sensitivity 和 historical-*k*-anonymity。

在 strong *k*-anonymity 中，*k*- 用户的计算集群在多个查询中保持不变，本质上防止了针对多个不同查询的 *k*- 集群识别用户的攻击。

在 *l*-diversity 中，用户的位置不与一组 *l* 个不同的物理位置（如餐馆、医院、公园等）进行唯一区分。*k*- 集群中的用户彼此之间所处位置距离很远。如果所有的用户位置都与同一位置有关，那么攻击者可以推断出用户的目标位置（可能精度较低）。

在 *t*-closeness 中，*k*- 用户的属性分布与所有用户的相同分布之间的距离不应小于参数 *t*。

在 *p*-sensitivity 中（*k*- 用户内），对于同一组内的每个机密属性而言，每个机密属性组都至少具有 *p* 个不同的值。例如，在表 9-4 中，*k*- 集群内有太多成员的位置为公园，因而攻击者知道某一特定用户正在查询该公园。

一些 LBS 要求移动设备具有连续通信 [19] 功能以接收服务。*k*-anonymity 可能不够，因为设备 / 用户与 LBS 保持连续的会话，并且连续隐藏区域可以关联起来，将会话关联回用户 / 设备。用户 / 设备的轨迹以及任何敏感的用户 / 设备信息都可以通过这样的会话关联显示出来。如果会话中的每个隐藏区域都存在 *k* 个公共对象 / 用户，则可以防止此类会话关联。

图 9-17 显示了移动设备 L_1 以及其他此类设备的隐藏区域。设备 L_1 不能与匿名集中的其他设备唯一地区分。隐藏区域由一个最小边界矩形表示（如表 9-3 所示），该矩形覆盖匿名集中的所有设备。这个隐藏区域确保匿名性和服务质量之间存在一个可接受的平衡，然而这种平衡在连续的 LBS 中是很难保持的。

图 9-18 显示了设备 L_1 在不同时刻的最小边界矩形，其中匿名集中有三个设备。在设备

的连续 LBS 情况下，不同的时刻 T_1、T_2 和 T_3 对应于不同的位置更新。在连续 LBS 中，相同的标识符与所有最小边界矩形相关联。在这种场景下，三个设备在时刻 T_1、T_2 和 T_3 的位置信息足以让攻击者推断出设备 L_1 是由所示的三个隐藏区域形成的匿名集之间唯一的共同设备（虚线边界表示）。即使攻击者只有其中两个时刻的位置信息，它也会严重损害匿名集中设备的隐私。historical-k-anonymity 通过确保隐藏区域随着时间的推移而变化来解决这些风险，服务会话期间所有匿名集至少包含 k 个公共设备，因此设备都具有 historical-k-anonymity。

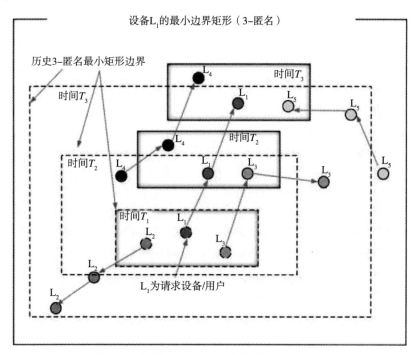

图 9-18　常规 k-anonymity 和历史 k-anonymity

混淆

现今存在各种混淆技术 [20]，可通过改变、替换或泛化位置以及有目的地降低用户位置信息的准确性来保护用户的位置隐私。用于实现混淆的一些技术包括使用假名或别名、空间伪装、隐形伪装、添加噪声等。

这里描述了一些混淆 [21] 技术，以下是一些假设：

- 用户 U 的位置测量是以 (x_c, y_c) 为中心、半径为 r 的圆形区域。用户 U 的真实位置由 (x_u, y_u) 表示，移动设备传感器保证用户的真实位置落入该区域内（用户在圆形区域中的概率是 1，意味着用户在该圆形区域内）。

- 真实用户位置在圆形区域中的随机点附近的概率在整个位置测量区域上是均匀的。可以将位于随机点 (x, y) 附近的真实用户位置 (x_u, y_u) 的联合概率密度函数定义为：

  若 (x, y) 落在半径为 r 且中心为 (x_c, y_c) 的圆形区域内，则 $Pdf_r(x, y) = \left[\dfrac{1}{\pi r^2} \right]$

  若 (x, y) 落在半径为 r 且中心为 (x_c, y_c) 的圆形区域外，则 $Pdf_r(x, y) = 0$

- 位置测量的准确性取决于设备传感器，位置隐私随着用户位置精度的提高而降低。

- r_{measured} 是传感器测量的位置测量区域的半径，r_{optimal} 是由最佳精度的传感器测量的区域的半径。
- 用户可以指定一个最小距离，该最小距离表示用户不希望位置精度优于该最小距离。位置测量圆形区域的半径应等于该最小距离，表示为 r_{minimum}。
- 相关隐私偏好由以下公式给出：

$$\lambda = \frac{\max^2\left(r_{\text{measured}}, r_{\text{minimum}}\right) - r_{\text{measured}}^2}{r_{\text{measured}}^2}$$

$$\lambda = \frac{\max^2\left(r_{\text{measured}}, r_{\text{minimum}}\right)}{r_{\text{measured}}^2} - 1$$

$\max\left(r_{\text{measured}}, r_{\text{minimum}}\right)$ 给出了 r_{measured} 和 r_{minimum} 的最大值。

如果 r_{minimum}（最小距离）小于 r_{measured}，那么 r_{measured} 满足用户的隐私偏好，$\lambda = 0$。在这种情况下，原始测量不需要转换。

如果 r_{minimum}（最小距离）大于 r_{measured}，那么 r_{measured} 不能满足用户的隐私偏好，$\lambda > 0$。在这种情况下，需要根据 λ 的值对原始测量值进行转换，即降低所需百分比精度。

混淆技术用于产生混淆区域，该区域会根据 λ 的值来降低其原始精度。

- 相关性这一项指的是混淆区域的准确性。相关性 $R = 1$ 意味着位置具有最高的准确性，$R \to 0$ 表示位置信息的准确性不足以使基于位置的应用程序提供服务。任何介于两者之间的数字都表示不同程度的准确性。混淆位置提供的位置隐私 $= 1 - R$。

R_{initial} 指的是最初由设备传感器提供的用户位置测量的准确性。

R_{final} 指的是根据相对隐私偏好 λ 的值获得的混淆区域的准确性。

$$R_{\text{initial}} = \frac{r_{\text{optimal}}^2}{r_{\text{measured}}^2}$$

$$\lambda + 1 = \frac{\max^2\left(r_{\text{measured}}, r_{\text{minimum}}\right)}{r_{\text{measured}}^2} = \frac{r_{\text{minimum}}^2}{r_{\text{measured}}^2}, \quad \text{其中 } r_{\text{minimum}} \text{ 大于 } r_{\text{measured}}$$

$$\lambda + 1 = \frac{\dfrac{r_{\text{minimum}}^2}{r_{\text{optimal}}^2}}{\dfrac{r_{\text{measured}}^2}{r_{\text{optimal}}^2}} = \frac{\dfrac{r_{\text{minimum}}^2}{r_{\text{optimal}}^2}}{\dfrac{1}{R_{\text{initial}}}} = \frac{\dfrac{1}{R_{\text{final}}}}{\dfrac{1}{R_{\text{initial}}}} = \frac{R_{\text{initial}}}{R_{\text{final}}}$$

$$R_{\text{final}} = \frac{R_{\text{initial}}}{\lambda + 1}$$

$$R_{\text{final}} = \frac{r_{\text{optimal}}^2}{r_{\text{minimum}}^2}, \quad \text{其中 } r_{\text{minimum}} \text{ 大于 } r_{\text{measured}}$$

（1）通过扩大半径来进行混淆

可以通过增大位置测量区域的半径来对区域进行混淆处理，因为它降低了联合概率密度函数（如图 9-19 所示）。

如果圆形位置测量区域的原始半径为 r，那么

$$\text{联合概率密度函数 } Pdf_r\left(x, y\right) = \left[\frac{1}{\pi r^2}\right]$$

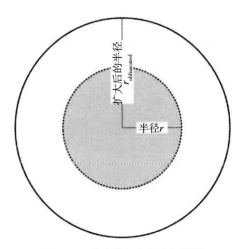

图 9-19 通过扩大半径进行混淆

如果圆形位置测量区域增加的半径是 $r_{\text{obfuscated}}$，那么

$$\text{联合概率密度函数} Pdf_{r-\text{obfuscated}}(x,y) = \left[\frac{1}{\pi r_{\text{obfuscated}}^2}\right]$$

$$\frac{R_{\text{final}}}{R_{\text{initial}}} = \frac{Pdf_{r-\text{obfuscated}}(x,y)}{Pdf_r(x,y)} = \left[\frac{r^2}{r_{\text{obfuscated}}^2}\right], \text{其中 } r < r_{\text{obfuscated}}$$

$$\frac{R_{\text{final}}}{R_{\text{initial}}} = \left[\frac{r^2}{r_{\text{obfuscated}}^2}\right] = \frac{1}{\lambda+1}$$

$$r_{\text{obfuscated}} = r\sqrt{\lambda+1}$$

例如，用户隐私偏好 r_{minimum} =1 英里$^{\ominus}$，用户的位置测量区域 r_{measured} =0.5 英里，最佳测量精度 r_{optimal} =0.4 英里，那么

$$\lambda+1 = \frac{\max^2(r_{\text{measured}}, r_{\text{minimum}})}{r_{\text{measured}}^2} = \frac{1^2}{0.5^2} = \frac{1}{0.25} = 4$$

$$\lambda = 4-1 = 3$$

$$R_{\text{initial}} = \frac{r_{\text{optimal}}^2}{r_{\text{measured}}^2} = \frac{0.4^2}{0.5^2} = 0.64$$

$$R_{\text{final}} = \frac{r_{\text{optimal}}^2}{r_{\text{minimum}}^2} = \frac{0.4^2}{1^2} = 0.16$$

混淆区域的半径：

$$r_{\text{obfuscated}} = r\sqrt{\lambda+1} = 0.5\sqrt{4} = 0.5 \times 2 = 1 \text{（英里）}$$

（2）通过移动中心来进行混淆

通过移动测量区域的中心[22]（如图 9-20 所示），然后使用位置区域的新中心和旧中心之间的距离来计算新的区域，可以混淆位置测量区域。在计算中有两种概率：

- 概率 $P_{\text{user-intersecton}}$：表示用户位置属于交叉区域 $\text{Area}_{\text{intersection}}$（初始区域和最终区域之间）

$\ominus$ 1 英里 =1609.344 米。——编辑注

的概率。

- 概率 $P_{\text{random-intersection}}$：从整个混淆区域中选择的随机点属于交叉区域（初始区域和最终区域之间）的概率。

混淆区域 $\text{Area}_{\text{obsfucated}}$ 半径为 r，但是中心偏移：

$$x_c \rightarrow x_c + \Delta x \text{和} y_c \rightarrow y_c + \Delta y$$

$$R_{\text{final}} = P_{\text{user-intersection}} \times P_{\text{random-intersection}} = \frac{\text{Area}_{\text{intersection}}^2}{\text{Area}_{\text{initial}}^2} \times \frac{\text{Area}_{\text{intersection}}}{\text{Area}_{\text{obfuscated}}}$$

$$= \frac{\text{Area}_{\text{intersection}}^2}{\text{Area}_{\text{initial}}^2} \times R_{\text{initial}}$$

又有 $\dfrac{R_{\text{final}}}{R_{\text{initial}}} = \dfrac{1}{\lambda + 1}$

因此 $\dfrac{R_{\text{final}}}{R_{\text{initial}}} = \dfrac{1}{\lambda + 1} = \dfrac{\text{Area}_{\text{intersection}}^2}{\text{Area}_{\text{initial}}^2} = \dfrac{\text{Area}_{\text{intersection}}^2}{\pi r^2}$

$$\text{Area}_{\text{intersection}}^2 = \frac{\pi r^2}{\lambda + 1}$$

两个中心的距离为 d，圆形区域的半径为 r。可随机选择角度 θ 来生成混淆区域。

如果 $d = 0$，则隐私性没有提升（因为中心没有移动）。

如果 $d = 2r$，则隐私性提升最多。

如果 $0 < d < 2r$，则隐私性稍有提升。

变量 σ 是圆形扇区的中心角，由连接原始区域中心以及原始区域与混淆区域交叉点的两个半径确定（如图 9-21 所示）。

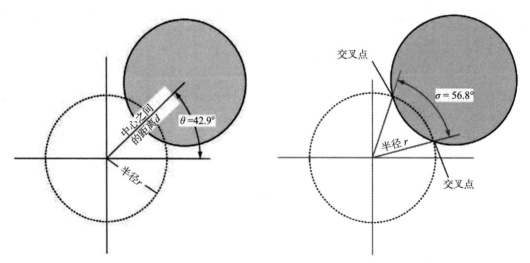

图 9-20 通过移动中心进行混淆   图 9-21 由两条半径组成的圆形扇区

附加方程的推导超出了本章的范围。计算 d 的公式如下：

$$d = 2r \cos \frac{\sigma}{2}$$

$$\sigma - \sin \sigma = \sqrt{\delta} \pi$$

$$\text{其中}\delta = \frac{\text{Area}_{\text{intersection}}}{\text{Area}_{\text{initial}}} x \frac{\text{Area}_{\text{intersection}}}{\text{Area}_{\text{obfuscated}}}$$

$$\text{Area}_{\text{obfuscated}} = \text{Area}(r, x + d\sin\theta, y + d\cos\theta)$$

（3）通过减小半径来进行混淆

可以通过减小区域的半径来对位置测量区域进行混淆处理，因为它可以在联合概率密度函数固定时降低在返回区域内查找到真实用户位置的概率（如图9-22所示）。

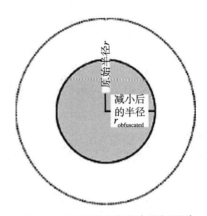

如果用户 U 的真实位置由 (x_u, y_u) 表示，则用户在半径为 r 的圆形区域中的概率为 1，意味着用户在该圆形区域内。现在，如果圆形区域的半径减小，则在混淆区域（减小的半径区域）中找到用户的概率小于 1。

$$P(x_u, y_u) \in \text{Area}(r_{\text{obfuscated}}, x, y) = \int_0^{2\pi} \int_0^{r_{\text{obfuscated}}} \frac{1}{\pi r^2} s ds$$

$$= 2\pi \int_0^{r_{\text{obfuscated}}} \frac{s}{\pi r^2} ds = \frac{2}{r^2} \int_0^{r_{\text{obfuscated}}} s ds = \frac{r_{\text{obfuscated}}^2}{r^2}$$

图9-22　通过减小半径来进行混淆

将用户置于位置测量区域 $\text{Area}(r, x, y)$ 内的概率等于 1：

$$P(x_u, y_u) \in \text{Area}(r, x, y) = 1$$

$$\frac{R_{\text{final}}}{R_{\text{initial}}} = \frac{P(x_u, y_u) \in \text{Area}(r_{\text{obfuscated}}, x, y)}{P(x_u, y_u) \in \text{Area}(r, x, y)} = \left[\frac{r_{\text{obfuscated}}^2}{r^2} \right], \text{ 其中} r > r_{\text{obfuscated}}$$

$$\frac{R_{\text{final}}}{R_{\text{initial}}} = \left[\frac{r_{\text{obfuscated}}^2}{r^2} \right] = \frac{1}{\lambda + 1}$$

$$r_{\text{obfuscated}} = \frac{r}{\sqrt{\lambda + 1}}$$

例如，用户隐私偏好 r_{minimum} =1 英里，用户的位置测量区域 r_{measured} =0.5 英里，最佳测量精度 r_{optimal} =0.4 英里，那么

$$\lambda + 1 = \frac{\max^2(r_{\text{measured}}, r_{\text{minimum}})}{r_{\text{measured}}^2} = \frac{1^2}{0.5^2} = \frac{1}{0.25} = 4$$

$$\lambda = 4 - 1 = 3$$

$$R_{\text{initial}} = \frac{r_{\text{optimal}}^2}{r_{\text{measured}}^2} = \frac{0.4^2}{0.5^2} = 0.64$$

$$R_{\text{final}} = \frac{r_{\text{optimal}}^2}{r_{\text{minimum}}^2} = \frac{0.4^2}{1^2} = 0.16$$

混淆区域半径：

$$r_{\text{obfuscated}} = \frac{r}{\sqrt{\lambda + 1}} = \frac{0.5}{\sqrt{4}} = \frac{0.5}{2} = 0.5（\text{英里}）$$

隐藏

隐藏用于减少用户位置的时空分辨率，其中实际和精确的用户位置被替换为隐藏区域，以防止攻击者获得关于用户确切位置的信息（如图9-23所示）。

隐藏区域是一个在该区域中具有用户的预定义概率分布的闭合形状，通常是矩形或圆形，具有该区域中用户的均匀概率分布。较大的隐藏区域可提供更好的隐私保护，但相对的QoS（服务质量）会下降。

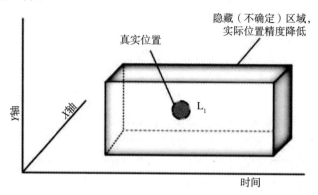

图 9-23   隐藏区域

（1）隐藏架构示例

图 9-24 显示了隐藏架构 [23] 的示例，包含以下组件：

- **隐私模型选择器**：用户知道他们各自的位置并提供关于其隐私偏好的信息，例如用户指定他们不希望位置精度优于某个最小距离。
- **位置隐藏块**：该组件包含有关用户敏感区域 / 信息、任何先前可用的用户背景信息以及满足位置精度要求的隐藏区域大小的输入。该组件生成隐藏区域。
- **消息构造器**：该组件将用户位置替换为用户相关的隐藏区域，并将该信息发送给LBS 服务器。
- **LBS 服务器**：该服务器处理查询并提供返回结果（概率表示结果 / 结果组件的置信度）。服务器还评估 QoS。隐藏区域影响 QoS：隐藏区域越大，QoS 越低。如果 QoS 不符合用户要求，则用户可以减少隐藏区域（隐私级别）并再次查询服务器。

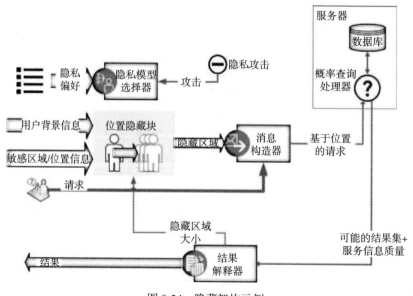

图 9-24   隐藏架构示例

- **结果解释器**：该组件以结果可理解的格式来处理 LBS 服务器提供的结果。
- 图 9-25 显示了攻击隐藏区域可能采取的模式。攻击者可以尝试通过将隐藏区域与可用用户背景信息链接来推断用户的敏感位置信息，或者可以尝试通过各种观察来破译用户的隐藏偏好。

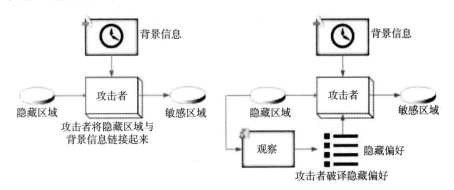

图 9-25　隐藏区域可能的攻击模式

（2）隐藏区域生成基础

图 9-26 显示了在向 LBS 应用程序发出请求的用户周围生成隐藏区域的过程的简单说明。假设有六个用户：L_1、L_2、L_3、L_4、L_5 和 L_6。用户 L_3 发出了一个服务请求。

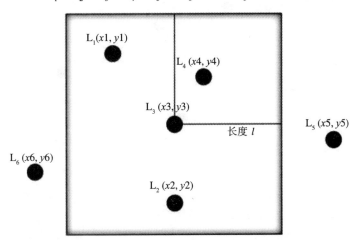

图 9-26　生成隐藏区域的简单示例

考虑用户 L_3 周围的矩形区域，并生成一个范围查询以找出该矩形内的其他用户。范围 l 内有三个其他用户，一个用户表示把 L_2 选为种子，并围绕它构建边长为 l 的矩形。这是一个潜在的隐藏区域，使得用户 L_3 位于隐藏区域内。对于 k-anonymity，重要的是确保隐藏区域至少有 k 个用户具有预定的概率值。图 9-27 中选择 L_2 作为种子的隐藏区域，其中 L_3 生成服务请求。但是，如果隐藏区域内至少需要三名用户，则该区域不满足要求。

如果初始种子用户不满足隐藏所需的条件，则可以选择其他用户作为种子。如果满足所有条件，则隐藏区域将被发送到消息构造器以进一步处理。图 9-28 显示了使用不同用户 L_1 作为种子生成的隐藏区域，满足隐藏区域内至少需要三个用户的条件，其中包括发出服务请求的用户 L_3。

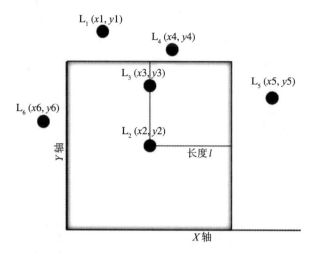

图 9-27　已有种子用户的隐藏区域

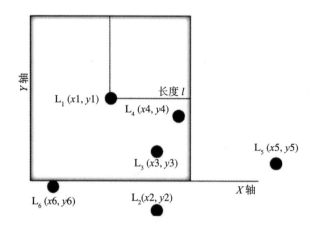

图 9-28　有三个用户的隐藏区域

（3）样本隐藏机制

　　现今有各种不同的隐藏机制及其变化，这里简要描述一些基本的隐藏机制[24]，例如 Interval cloak、Casper cloak 和 Hilbert cloak。

　　在 Interval cloak 中，匿名者使用四叉树来索引用户，该四叉树是一种通过重复细分二维区域为四个象限 / 区域来分割二维空间的树形数据结构。Interval cloak 将使用四叉树直到包含至少 k 个用户（包括发出服务请求的用户，如用户 L_1），从而形成用户 L_1 的匿名空间区域（ASR）。

　　例如，在图 9-29 中，如果用户 L_1 发出 $k=4$ 的查询，那么 Interval cloak 将搜索到象限 $[(x0,y0),(x1,y1)]$，但因为象限 $[(x0,y0),(x1,y1)]$ 包含的用户少于 4 个，它

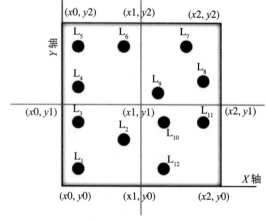

图 9-29　Interval cloak

将回溯一个级别并返回父象限 $[(x0, y0), (x2, y2)]$ 作为 ASR，该 ASR 有 12 个用户。由于返回的象限包含 k 个以上的用户，因此该技术可能会在查询处理过程中给 LBS 服务器造成负担。

对于图 9-30 中的例子，如果用户 L_1 发出 $k = 4$ 的查询，那么 Interval cloak 将搜索象限 $[(x0, y0), (x1, y1)]$，但因为象限 $[(x0, y0), (x1, y1)]$ 包含的用户少于 4 个，它将回溯一个级别并返回父象限 $[(x0, y0), (x2, y2)]$ 作为 ASR，该 ASR 包含 6 个用户。由于返回的象限包含 k 个以上的用户，因此该技术可能会在查询处理过程中给 LBS 服务器造成负担。

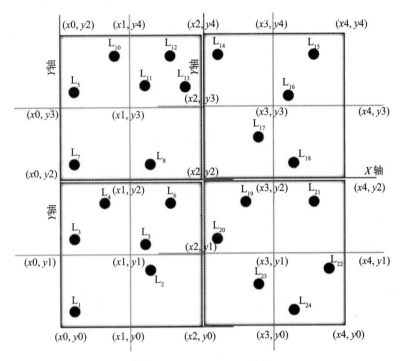

图 9-30　Interval cloak 示例

在 Casper cloak 中，可以通过使用散列表来直接访问四叉树的叶子节点。如果在一个象限中没有找到 k 个或更多用户，则会检查相邻的两个象限而不是回溯到父象限。在图 9-31 中，如果 L_1 发出 $k = 4$ 的查询，并且在 $[(x0, y0), (x1, y1)]$ 中找不到足够的用户时，Casper cloak 首先检查相邻象限 $[(x0, y1), (x1, y2)]$ 和 $[(x1, y0), (x2, y1)]$。如果与其中一个象限组合后包含 k 个用户，则将此复合矩形作为返回的 ASR。在这个例子中，矩形 $[(x0, y0), (x1, y2)]$ 作为返回的 ASR。

在 Hilbert cloak 中，用户根据 Hilbert 空间填充曲线进行排序。排序后的序列被等分为 k 个连续用户桶（bucket）。匿名集由包含查询用户 L_1 的 bucket 组成。报告的 ASR 被计算为匿名集合的最小边界矩形。

如果 L_1 发出 $k = 3$ 的查询，则可以创建四个 Hilbert bucket，如图 9-32 所示。

Bucket1：L_1、L_2、L_5、L_6、L_4 和 L_3
Bucket2：L_7、L_9、L_{10}、L_{11}、L_{12} 和 L_8
Bucket3：L_{13}、L_{17}、L_{14}、L_{15}、L_{16} 和 L_{18}
Bucket4：L_{21}、L_{19}、L_{20}、L_{23}、L_{24} 和 L_{22}

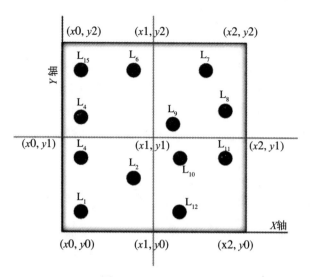

图 9-31　Casper cloak

用户 L_1 属于 Bucket 1，其匿名集包括 L_1、L_2、L_5、L_6、L_4 和 L_3。因此，包含用户 L_1 的 Bucket 1 派生为 ASR。

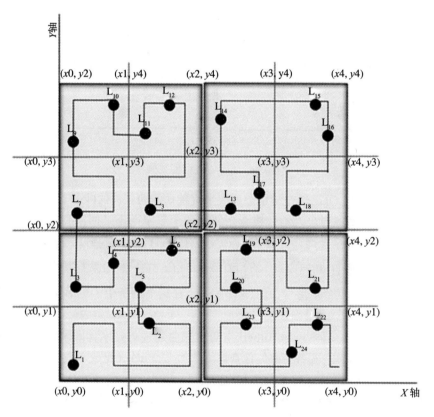

图 9-32　Hilbert cloak 示例

9.4 参考文献

[1] Kim SH, Leem CS. Security threats and their countermeasures of mobile portable computing devices in ubiquitous computing environments, figure.

[2] Vincent J. Nike's self-lacing sneakers finally go on sale November 28th.

[3] Firdhous MFM. Security implementations in smart sensor networks.

[4] Al-Haiqi A, Ismail M, Nordin R. On the best sensor for keystrokes inference attack on Android.

[5] Mäntyjärvi J, Lindholm M, Vildjiounaite E, Mäkelä S-M, Ailisto H. Identifying users of portable devices from gait pattern with accelerometers.

[6] Li(B) B, Zhang Y, Lyu C, Li J, Gu D. SSG: Sensor Security Guard for Android smartphones, p. 223.

[7] Wang Q, Ren K, Lou W, Zhang Y. Dependable and secure sensor data storage with dynamic integrity assurance.

[8] Izu T, Ito K, Tsuda H, Abiru K, Ogura T. Privacy-protection technologies for secure utilization of sensor data, figure reference.

[9] Juma H, Kamel I, Kaya L. Watermarking sensor data for protecting the integrity.

[10] Henne B, Smith M, Harbach M. Location privacy revisited: factors of privacy decisions.

[11] Fawaz K, Shin KG. Location privacy protection for smartphone users.

[12] Meng X, Chen J. Location privacy [chapter 12], p. 173.

[13] Wernke M, Skvortsov P, Dürr F, Rothermel K. A classification of location privacy attacks and approaches. p. 13−17.

[14] Lee Y-H, Phadke V, Lee JW, Deshmukh A. Secure localization and location verification in sensor networks.

[15] Shokri R, Freudiger J, Hubaux J-P. EPFL-report-148708 July 2010, A unified framework for location privacy.

[16] Miura K, Sato F. Evaluation of a hybrid method of user location anonymization.

[17] Mano M, Ishikawa Y. Anonymizing user location and profile information for privacy-aware mobile services.

[18] Meng X, Chen J. Location privacy, p. 180.

[19] Dewri R, Ray I, Ray I, Whitley D. On the formation of historically k-anonymous anonymity sets in a continuous LBS.

[20] Jensen CS, Lu H, Yiu ML. Privacy in location-based applications: research issues and emerging trends, p. 38−40.

[21] Ardagna CA, Cremonini M, Damiani E, De Capitani di Vimercati S, Samarati P. Location privacy protection through obfuscation-based techniques.

[22] Yang LT. Mobile intelligence, p. 455.

[23] Yang L, Wei L, Shi H, Liu Q, Yang D. Location cloaking algorithms based on regional characteristics.

[24] Tan KW, Lin Y, Mouratidis K. Spatial cloaking revisited: distinguishing information leakage from anonymity.

可 用 性

本章内容

- 传感器在移动计算中的重要性
- 感应因素
- 人机交互
- 用户使用

10.1 移动计算的传感器需求

传感器正在成为移动计算的关键。如 Windows 和 Android 之类的操作系统具有与传感器相关的硬件要求，以满足任何标志 / 认证。越来越多的传感器和应用程序正在改变移动计算和用例，传感器还被用于提高平台的效率和功率响应。当然，传感器也被用来模仿人类对移动计算设备的反应。图 10-1 显示了一些领域，其中传感器变得越来越重要。

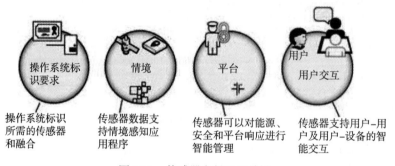

图 10-1　传感器变得日益关键

具有理想的功能组合、多功能性且易于实现的传感器，可以帮助实现一个直观、可靠和通用的用户接口 [1]。

1. **直观**：响应时用户接口被认为是直观的。

a. **可预测的身体动作**：例如，阅读电子书时，用户接口应识别通常用于翻页的滑动动作。

b. **在受控视野下操作**：视野和工作距离一起给出了一个固定的空间，用户接口控制在该空间内有效，传感器会忽略此固定空间以外的任何操作。由于这个固定工作空间的存在，所有虚假触发都会被消除，因此用户可以有效且直观地与设备的用户界面进行交互。

2. **多功能性**：当传感器为用户的运动提供方向感应时，它增加了用户接口的多样化。例如，2-mode（左右或上下）可用于翻页或音量控制；4-mode 可用于更复杂的功能，如扫描广播电台或更换音乐播放器上的曲目；8-mode 可以通过用手势移动类似的物体，从而滚动屏幕上的 2D 或 3D 图像。图 10-2 显示了用户操作的方向可能性。系统也可以支持角度方向。

3. **易于实现**：具有标准接口（如 I^2C）的传感器不需要大量的处理器或内存带宽，它具有简单的数字 / 机械设计，并且可以在计算设备 / 系统中轻松实现适当的轮询 / 中断机制。这样的传感器可以增强手势识别并支持新的用户接口应用程序。

10.1.1　操作系统标志要求和传感器支持

Windows 和 Android 操作系统都提供了传感器在发布时试图满足的要求，比如 Microsoft Windows 人机接口设备（HID）规范。

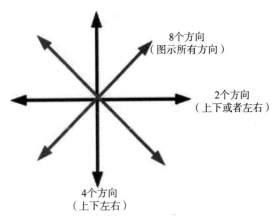

图 10-2　支持的用户手势方向

HID 规范管理输入外围设备，如鼠标、键盘以及所有传感器。传感器可以表示人的输入[2]。

Windows 操作系统[3]为传感器设备提供本地支持。作为这种支持的一部分，该平台为设备制造商提供了一种向软件开发人员和消费者提供传感器设备的标准方法。同时，该平台还为开发人员提供了标准化的应用程序编程接口（API）和设备驱动程序接口，以处理传感器和传感器数据。

由于传感器具有多种配置，无论是作为硬件设备还是逻辑形式，几乎能提供任何物理现象的数据。操作系统的传感器和定位平台将传感器归类为类别（代表传感器设备的大类）和类型（代表特定种类的传感器）。例如，视频游戏控制器中可检测玩家手的位置和移动的传感器（可能用于视频保龄球游戏）将被归类为方位传感器，但其类型为 3D 加速度计。

在编码上，Windows 通过使用全局唯一标识符（GUID）来表示类别和类型，其中很多都是预定义的。设备制造商可以在需要时通过定义和发布新的 GUID 来创建新的类别和类型。

Windows 预定义的 GUID/ 类别示例在表 10-1 中给出[4]。

表 10-1　Windows GUID/ 类别

类别	数据类型	含义
SENSOR_CATEGORY_BIOMETRIC	SENSOR_TYPE_HUMAN_PRESENCE	检测人是否存在的传感器
	SENSOR_TYPE_HUMAN_PROXIMITY	检测人的接近度的传感器
	SENSOR_TYPE_TOUCH	触摸传感器
SENSOR_CATEGORY_ELECTRICAL	SENSOR_TYPE_CAPACITANCE	电容传感器
	SENSOR_TYPE_CURRENT	电流传感器
	SENSOR_TYPE_ELECTRICAL_POWER	电力传感器
	SENSOR_TYPE_INDUCTANCE	电感传感器
	SENSOR_TYPE_POTENTIOMETER	电位器
	SENSOR_TYPE_RESISTANCE	电阻传感器
	SENSOR_TYPE_VOLTAGE	电压传感器
SENSOR_CATEGORY_ENVIRONMENTAL	SENSOR_TYPE_ENVIRONMENTAL_ATMOSPHERIC_PRESSURE	气压计
	SENSOR_TYPE_ENVIRONMENTAL_HUMIDITY	湿度计

（续）

类别	数据类型	含义
SENSOR_CATEGORY_ENVIRONMENTAL	SENSOR_TYPE_ENVIRONMENTAL_TEMPERATURE	温度计
	SENSOR_TYPE_ENVIRONMENTAL_WIND_DIRECTION	风向标
	SENSOR_TYPE_ENVIRONMENTAL_WIND_SPEED	风速计
SENSOR_CATEGORY_LIGHT SENSOR_CATEGORY_LOCATION	SENSOR_TYPE_AMBIENT_LIGHT	环境光传感器
	SENSOR_TYPE_LOCATION_BROADCAST	通过电视或无线电频率等传输方式来传输位置信息的传感器
	SENSOR_TYPE_LOCATION_DEAD_RECKONING	航位推算传感器，这些传感器首先计算当前位置，然后使用运动数据更新当前位置
	SENSOR_TYPE_LOCATION_GPS	全球定位系统传感器
	SENSOR_TYPE_LOCATION_LOOKUP	查找传感器，例如根据用户的 IP 地址提供信息的传感器
	SENSOR_TYPE_LOCATION_OTHER	其他位置传感器
	SENSOR_TYPE_LOCATION_STATIC	固定位置传感器，例如那些使用用户提供的信息来进行预设的传感器
	SENSOR_TYPE_LOCATION_TRIANGULATION	三角测量传感器，例如根据蜂窝电话塔接近度来确定当前位置的传感器
SENSOR_CATEGORY_MECHANICAL	SENSOR_TYPE_BOOLEAN_SWITCH	双态开关（关闭或开启）
	SENSOR_TYPE_FORCE	力传感器
	SENSOR_TYPE_MULTIVALUE_SWITCH	多位置开关
	SENSOR_TYPE_PRESSURE	压力传感器
	SENSOR_TYPE_SCALE	重量传感器
	SENSOR_TYPE_STRAIN	应变传感器
SENSOR_CATEGORY_MOTION	SENSOR_TYPE_ACCELEROMETER_1D	单轴加速度计
	SENSOR_TYPE_ACCELEROMETER_2D	双轴加速度计
	SENSOR_TYPE_ACCELEROMETER_3D	三轴加速度计
	SENSOR_TYPE_GYROMETER_1D	单轴陀螺仪
	SENSOR_TYPE_GYROMETER_2D	双轴陀螺仪
	SENSOR_TYPE_GYROMETER_3D	三轴陀螺仪
	SENSOR_TYPE_MOTION_DETECTOR	运动探测器，如安全系统中使用的探测器
	SENSOR_TYPE_SPEEDOMETER	运动速率传感器
SENSOR_CATEGORY_ORIENTATION	SENSOR_TYPE_AGGREGATED_DEVICE_ORIENTATION	通过返回一个四元数并在某些情况下返回一个旋转矩阵来指定当前的设备方向（旋转矩阵是可选的）
	SENSOR_TYPE_AGGREGATED_QUADRANT_ORIENTATION	指定当前设备方向的度数
	SENSOR_TYPE_AGGREGATED_SIMPLE_DEVICE_ORIENTATION	将设备方向指定为枚举类（此类型使用四个一般象限中的一个来指定设备方向：0 度、逆时针 90 度、逆时针 180 度、逆时针 270 度）

（续）

类别	数据类型	含义
SENSOR_CATEGORY_ ORIENTATION	SENSOR_TYPE_COMPASS_1D	单轴罗盘
	SENSOR_TYPE_COMPASS_2D	双轴罗盘
	SENSOR_TYPE_COMPASS_3D	三轴罗盘
	SENSOR_TYPE_DISTANCE_1D	单轴距离传感器
	SENSOR_TYPE_DISTANCE_2D	双轴距离传感器
	SENSOR_TYPE_DISTANCE_3D	三轴距离传感器
	SENSOR_TYPE_INCLINOMETER_1D	单轴倾角仪
	SENSOR_TYPE_INCLINOMETER_2D	双轴倾角仪
	SENSOR_TYPE_INCLINOMETER_3D	三轴倾角仪
SENSOR_CATEGORY_ SCANNER	SENSOR_TYPE_BARCODE_SCANNER	使用光学扫描读取条形码的传感器
	SENSOR_TYPE_RFID_SCANNER	射频 ID 扫描传感器

所有上述类别的数据类型都必须符合 Windows 标志认证的最低要求（如表 10-2 和表 10-3 所示）。

表 10-2　Windows 传感器数据类型示例 1

功能 / 属性类型	内容	描述
目标功能：Device. Input.Sensor. Accelerometer	应用到： • Windows 8 Client x86、x64、ARM（Windows RT） • Windows 8.1 Client x86、x64、ARM（Windows RT 8.1 ）	所有的加速度计类传感器都需要确保它们以所需的采样率准确报告数据，以便对游戏应用以及未充分使用时的电源进行管理
传感器属性类型： SENSOR_PROPERTY_MIN_ REPORT_ INTERVAL Device. Input. Sensor.Accelerometer. Sensor Report Interval	数据类型：VT_R8 加速度计功能驱动程序和固件报告数据的报告间隔最小为 16ms（游戏的频率为 60Hz）	硬件支持生成传感器数据报告的最小运行时间设置，以毫秒（ms）为单位

表 10-3　Windows 传感器数据类型示例 2

功能 / 属性类型	内容	描述
目标功能：Device. Input.Sensor. compass	应用到： • Windows 8 Client x86、x64、ARM（Windows RT） • Windows 8.1 Client x86、x64、ARM（Windows RT 8.1 ）	倾斜补偿罗盘设备驱动程序应准确报告倾斜仪的正确数据类型（利用加速度计和罗盘）
传感器属性类型： SENSOR_DATA_TYPE_TILT_X_DEGREES（Pitch） SENSOR_DATA_TYPE_TILT_Y_DEGREES（Roll） SENSOR_DATA_TYPE_TILT_Z_DEGREES（Yaw）	数据类型：VT_R8 依照顺序为：偏航、俯仰、翻滚	以度数来描述俯仰、翻滚和偏航倾斜度

大多数基于 Android 的设备也都具有内置传感器，可以测量运动、方向和各种环境条件。这些传感器能够提供高精度和高准确度的原始数据，并且可用于监测三维设备的移动或定位，或监测设备周围环境的变化。

Android 平台支持三大类传感器：

- **运动传感器**：这些传感器可测量沿三个轴的加速力和旋转力。该类别包括加速度计、重力传感器、陀螺仪和旋转矢量传感器。

- **环境传感器**：这些传感器测量各种环境参数，如环境空气温度和压力、照度和湿度。这个类别包括气压计、光度计和温度计。
- **位置传感器**：这些传感器用于测量设备的物理位置。该类别包括方向传感器和磁力计。

表 10-4 显示了 Android 平台支持的传感器 [5]。

表 10-4　Android 平台支持的传感器类型

传感器	类型	描述	一般用途
TYPE_ACCELEROMETER	硬件	测量所有三个物理轴（x、y 和 z）上设备的加速力，单位为 m/s²，包括重力	移动检测（抖动、倾斜等）
TYPE_AMBIENT_TEMPERATURE	硬件	以摄氏度测量环境室温；参见下面的解释	监测空气温度
TYPE_GRAVITY	硬件或软件	测量所有三个物理轴（x、y 和 z）上设备的重力，单位为 m/s²	运动检测（抖动、倾斜等）
TYPE_GYROSCOPE	硬件	以三个物理轴（x、y 和 z）中的每一个轴为中心测量设备的旋转速率，单位为 rad/s	旋转检测（旋转、转动等）
TYPE_LIGHT	硬件	测量环境光线水平（照明），单位为 lux	控制屏幕亮度
TYPE_LINEAR_ACCELERATION	硬件或软件	测量所有三个物理轴（x、y 和 z）上设备的加速力，单位为 m/s²，不包括重力	沿单个轴监控加速度
TYPE_MAGNETIC_FIELD	硬件	测量所有三个物理轴（x、y 和 z）的环境地磁场，单位为 μT	创建一个罗盘
TYPE_ORIENTATION	软件	测量设备绕所有三个物理轴（x、y 和 z）旋转的旋转角度。从 API 级别 3 开始，你可以使用重力传感器和地磁场传感器以及 getRotationMatrix() 方法获得设备的倾斜矩阵和旋转矩阵	确定设备位置
TYPE_PRESSURE	硬件	测量环境空气压力，单位为 hPa 或 mbar	监测气压变化
TYPE_PROXIMITY	硬件	测量物体相对于设备视图屏幕的接近程度，单位为 cm。该传感器通常用于确定手机是否正对着人的耳朵	通话期间电话的位置
TYPE_RELATIVE_HUMIDITY	硬件	测量相对环境湿度百分比	监测空气露点、绝对湿度和相对湿度
TYPE_ROTATION_VECTOR	硬件或软件	通过提供设备旋转矢量的三个元素来测量设备的方向	运动检测和旋转检测
TYPE_TEMPERATURE	硬件	测量设备的温度，单位为摄氏度。这个传感器的实现因设备而异，并且该传感器已被 API 级别 14 中的 TYPE_AMBIENT_TEMPERATURE 传感器所替代	监测温度

10.1.2　基于情境和位置的服务

第 2 章描述了情境感知计算的各个方面以及情境交互的各种示例。基于情境的用例主要可以分为四个关键类别，如图 10-3 所示。

- **Know Me（识别用户）**：这种情况下，传感器有与用户相关的信息，并可根据用户偏好、位置和配置文件做出决策。在某些情况下，会保留以前决策的历史记录，这些历史记录可以与当前情境一起使用，例如基于用户、位置、时间和偏好建议用餐地点。

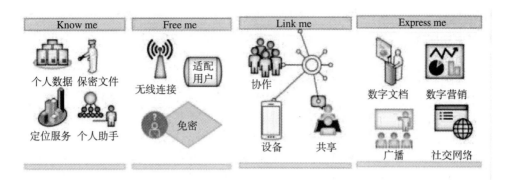

图 10-3　情境用例

- Free Me（解放用户）：这种情况下，传感器有助于准确识别用户并代表用户执行任务。例如，在用户获得授权时则无须输入密码，或者在感测到用户接近时自动启动设备。在烹饪或锻炼时，用户会希望在不触碰智能手机的情况下使用它。通过手势控制，用户可以检查或滚动通知、识别来电者、使用已启用的扬声器应答呼叫、在没有应答的情况下忽略来电或发送预定义的文本消息、将来电转接至语音信箱等。如果手机配有接近传感器，则可以通过接近检测来提供非接触式交互。

- Link Me（连接用户）：借助用户识别功能，设备可以连接可用网络，并在各种设备之间实现共享，例如自动连接到社交网络或应用程序，将用户与外部世界相连。

- Express Me（表达用户）：传感器有助于识别用户、用户手势等，并帮助用户在不与移动计算设备进行手动交互的情况下表达自己。例如，设备可以基于用户表情 / 时间 / 位置将用户状态上载到社交网站，基于用户情绪 / 时间 / 位置重新加载或推荐视频 / 电影等。四向传感器可以帮助智能家居（可通过智能手机控制）实现手势识别，并能在不接触手机的情况下打开、关闭或调暗灯光。

10.1.3　基于传感器的电源管理 [6]

手持式设备、移动设备和小型设备逐渐成为用户生活不可或缺的一部分。这些设备用于家庭、办公室和路途中。由于这些设备已成为生活中的关键组成部分，因此节能、易于管理、实时了解用户偏好和环境变化等方面对于设备来说变得越来越重要。

所有这些手持或移动计算设备都具有两个主要特征：

- 由于设备的尺寸、形状和重量等因素，它们的电池寿命和热容量有限。

- 这些设备需要了解环境特性以执行其功能。例如，设备将使用环境光传感器来打开相机的光圈，或者在感应到振动和摇摆时缓冲音乐数据至音乐播放器。

由于移动设备必须具有较长电池寿命，因此系统资源管理成为此类设备的优先考虑因素。应根据情境动态进行最佳功率分配来最小化此类设备的功耗，并应持续监控以确保性能保持在可接受的水平。

移动设备或环境中的操作系统无法仅通过使用"空闲时间"检测机制来维持最佳功耗。它必须使用情境来管理子系统并优化系统功耗。由于移动设备不断收集或处理信息，因此"空闲"可能无法清晰定义。如果这些操作系统具有情境感知能力，那么它将能够满足用户的需求，并延长移动系统的电池寿命。

移动计算中似乎存在一些矛盾，例如：

- 应用程序需要更强的功能，而用户需要更长的电池寿命。
- 用户需要更小的外形尺寸，但同时要求对设备施加额外的热约束。

这些相互矛盾的要求成为移动设备设计的重要考虑事项。

基于传感器的电源管理技术用于降低平均功耗、延长电池使用时间，并支持使用被动冷却（相对于使用风扇主动冷却）。在小型手持设备中有几种基于传感器的应用，如 GPS 测绘、基于指纹的认证和基于加速度计的硬盘保护。因此，这种手持设备可能已经具有用于各种感测应用的加速度计，该加速度计可被视为系统资源，可用于电源管理。这是基于传感器的电源管理的基本概念。下面介绍一种基于传感器的电源管理架构。

基本概念：基于传感器的电源管理系统利用设备情境的知识来动态地管理和调整系统到满足用户服务质量（QoS）期望所需的最小活动子系统（从而满足最低功率要求）。关闭未使用的组件，并将使用过的组件的功耗最小化到足以满足 QoS 要求的水平。因此，基于传感器的电源管理架构的目标是基于传感器数据提供的系统情境信息来控制系统。

模型框架：整个移动系统可以分为两部分，即传感器（系统的可观测部分）和设备（系统的可控部分）。由移动计算系统的传感器收集的数据可以被定义为情境，而应用于传感器/设备以做出控制设备的决策的规则可以被称为策略。因此，策略可以表示为一种算法，该算法可通过传感器输入来更新状态。如果状态满足某些特定标准或条件，则算法执行。例如，如果传感器确认设备在口袋中，则可以执行关闭屏幕之类的动作。所定义的策略应该是主动的，并且能够根据实际情境预测用户偏好/需求（或至少是被动预测）。

架构：基于上述概念和框架，我们可以定义关键架构组件，如图 10-4 所示。

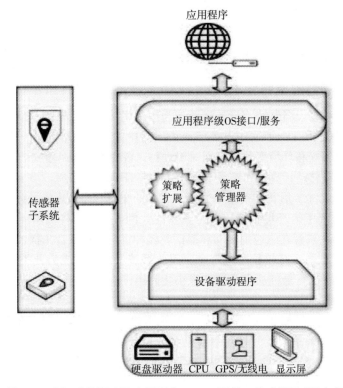

图 10-4　用于电源管理的应用程序 – OS – 硬件 – 传感器子系统架构

1. 基于传感器的策略。

2. 策略可以依赖于其他策略，并且可以根据其他策略的状态而采取不同的行为。策略可以基于设备的常见使用模型和场景。例如，调节背光的策略在"办公室"中适用，但在户外无效。因此，不同的策略子集可以应用于具有相同传感器集的不同情况。此外，即使是同一组传感器，不同类型的移动系统也可能有不同的策略。由于用户交互取决于计算设备的形状因子和 I/O 特性，因此这两者是决定该设备策略的关键因素。

3. 传感器和设备子系统（功能）。

4. 子系统可以同时为传感器（可观测的）和设备（可控的）。在某些情况下（由其他传感器检测到），一个传感器在未使用时可以关闭。例如，GPS 可能不需要在室内使用，因此当设备在室内时，GPS 传感器可以关闭（或处于低功率状态），从而节省电力。

5. 监控子系统以满足实际系统需求（例如，MP3 应用需要音频子系统）。

6. 外部应用程序和用户设置（可能会影响策略）。

在系统中运行的应用程序也是电源管理系统中的输入，特别是处于活动状态的设备，不同的应用程序可能有不同的需求。应用程序有两种方式可以影响策略：

- 应用程序通过基础设施提供的 API 来通知它正在使用的设备，
- 监控系统了解系统中正在运行的进程和正在使用的设备。（在这种情况下，应用程序不会报告直接使用的设备。）

图 10-5 显示了使用基于传感器的电源管理的传感器子系统。

传感器管理 [6]

将传感器视为硬件 / 软件子系统，具有用于控制功能和数据收集的专有 API。在我们的例子中，无论传感器或数据的实际类型如何，基础设施都可以从众多应用程序的传感器中收集数据。

传感器子系统的主要目的是为所有传感器提供唯一的 API。让我们考虑这样一个子系统，其中 request 可用作数据包，它的 header 提到了所请求的数据类型（request），并且 body 给出了 request 的输入值。每个 request-response 都是两个消息，一个用于请求（提到所需的输入值），一个用于响应（指示成功或失败加上请求的值）。例如，GPS 响应将有一个由三个字段组成的 body：X、Y 和 Z。速度响应将由两个字段组成：速度和方向。通用唯一标识符可用于识别每个传感器模块，并且需要每个 request/response 来进行分组。

兼容层可用于响应（用于遗留应用程序的）传感器的原始 API。

通信规约

该架构可以使用以下通信方法：

1. **单同步**：应用程序发送一次请求，并等待数据 / 事件可用。

2. **单异步**：应用程序发送一次请求，并在数据 / 事件可用时收到通知。

3. **多异步**：应用程序发送一次请求，并在每次数据或事件可用时收到通知。

4. **选择性多异步**：应用程序发送一次请求，以便获得特定类型的数据和事件的通知。每当这些数据和事件可用时都会收到通知。

另外，可以使用最新信息的缓存，如果已从一个请求收集到数据，那么随后有来自另一个应用程序的相同请求时，数据就可直接使用。这将避免任何传递到传感器的数据请求出现响应瓶颈。缓存机制也会有规定来说明数据的有效性和到期时间。

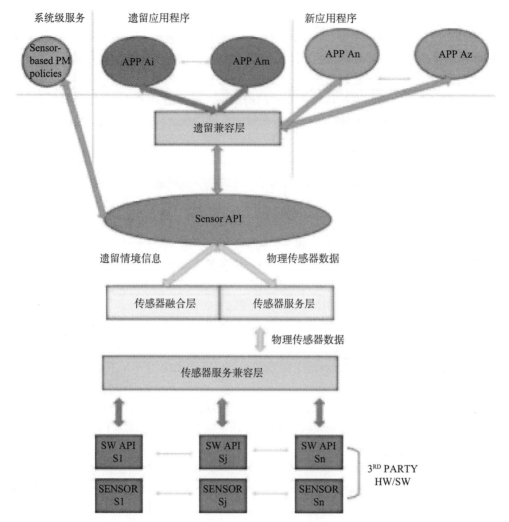

图 10-5 基于传感器的电源管理中的传感器子系统

传感器子系统需要向整个移动系统显示直接来自系统的"原始"数据以及可推断的逻辑信息。

传感器融合层提供了一个抽象层,用于将物理传感器提供的原始数据优化成关于系统情境的最方便的逻辑信息。该层由需要作为输入的传感器子集算法组成,并提供了具有不同特性的其他"逻辑传感器"的输出。例如,设备的运动状态(运动、停止等)可以基于加速度计提供的测量来推断。

服务器兼容层自动发现所有传感器。所有这些传感器以及数据都可以发布到系统中。

基于传感器的电源管理策略

策略是一种带有"状态"的算法,其周期性地从传感器读取情境信息并更新其"状态",当达到某个条件时,策略在受控设备上执行适当的操作。

由于策略不是完全独立的,因此一个设备可以由不同的策略来控制。故而,某些不同的策略在同一设备上执行操作时可能会相互矛盾。如果策略事先知道可能在设备上产生冲突的行为或使用外部调解器的其他策略,则可以解决此类冲突。

图 10-6 显示了一种此类策略架构，其中设备状态、传感器数据和策略状态信息反馈到策略架构中以解决冲突，并在设备上执行最终的电源管理操作。

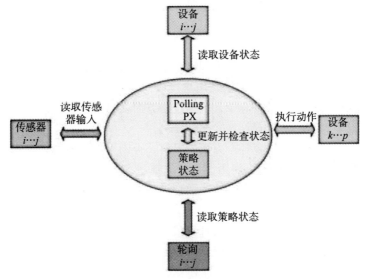

图 10-6　策略架构

使用传感器数据来执行平台电源管理的策略示例如下。

1. **口袋检测**：该策略通过感知设备的朝向（如果设备处于竖直位置）来了解移动设备是否被放置在口袋中，以及集成摄像头的视野是否被遮挡。当出现这两种情况时，策略通过立即关闭屏幕来实现电源管理目标。然后，它开始监测 WLAN 和 CPU 使用率 / 工作负载，并最终关闭 WLAN 或将设备置于待机模式。如果感应子系统注意到状态 / 情境（方向或摄像头视图）发生了变化，使得设备不在口袋中，则设备会恢复正常使用模式。

2. **用户存在检测**：该策略可以使用设备的集成摄像头（朝向用户）进行人脸检测或用户注意力检测。当摄像头传感器感应到没有人脸朝向它时，可以立即关闭显示屏以节省平台电源。当检测到一个或多个用户脸部正对设备 / 摄像头时，策略会使系统恢复正常状态。

3. **环境光检测**：环境光传感器存在于计算设备中，用于检测设备所处环境的照度水平。基于照度水平来调整设备的背光。例如，基于设备是在光线充足的户外还是在光线有限的室内（或夜间）等情况下，调节背光强度以降低功耗。

4. **移动检测**：电源管理策略还可以控制计算设备的传感器子系统或单个传感器。位置服务是移动和普适计算的关键功能，但它们也会消耗设备的功率和计算资源。可以使用集成的加速度计、陀螺仪和罗盘来获得设备的位置。基于设备位置，可以选择启用或禁用各种基于位置的服务和传感器。例如，该策略可以根据设备是在室内或室外、处于静止或运动、向上攀爬或向下攀爬来决定是否需要 GPS、WLAN 等服务 / 传感器（例如，当设备在室内且处于静止，则可能不需要 GPS）。该策略还会根据传感器延迟（开启和关闭设备所需的时间）来评估节能模式。

10.1.4　基于传感器的用户交互 [7-8]

用户以许多方式与计算设备进行交互，与计算设备之间的接口被称为用户接口。在设计用户接口时，必须考虑以下因素：

- **用户环境**：用户的类型和数量。例如，老手或新手、频繁使用或偶然使用、有效操作或无效操作。
- **任务环境**：任务的类型（数量、延迟等），需要执行的条件。
- **机器环境**：计算设备预期的工作环境。例如，本地或远程、室内或室外、始终开启或根据需要开启。

如上所述，传感器和传感技术在很大程度上取决于人机交互环境的独特性，尤其是移动计算设备。这些传感器有助于启用多个新用户接口，以帮助改善和优化用户与设备的交互。例如，拿起设备像手机一样记录备忘录，根据设备方向在纵向和横向显示模式之间切换，当用户拿起设备时设备自动启动，等等。

计算设备应该保持对用户情境各个方面的了解，否则无法调整交互以适应上面提到的情景（用户、任务和机器）。用户可以使用该设备来演示多种手势，例如拾取、放下、走向设备或将设备随身携带。这些手势识别应该集成到设备中，以使用户能够更轻松自然地与计算设备进行交互。

通过使用各种类型的传感器，可以为计算设备开发情境敏感接口（识别手势、位置等接口），使这些接口能帮助设备更容易地响应用户和情境。

与传统 GUI 的前台交互相反，传感器还支持使用被动感测的手势和活动来进行后台交互。实现后台交互的一个重要部分是开发能够检测和推断用户身体活动信息的传感器和软件。例如，使用压力传感器来检测用户使用左手还是右手持握移动设备[9]、检测触控鼠标[10]、检测使用眼动追踪来集成传统手动指向[11]。

传感器还可以用来增强或感知环境本身。例如，具有标签解读传感器的移动设备可以确定附近具有电子标签和唯一分配 ID 的对象的身份；pick-and-drop 技术根据每个用户的唯一标识符在设备之间传输信息；光传感器可用于调整设备显示质量；结合了倾斜传感器、光传感器、热传感器和其他传感器的手机可以感应情境（如坐在桌子旁、设备在公文包中或在室外使用）；通过集成感应事件（键盘、鼠标和麦克风）来推断用户注意力和位置；使用位置感知进行邻近选择以强调附近的物体，使用户更容易选择。

上述示例显示了使用后台感应来支持前台活动（如调整设备铃声音量等行为、触摸开启 / 关闭设备、纵向与横向显示模式选择等）。

考虑一个带有以下传感器的系统：

- **大型触摸传感器**：覆盖设备的背面和侧面，以检测用户是否握住该设备。
- **加速度计**：用于检测设备相对于恒定重力加速度的倾斜度。该传感器也响应线性加速度，例如由于晃动设备而产生的线性加速度。
- **接近传感器**：由于信号与到物体的距离成正比，因此接近传感器可以感测用户的手或其他物体反射的红外光。

接着，使用算法获取传感器数据，将原始数据转换为逻辑形式，并得出如表 10-5 所示的附加信息。

表 10-5　原始传感器数据中的情境信息

情境参数	描述
手持和持续时间	用户是否手持该设备，并持续多长时间
倾斜角度	左 / 右和向前 / 向后倾斜角度
方向显示	设备是平放、纵向放置、纵向倒置，还是横向左侧、横向右侧

（续）

情境参数	描述
查看 / 持续时间	用户是否正在查看设备
移动 / 持续时间	设备是否正在移动
摇晃	设备是否正在摇晃
步行 / 持续时间	用户是否正在走动
接近度	与近处物体的距离
接近状态 / 持续时间	不同的接近状态，如 close、InRange、OutofRange 和 AmbientLight
滚动	用户是否正在滚动屏幕
语音备忘录	用户是否正在录制语音备忘录

以下是部署手势识别和传感器 / 传感器融合以增强用户交互的各种用例。

简化用于录制语音备忘录的用户设备界面

通过物理记录按钮激活语音录制或通过屏幕激活控制都需要用户大量的视觉关注。相反，通过使用上面列出的传感器，可以简化该功能界面，当满足以下条件时，设备做出识别并开始语音记录。

开始录制的条件：

1. 用户手握设备（此条件防止设备在位于钱包或公文包中时被意外激活）。

2. 用户将设备放在靠近的位置，并对其说话（例如，距离脸 8cm 或更近）。

3. 设备向用户倾斜（当物体朝向头部时，手的自然姿势）。

完成讲话后，用户自然地将设备移开，继而自动停止录制。录制停止的条件为：

1. 设备接近 OutOfRange 状态。

2. 设备回到基本水平的方向（±25°）。

3. 用户未手持该设备。

感知语音备忘录手势只需要较少的认知和视觉注意力。

检测设备的方向

移动计算设备用户可以倾斜或旋转设备，从任何方向查看其显示屏幕。使用倾斜传感器，设备可以检测到此手势并自动重新调整显示格式以适应当前设备的方向，从而获得最佳观看效果。例如，用户可以根据 Excel 电子表格的内容更改为横向或纵向显示。

处理倾斜角，并规定显示窗口依照最接近的 90° 旋转。

传感器使用的其他示例有：数码相机（感测拍摄照片的方向）；绘图应用程序（重新规划屏幕以适应草图的期望尺寸或比例）。

图 10-7 显示了如何将倾斜角度转换为显示方向。图中测量了两种倾斜角度：前后和左右，并且定义了一些盲区（大约 ±5°）以防止抖动。为了改变方向，倾斜角度必须克服盲区，并保持处于新区域中，时间上满足 $t > t_{(dead\ zone)}$。

如果时间小于 $t_{(dead\ zone)}$，则不会有任何方向

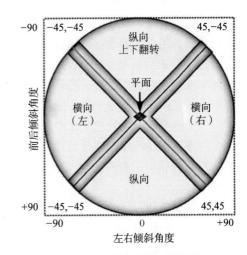

图 10-7 设备倾斜和感测方向

变化。这样的盲区有助于在改变设备方向之前确定设备的稳定位置。

如果两个倾斜角都落在中心区域的某个小百分比范围内，则该设备被认为是平放的，并且不会有任何方向变化。应采取预防措施来确定这个时间段和倾斜盲区，否则可能会导致错误的方向变化（例如，当用户放下设备时，可能无意中导致方向变化）。

电源管理

我们可以使用多个传感器来开启或关闭设备的电源。例如，如果满足以下条件，则设备开机：

1. 用户正手持设备。

2. 用户正在查看的显示屏呈垂直方向（不是水平）。

3. 设备保持在上述状态 0.5s。

设备无法开机：

1. 用户未手持设备，设备在用户的口袋或钱包中。

2. 设备平放在桌上，用户简单触摸或推动设备。因为若要使用设备，用户一定是以预配置的左右倾斜角度（如 ±15°）和前后倾斜角度（> −15°）来纵向观看显示屏。

3. 当设备方向不稳定时，预定义的超时将防止设备因瞬态信号而被唤醒。应该注意，这种超时时间要足够短，且不会对用户体验造成负面影响。

设备还可以使用触摸、接近和倾斜传感器，以防止由于默认系统不活动超时而导致的意外电源关闭或屏幕变暗。如果设备已经打开，同时用户持续手持该设备，则假定用户是有意开启，因此该设备的电源不会关闭。

设备还可以使用接近传感器来感测用户活动。如果接近传感器指示设备在近距离范围内运动，则重置设备空闲计时器。必须注意，在一定时间后，若指示的接近距离不变则忽略该指示，否则耗电量较高。

10.2　人机交互：手势识别

通过某些身体动作或运动来实现交互，并且不停止或不阻碍正在进行的用户活动 / 移动的移动界面模式被称为手势[12]。

智能手机等移动计算设备是日常生活中不可或缺的一部分，用户经常在移动场景下与智能手机进行交互，如在街上行走、开车、在公园慢跑等。有了灵活的、可编程的基于手势的用户界面，用户无须拿起设备查看，然后使用传统的屏幕菜单或触摸键盘来输入命令。用户可以在不停止当前动作的情况下，使用手势与各种应用程序进行无缝且直观的交互。例如，在开车或慢跑时使用手势，消除了停止驾驶 / 慢跑以与移动设备交互的需要。

为了支持这种基于手势的用户界面，需要一个有效的传感器设备系统。

一个基本的手势处理系统由如图 10-8 所示的组件构成：

1. **传感器**：收集数据并发送到移动设备的检测电路。

2. **检测机制**：检测并分离出预期的手势。例如，检测手部动作，并将其分类为滚动、缩放或平移。

3. **分类机制**：将检测到的传感器数据 / 手势分类为预定义的手势或噪声。

这种手势处理系统具有以下挑战：

1. 它需要连续监测传感器，这将快速消耗电力和设备电池电量。

2. 当用户在运动时，系统需要将非手势动作或移动噪声与预期手势区分开来。例如，当用户奔跑时，手部的摆动动作不是手势。如果用户四处移动，那么相同的身体运动在移动的情况下会有不同的特性。在这种情况下，手势变得很难处理，也很难与噪声区分开来。当用户静止和移动时，相同的手势将具有不同的传感器数据波形。

图 10-8　手势处理流程

下面讨论一个简单的手势架构，该架构可以在逻辑上分解为传感器架构和设备架构。

传感器架构执行运动感测和手势分割，将示例结构中的陀螺仪（可以检测旋转运动）添加到加速度计中可以提高手势分类的准确性。图 10-9 显示有：

- 基于加速度计和陀螺仪的分割器；
- 反馈控制器；
- 噪声滤波器（去除假分割）。

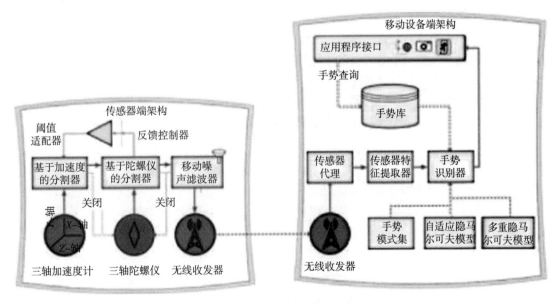

图 10-9　示例手势架构

基于加速度计的分割近似于手掌施加的力（*HF*），如下述公式所示：

$$HF = \sqrt{Ax^2 + Ay^2 + Az^2} - G$$

其中 *HF* 为手施加的力，*Ax*、*Ay*、*Az* 为三个轴方向的加速度，*G* 是引力常量。

如果 *HF* 大于某个预定义阈值（如 0.15 *G*），则触发手势。如果 *HF* 小于阈值，则认为手势停止。为了避免将单个手势分割成多个手势，这里存在一个附加的阈值，称为时间阈值。

在时间阈值内发生的所有手势都被认为是一个，并且被合并成单个手势。时间阈值之外的手势不属于先前"单个手势"的一部分。

基于加速度计的分割由下式给出：

$$HR = \sqrt{Gx^2 + Gy^2 + Gz^2}$$

其中 HR 是手的旋转度，Gx、Gy、Gz 是沿三个轴方向的旋转运动。

当 HR 大于预定义的陀螺仪阈值时，认为手势开始；当 HR 小于该陀螺仪阈值时，认为手势结束。

陀螺仪测量的旋转运动主要基于手的转动，很少基于身体转动，因为身体转动不频繁且速度很慢。通过陀螺仪阈值可以容易地滤除这种身体转动。由加速度计测量的线性运动是由手部运动、重力以及身体运动引起的，因此，基于加速度计的方法会比基于陀螺仪的方法产生更多分割误差。

反馈控制器方程为：

若 $(FP_{accel}(n) > MAX\_FP)$

则 Increment $(n) = \alpha (FP_{accel}(n) - MAX\_FP)$

若 $(FP_{accel}(n) < MIN\_FP)$

则 Increment $(n) = \beta (FP_{accel}(n) - MIN\_FP)$

Threshold $(n+1) = $ Threshold $(n) + $ Increment (n)

其中 Threshold (n) 和 $FP_{accel}(n)$ 分别为当前阈值和假正率，α 和 β 是根据经验确定的小约束。

图 10-10 显示了分割架构的操作，该分割架构使用基于陀螺仪的分割器来验证由基于加速度计的分割器检测到的手势段。基于陀螺仪的分割器非常精确，但比基于加速度计的分割器更耗能。由于基于加速度计和陀螺仪的分割器彼此串联，因此只有当加速度计分割器检测到手势时，才会激活陀螺仪分割器，以减少陀螺仪的通电时间。陀螺仪分割器在动态移动变化情况下，自适应地重新配置加速度计分割器，从而减少错误分割。

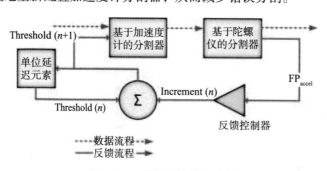

图 10-10　分割架构处理流程

陀螺仪分割器监测 FP_{accel}（加速度计分割有效但陀螺仪分割无效的假正率比率）。之后通过自适应控制加速度计分割器的阈值来调节 FP_{accel}。如果 FP_{accel} 超过最大容许限制（MAX_FP），则提高阈值；如果 FP_{accel} 低于最小容许限制（MIN_FP），则降低阈值。

虽然加速度计分割器移除了由动态移动变化引起的大多数错误手势，但仍然可能出现一些差错（如在移动情况下）。例如，当人们行走或者跑动时会挥动手臂，因此可能会产生一个"手部摆动"的假手势。我们使用一种滤波器，通过丢弃已发生超过几秒钟的手势则可以减少这种错误——因为走路时的手臂摆动时间比有效手势的持续时间长得多。

设备架构执行过程如下：

- 传感器代理 → 接收传感器数据，然后处理数据。
- 特征提取 → 生成需要分类（分析）的手势模式。
- 手势分类 → 使用自适应或多重 HMM 识别手势。
- 提供应用程序接口 → 管理与各种应用程序的交互。

在理解手势分类的细节之前，让我们简单地讨论一下 HMM（隐马尔可夫模型）。HMM 是统计马尔可夫模型，其中的模型系统被认为是一个含有隐藏状态的马尔可夫过程。在 HMM 中，该状态不是直接可见的，但依赖于该状态的输出是可见的。每个状态在可能的输出令牌上都有一个概率分布。因此，由 HMM 生成的令牌序列给出了一些关于状态序列的信息。

考虑如图 10-11 所示的例子，其中观察者不能看见房子里的用户。房子里有三个容器 X1, X2, X3…每个容器都包含标记为 y1, y2, y3…的球。用户选择一个容器并从中随机挑选一个小球，然后将小球排成一行。观察者可以观察到小球们的顺序，但不能识别球是从哪个容器中取出的。用户使用马尔可夫过程来选择容器，取出第 n 个球的容器的选择只取决于随机数和第 $n-1$ 个球的容器的选择。容器的选择并不直接依赖于之前选择的容器。

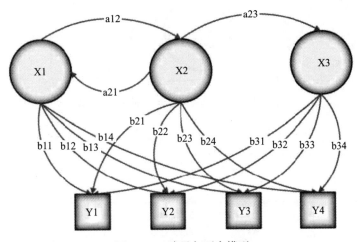

图 10-11　隐马尔可夫模型

由于不能观察到马尔可夫过程，只能看到标记的球的序列，因此这种排列被称为"隐马尔可夫过程"。

手势分类的精度在一定程度上受到身体运动产生的噪声影响，因为这些噪声会改变传感器数据的特征。可以采用自适应和多重 HMM 来解决这个问题。下面一些示例中，讨论了这些 HMM 如何在动态移动情境下准确分类手势。

在基本手势分类架构中：

- 针对每个手势构建 HMM 模型，基于收集到的一些手势样例 / 算法来训练 HMM 模型（如使用 Baum-Welch [13] 重新估计算法，用于寻找 HMM 的未知参数）。
- 构建一个单独的垃圾 HMM 模型，用于过滤经常发生的非手势动作或未定义的手势，例如行走时手部的摆动。

当使用传感器设备分割一个未明确的手势时，该手势可能被分类为有效的手势或垃圾手

势 / 移动。

过滤垃圾手势后，接下来对有效的手势进行识别分类：

- 基于从加速度计和陀螺仪获取的数据来计算特征向量序列（例如原始数据、增量数据和对每个数据轴的积分数据：3 种数据类型 ×3 个数据轴 ×2 个传感器节点 =18 个元素）。
- Viterbi 算法 [14] 用于查找手势模型的可能性。（Viterbi 算法是一种动态规划算法，用于查找最可能的隐藏状态序列——称为 HMM 的 Viterbi 路径。）
- 选择具有最高可能性的手势模型作为分类手势。

在如图 10-12 所示的自适应 HMM 架构中，HMM 模型被不断更新以更好地适应当前场景。一些算法（如最大似然线性回归（MLLR））可用于计算线性变换，以减少初始模型集（包括垃圾模型）与适应数据之间的不匹配情况。

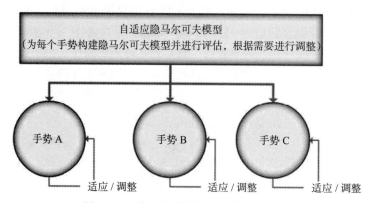

图 10-12　自适应隐马尔可夫模型（HMM）

在如图 10-13 所示的多重 HMM 架构中，HMM 针对每种移动场景而构建。多重 HMM 捕获在不同移动情况下执行的手势。为了训练多重 HMM，需要离线收集每个场景的足够数量的手势数据。

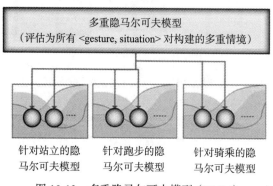

图 10-13　多重隐马尔可夫模型（HMM）

为每一对 <gesture, mobility situation> 构建并训练 HMM。如果定义的手势数为 M，移动场景数为 N，则构建和训练 $M \times N$ 个 HMM，如果站立、走动、跑步和骑乘是代表性的移动场景，则在这四种场景中采集手势样本，并为每个手势训练 4 种 HMM。

垃圾模型以与基本模型相同的方式从所有模型中派生而来。

10.3   传感器使用

现在让我们看一下借助移动设备中的传感器可能实现的各种用例。该表列举了一些关键功能，如终端（如表 10-6 所示）、用户（如表 10-7 所示）、手势（如表 10-8 所示）、音频（如表 10-9 所示）、位置（如表 10-10 所示）、生物传感器（如表 10-11 所示）和轻传感器（如表 10-12 所示）。

表 10-6   终端功能

功能	算法	应用场景
	面朝上 / 下	设备面朝下，因此处于待机状态或静音
	检测设备是否为纵向向上 / 下	根据设备的持握位置平滑地改变屏幕方向
	检测设备是否为横向向左 / 右	根据设备的持握位置平滑地改变屏幕方向
终端	检测设备是否处于静止 / 运动状态	可用于电源管理，作为激活时的触发器
	检测设备是否在手上、口袋、钱包或手袋中	设备可以更改安全设置，具体取决于设备是否在用户手上或是临近位置，或不在用户身上
	检测设备是否在桌面上	如果用户忘记设备被放在桌上，则该设备可以提醒用户

表 10-7   用户功能

功能	算法	应用场景
	确定用户处于移动的汽车中	更新设备以帮助用户使用地图，启用 GPS 并处于免提模式
	判断用户是否处于静止状态	用户在餐厅内，因此 GPS 可以关闭或处于低功率状态，直到用户开始行走（电源管理）
	判断用户是否在骑自行车	如果用户正在骑车，那么设备可以跟踪用户活动并计算消耗的卡路里。低延迟运动可用于交互式游戏
	判断用户是否在行走	检测用户从静止到行走的过程以节省电力。此外，还可用作计步器来追踪用户活动
用户	判断用户是否在跑步	如果用户正在跑步，那么设备可以跟踪用户活动并计算消耗的卡路里。设备可以在过渡期间使用
	低延迟：跑步、行走、跳跃和静止	用户可以使用设备玩第一视角游戏，模拟人物会模仿用户的动作。让用户置身游戏中
	判断用户是否在飞机上	当用户在飞机上时，设备将关闭无线电
	判断用户是否在火车、公共汽车或船上	当用户在火车、公共汽车或在船上时，设备将自动在最佳连接（Wi-Fi、3G 等）之间切换，并更新路线、到下一站的时间等信息
	判断用户是否为司机	如果检测到用户为汽车驾驶员，那么设备可以自动进入免提模式，并根据驾驶 UI（地图、GPS、方向等）自动进行更新

表 10-8   手势功能

功能	算法	应用场景
	单、双、定向轻击	可用作游戏或产品的 UI 输入。当在设备上阅读时，可以使用轻击手势翻页，取代双指滑动
	摇动检测	用户可以通过摇动来唤醒或更新设备
	平移手势	用户可以对周围场景进行 360° 全景拍摄
	缩放手势	用户可以通过向前 / 向后倾斜设备来放大 / 缩小图像
手势	单击、双击	用户可以点击设备上的任何位置（不仅限于屏幕上的玻璃）作为输入
	举起查看	用户只需拿起设备并查看它即可登录设备（如面部识别）。它可以为特定用户量身定制体验方式
	定向点击	当用户在玩第一视角射击游戏时，敲击右侧射击，敲击左侧改变武器。UI 增强

（续）

功能	算法	应用场景
手势	检测用户是否已将设备从耳朵旁移除并放在桌面上（仅电话）	自动挂断电话
	将设备垂直举起以便拍照	该设备将自动启用相机应用程序并提示用户拍照
	用户可编程手势	在 OEM 级别，OEM 可以通过手势启用 OEM 应用商店。在 ISV 级别，可以使用高级 UI 来增强游戏。在用户级别，用户可以使用特定手势作为其登录机制

表 10-9 音频功能

功能	算法	应用场景
音频分类	检测嘈杂（人群）环境	调整设备设置以适应周围声学环境（音量、通知、警报）
	检测噪声（机械噪声）环境	
	检测刮擦的声音	
	检测安静的环境	
	检测语音或检测关键字（可触发设备的特殊字或短语）。可用于用户识别	支持语音的个人助理执行用户交互；使用户能够"主动"向设备验证自己；使用户能够"主动"验证另一个用户身份以使用设备（可能无法访问设备上的每个应用程序的儿童或家庭成员）
	侧边音量控制（电容式传感器）	用于音量控制

表 10-10 位置功能

功能	算法	应用场景
位置	确定用户是否在已知的 Wi-Fi 热点附近	用户可以识别和标记位置（家、工作单位、学校等），因此可以将设备定位到所标记的地方
	连续位置：确定绝对位置，无论用户是在室内或室外	用户可以连续地追踪他们的位置，设备可以提示用户这些位置是否经常使用，并提醒添加至重要位置（例如，祖父母家）
	使用航位推算精度计算室内位置。在室内/室外切换和 GNSS 缓冲的帮助下，能够区分商店级和过道级精度	一旦用户进入购物中心，设备就可以引导用户进入商店。该设备可以提醒用户频繁光顾的商店是否有优惠
	通过多因素三角测量（语音、位置、通信（蓝牙等））确定用户是否在距离手机 5 米以内	在安全区域（家），可以降低认证要求，从而能大声朗读收到的电子邮件或文本

表 10-11 生物传感器功能

功能	算法	应用场景
生物传感器	与健康有关的无线生物传感器	设备可以通过血氧计和心率监测仪精确地估算消耗的卡路里
	步态健康	设备可以分析易患癫痫病的用户的步态，如帕金森患者
	图像跟踪减肥	设备跟踪用户一段时间并拍摄图片，向用户显示其已减去多少重量以给用户动力
	用户水合状态警报	设备可以使用温湿度传感器来提供适当水合状态信息
	空气质量警报	设备可以提醒用户注意烟雾或过敏原，并建议用户服用过敏或哮喘药物，或采取预防措施来防止烟雾
	声音质量	设备可以自动检测用户是否声音嘶哑
	皮肤分析	设备可以通过相机分析用户的外貌（如是否患黄疸）
	随时随地吃得健康	当进入餐厅时，设备会为糖尿病患者或需要减肥的人提供菜单选择建议

表 10-12　轻传感器功能

功能	算法	应用场景
轻传感器数据	知道用户日历上的计划内容，以及会议对象、会议地点等	在会议之前，设备可以提醒用户会议时间和路线信息
	知道用户联系人信息；了解用户的朋友（以及用户的圈子）	根据位置创建惊喜：当用户和最好的朋友同时在某个地方时，发出提醒
	知道用户手机上安装了哪些应用程序；知道用户使用每一个手机应用程序的时间，知道用户使用每个应用程序的"种类"（娱乐、工作、金融、旅游、游戏等）	设备自动为用户量身定制 home 界面，包括用户偏爱的应用程序、时间显示、位置信息、情境信息等
	知道过去 3 个月用户访问过的 URL；知道用户访问的 cookies；知道用户在过去 x 月购买的东西	设备可以根据用户购物历史记录和促销提醒来对用户进行推荐

10.4　传感器实例

本节将讨论一些传感器实例及其用法。

光盖关闭传感器——Capella

CM36262[15] 有一个可以帮助关闭触摸屏设备的光盖传感器、一个控制屏幕亮度以延长电池寿命的环境光传感器，以及一个感应距离的接近传感器，当把设备 / 手机放置在耳朵边时，会关闭拨号功能。

该芯片使用更便宜且更可靠的光学方法而非磁铁或机械开关来感测触摸屏设备上的光盖或覆盖物。当芯片检测到屏幕被覆盖或设备面朝下时，设备开始进入低能耗模式。该芯片无须将嵌入式磁铁对准传感器以启动设备的低能耗模式。

该光学方法可以区分用户手部的阴影与光盖（或覆盖物）的阴影，这允许设备在用户的手握住屏幕或点击触摸屏时正常运行，而仅在光盖闭合时关闭。该芯片与红外 LED、接近传感器一起工作，以识别用户点击触摸屏的行为。红外 LED 从设备的触摸屏发射红外线。当用户的手放在屏幕上时，接近传感器内的光电二极管检测暗度，同时感测透过用户手掌传播过来的红外线。当触摸屏被光盖合上或被覆盖物覆盖时，接近传感器无法侦测到红外线，从而关闭触摸屏。

Pico Projector——STM

STPP0100 和 STPP0101[16] 芯片是集成视频处理器和应用程序控制器，可用于激光微投影系统和 HD 激光微投影系统。它可以集成到手机、平板电脑、数码相机、摄像机、游戏机和 MP3 播放器等移动设备中。这些芯片采用视频输入流，使其以正确的颜色 / 时序来调制激光，将结果输出到激光二极管驱动器接口上，并生成 ST MEMS 镜像驱动命令。

Haptics——AMI, Immersion

借助浸入式触觉技术，用户可以在按下虚拟按钮、滚动列表或翻到菜单末端时感受到振动或阻力。在带有触觉（haptics）的视频或移动游戏中，用户可以感觉到枪的后坐力、引擎的转速或球棒与球碰撞的感觉。在模拟心脏起搏导线的放置时，用户可以感觉到通过跳动的心脏来导引导线时所遇到的力，从而提供了执行此过程的更真实的体验。

触觉可以通过以下方式增强用户体验：

● **提高可用性**：触觉创造了丰富的多模式体验，通过触摸、视觉和声音提高了可用性。

从用户在选择虚拟按钮时的触摸确认到通过第一视角射击游戏中的触觉而感知到的情境信息，触觉通过更充分地调动用户的感官来提高可用性。

- **增强真实感**：触觉通过激发感官并让用户感受到应用程序中的动作和细微差别，将真实感注入用户体验中。这在仅依靠视觉和音频输入的游戏或模拟等应用程序中尤为重要。这种包含触觉反馈的形式提供了额外的情境信息，并为用户创造了真实感。

- **恢复机械感**：如今的触摸屏驱动设备缺乏人类经常需要的物理反馈来充分理解它们的交互情境。通过为用户提供直观且无误的触觉信息，触觉可以创造更棒的用户体验，并且还可以通过克服干扰来提高安全性。当音频或视觉信息不充分（如工业应用）或涉及干扰的应用（如汽车导航）时，这一点尤为重要。

触觉可用于移动电话、汽车、消费者、商业电子产品、游戏和医疗器械。例如：

- **自动驾驶**：Lexus 的远程触摸界面（RTI）触摸板——在驾驶员查看车辆菜单和系统时，触摸板会发出轻微的敲击声和脉冲，帮助驾驶员直观地浏览选项。

- **消费者 / 手机**：触摸屏有各种菜单选项的振动反馈。

- **商用**：Samsung Smart MultiXpress 系列 MFP 也被认为是业界首款触觉技术应用，通过振动再现触感，带来更直观的用户体验。

- **游戏**：Thrustmaster TX Racing Wheel Ferrari 458 Italia Edition 可以让用户真切感受到虚拟的道路。当用户快速转弯时赛车的行驶方式非常逼真，用户就像是直接坐在赛车里，转向时的力量反馈非常强劲、细致、快速。

抓握检测

用户操作移动设备的手势是影响移动设备的重要因素。手势（持握、一只或两只手、手势、手指数量等）显著影响移动设备的性能和使用。例如，用食指选择移动设备屏幕上的选项比用拇指方便、用双手操作设备比单手方便。同样，用惯用手操作设备比用非惯用手更方便。现今，大多数移动设备无法预料它们是如何被操作的，因此不能自适应地响应不同用户使用设备的手势。

抓握传感器 [17] 可以借助触摸屏、内置惯性传感器（陀螺仪、加速度计）和内置执行器（振动马达）推断手部姿势和压力。抓握传感器通过一系列交互过程（如轻击、滑动屏幕）来检测手势。它可以推断出用户是否使用食指、左手拇指、右手拇指来操作设备，用哪只手握着设备，或者推断出手机是否处于平放状态。抓握传感器通过测量设备的旋转、触摸尺寸和滑动屏幕的弧度来进行这种感测。此外，它还利用内置的振动马达来帮助推断施加到移动设备屏幕的压力大小。例如，用户可以利用抓握传感器通过压力输入来放大和缩小地图，还可以检测手机是否被挤压（并让处在口袋里的手机快速静音）。

抓握传感器的设计：抓握传感器使用触摸屏交互和设备旋转信息来推断手机是否：

- 在用户的左手，且用户使用左手拇指操作；
- 在用户的右手，且用户使用右手拇指操作；
- 被用户用一只手拿着，且用户使用另一只手的食指操作；
- 被平放在桌面；
- 仅被用户握在手里，未操作。

抓握传感器使用三个组合特征来检测手势：

1. 旋转的相对变化；
2. 触摸面积大小的变化；

3. 手指滑动的弧度方向。

设备的旋转：第一个特征是当用户触摸屏幕时设备的旋转。当用户与设备进行单手交互时，手机对触摸屏幕顶部做出的旋转响应要大于对触摸屏幕底部做出的旋转响应。当使用拇指触摸设备屏幕的顶部时，手指需要移动设备以补偿拇指的有限范围；当用户使用拇指触碰屏幕的底部时，移动角度会减少。当用户使用食指触摸设备屏幕时，触摸顶部时设备的角度移动与触摸底部时的相同。当设备放在桌子上时，在触摸事件被感知之前，这些参数都没有变化。为了使设备更好理解，将陀螺仪绕 X 轴运动的角速度存储在缓冲区中，然后使用低通滤波器将低频角速度从存储的数据中分离出来，记录触摸屏幕上三分之一和屏幕下三分之一时的最后两个角速度。如果触摸顶部的角速度变化差异比触摸底部的角速度变化差异大 5 倍，则被认为是基于拇指的交互。如果两者的差值小于三次连续触摸的阈值，则认为是基于食指的交互。

当用户左手握住电话并用左手拇指操作时，由于拇指的活动范围有限，导致触摸屏幕右侧的移动角速度大于触摸另一侧屏幕的角速度。如果用户右手握住电话并用右手拇指操作，则触摸屏幕左侧的移动角速度大于触摸另一侧屏幕的角速度。

当判断出用户使用拇指进行交互时，检测屏幕左三分之一和屏幕右三分之一的触摸，使用陀螺仪 Y 轴（不是 X 轴）的方差来确定手机是在用户的右手还是左手。如果左侧最后两次触摸的角速度的变化大于右侧变化，则假设电话处于用户的右手；如果右侧最后两次触摸的角速度的变化大于左侧变化，则假定电话处于用户的左手。如果在连续触摸中角速度的差异大于 10 倍，则做 "high confidence flag" 标记，用于最终决策。

触摸面积大小：这个特征是指触摸屏不同区域内触摸面积大小的变化。在单手交互中，拇指的形状和设备的旋转速度会影响设备屏幕左右两侧的触摸面积的大小。拇指同一侧的触摸面积大小小于距离拇指较远一侧的触摸面积大小。

设备屏幕可分为 6 个部分（左侧 3 个、右侧 3 个），存储最后两个触摸大小，以推断交互是基于拇指还是其他手指。针对基于拇指的交互，在相同屏幕高度的三分之一的情况下，左三分之一和右三分之一的触摸大小的平均值的差异超过 25%。如果差异小于 25%，则认为是基于食指的交互。右手拇指的交互将在屏幕左侧有更大的点击面积，而左手拇指的交互将在屏幕右侧具有更大的点击面积。如果在连续触摸中触摸面积大小的差异大于 40%，则做 "high confidence flag" 标记，用于最终决策。

滑动弧的形状：此特征使用用户在屏幕上滑动时滑动的弧度来确定用户的手势。当使用食指滑动时，滑动弧不连贯。当使用拇指时，用户在屏幕上的滑动呈一个夸张的弧线而非一条直线。如果用户使用右手拇指与设备屏幕交互，则在屏幕左侧形成夸张的弧形，反之亦然。如果垂直滑动的开始位置和结束位置的坐标差异大于屏幕分辨率的 5%，则抓握传感器判断用户使用两个拇指姿势（右手拇指或左手拇指）中的一个操作设备。

有时拇指滑动会导致手机进行旋转而非画出一条弧线。右手从底部到顶部的滑动会导致设备进行逆时针旋转，反之亦然。手机的滑动弧线和旋转角度可以共同帮助确定用户的操作手势。与上述两种特征一样，当系统连续两次偏向同一姿势时，转向最终决策。

最终决策：如果存在滑动，则依靠对每个特征的投票数来决定手势。

- 如果三票都无效，则该手势被标记为 "unknown"。
- 在没有滑动的情况下，
  - 只有当触摸面积大小和旋转投票有效，或其中一个特征设置为 " high confidence

flag"时，才会做出最终决策。

- 如果两种特征都有不同的决策，那么系统选择具有"high confidence flag"的特征结果。
- 如果设置了两个"high confidence flag"，或者都未设置，则将手势定为"unknown"。

检测施加到触摸屏上的压力：用户在设备触摸屏上施加的压力按程度可以分为轻、中、重。抓握传感器使用陀螺仪和振动马达来帮助手势分类（如图 10-14 所示）。

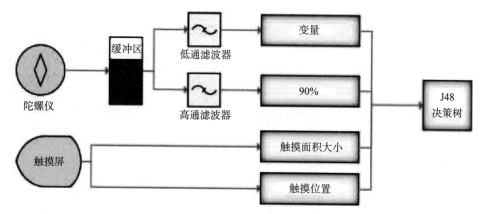

图 10-14　抓握传感器压力检测组件

下面是一些假设：

- **阻尼马达引起的振动**：当用户触摸屏幕时，内置的振动马达触发，用户的手将随着这些振动而振动，并施加一部分压力到设备屏幕上。设备上的陀螺仪可以测量最终的阻尼效果。
- **触摸引起的振动**：当用户在触摸屏上施加力时，用户的拇指和支撑设备背面的手指之间会产生振动。这种振动发生是因为用户的拇指和其他手指试图不断地补偿施加在触摸屏上的压力。与振动马达引起的振动相比，这种振动的频率要低得多，并且与振动马达无关。

阻尼马达引起的振动和触摸引起的振动可以共同帮助确定用户的触摸压力和强度。

触摸可以触发手机的内置振动马达，通过内置陀螺仪可以将围绕三轴的角速度存储在缓冲区中，如图 10-14 所示。低频触摸振动是通过低通滤波器传递信号而获得的，而马达引起的振动则是通过高通滤波器传递原始信号而获得的。如果用户用力按压屏幕，则用户的手造成的阻尼效果较高，使用观测信号高频分量的 90% 即可达到阻尼效果。对于低频信号，可利用信号方差对手机的移动进行量化。

如图 10-14 所示，屏幕触摸与振动分析和触摸区信息一起用于确定用户施加的压力。因为手和拇指或其他手指吸收的马达振动也取决于屏幕上的触摸位置，因此在计算中增加了触摸区信息。可以使用机器学习工具（如 Weka [18]）利用陀螺仪数据以及触摸屏特征（区域和大小）来分类压力水平。

可以使用类似的技术来定量分析按压和抓握手势施加在触摸屏上的压力。例如，用户无须将手机拿出，便可通过按压放置在口袋或钱包中的手机来快速静音。

类似的技术也可用于其他应用程序，如导航或键盘输入。例如，用户可以通过在触摸屏上施加更大的压力来放大屏幕或改变字母。

10.5　参考文献

[1]　Jacobs D. Technical article "Gesture sensors revolutionize user interface control".

[2]　Moyer B. Sensors in Windows: Microsoft Lays Down the Law. Electronic Engineering journal article.

[3]　Sensor and Location Platform. <https://msdn.microsoft.com/en-us/library/windows/hardware/dn614612(v=vs.85).aspx>.

[4]　Sensor Categories, Types, and Data Fields. <https://msdn.microsoft.com/en-us/library/windows/hardware/ff545718(v=vs.85).aspx>.

[5]　Sensors Overview. <http://developer.android.com/guide/topics/sensors/sensors_overview.html>.

[6]　Chary R, Nagaraj R, Raffa G, Cinotti TS, Sebestian P. Sensor-based power management for small form-factor IA devices.

[7]　Hinckley K, Pierce J, Sinclair M. Sensing techniques for mobile interaction, <ftp://ftp.research.microsoft.com/pub/ejh/PPC-Sensing_color.pdf>.

[8]　Pulli P, Hyry J, Pouke M, Yamamoto G. User interaction in smart ambient environment targeted for senior citizen. Med Biol Eng Comput 2012;50:1119−26 doi:10.1007/s11517-012-0906-8 Received: May 1, 2011/Accepted: April 10, 2012/Published online: April 26, 2012 International Federation for Medical and Biological Engineering 2012.

[9]　Harrison B, et al. Squeeze me, hold me, tilt me! An exploration of manipulative user interfaces, CHI'98.

[10]　Hinckley K, Sinclair M. Touch-sensing input devices, CHI'99. p. 223−230.

[11]　Zhai S, Morimoto C, Ihde S. Manual and Gaze Input Cascaded (MAGIC) pointing, CHI'99. p. 246−253.

[12]　Park T, Lee J, Hwang I, Yoo C, Nachman L, Song J. e-Gesture: a collaborative architecture for energy-efficient gesture recognition with hand-worn sensor and mobile devices, e-Gesture.

[13]　Baum−Welch algorithm. <https://en.wikipedia.org/wiki/Baum%E2%80%93Welch_algorithm>.

[14]　Viterbi algorithm. <https://en.wikipedia.org/wiki/Viterbi_algorithm>.

[15]　Industry's First Optical Lid Sensor Chip for Tablet Computers and Notebooks. News item at the CAPELLA MICROSYSTEMS website.

[16]　STPP0100, STPP0101 Laser pico projection specific image-processor datasheet (STMICROELECTRONICS).

[17]　Goel M, Wobbrock JO, Patel SN. GripSense: using built-in sensors to detect hand posture and pressure on commodity mobile phones.

[18]　Drazin S, Montag M. Decision tree analysis using Weka machine learning—Project II.

传感器应用领域

本章内容
- 增强现实
- 传感器在汽车行业中的应用
- 传感器在能量收集中的应用
- 传感器在健康产业中的应用

11.1　传感器应用简介

传感器和传感集线器有许多应用。随着生物学和微电子学等先前不相关领域的创新和技术进步，许多新的应用正在出现，并将继续在已知或未知的领域中扩展[1]。

表 11-1 中列出了传感器应用的一些关键领域。

表 11-1　传感器应用领域

领域	应用案例
汽车行业	安全气囊系统、车辆安全系统、前照灯调平、侧翻检测、自动门锁、主动悬架
消费者	电器、运动训练器材、电脑外围设备、汽车及个人导航设备、有源低音炮
工业产业	地震探测和燃气切断、设备健康、冲击和倾斜感应
军事领域	坦克、飞机、士兵装备
生物技术	DNA 扩增与鉴定、显微镜、有害化学检测、药物筛选、生物传感器和化学传感器

11.2　增强现实

增强现实[2-3]表示在实际物理视图或内容上实时叠加或添加计算机生成的视图或内容，由此获得的视图或内容可通过来自成像设备（相机）、全球定位系统（GPS）、数据或音频设备（麦克风）等设备和传感器的额外信息而得到增强。用户将真实和虚拟视图或者内容整体都视为真实的。增强现实不同于虚拟现实，在虚拟现实中，整个真实世界环境被虚拟环境所取代。

当传感器收集的情境信息被对齐或叠加到真实环境中时，它增强了用户对现实的感知或使用户能够对周围真实世界的信息进行交互或操作，这种方式被称为情境感知增强现实。图 11-1 显示了构成增强现实的基本组件。

随着计算能力的提高，可用的先进情境感知传感器、成像设备、广泛适用的移动计算以及使用情境感知的增强现实应用，在交互式游戏、广告、军事装备、导航、商业和教育行业等领域进行了广泛的革新。

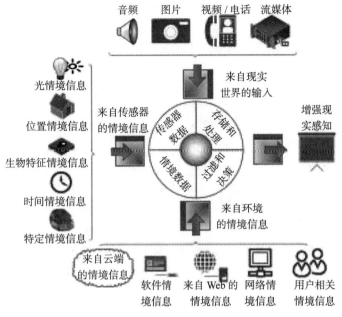

图 11-1　情境感知增强现实的组件

11.2.1　增强现实的硬件组件

如图 11-1 所示，增强现实的基本硬件组件是：

- 提供真实世界数据的设备，如实时音视频。
- 提供有关用户环境的情境信息的传感器，如位置传感器、生物传感器和环境传感器。
- 云服务、Web 服务、网络或其他存储用户偏好数据的源，以提供附加情境数据[4]。
- 将硬件生成的数据合并或叠加到真实环境中的中央处理器硬件。
- 向用户投影 / 呈现增强现实效果的最终硬件组件，如移动设备的交互式屏幕。

11.2.2　增强现实的架构

图 11-2 显示了不包含增强现实的高级模型[3,5]，其中来自输入设备的真实数据被直接推送到显示器 / 用户界面。每个输入设备可以同时向显示器 / 用户界面发送数据，例如位于不同地理区域的团队成员之间的视频会议这一情境。

图 11-2　无增强现实的模型

图 11-3 显示了具有增强现实的架构模型。在该架构中，来自输入设备的真实数据被输入到增强现实模型覆盖层，覆盖层还从设备传感器中接收与用户周围各种环境参数相关的实时情境信息。用户偏好或被动情境（如历史用户决策）由云服务、Web 服务器、网络和软件组件等各种信息源提供。

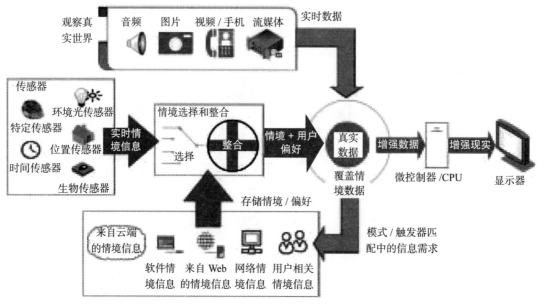

图 11-3   有增强现实的模型

　　覆盖层将真实数据与来自传感器的情境数据和来自其他信息源的被动情境数据进行融合，以获得增强数据。例如，输入数据可以是地标附近的用户的视频或图片。这种覆盖可以具有模式匹配器，该模式匹配器会使用模式匹配技术将接收到的输入（这个例子中为视频或图片）与一组预定义或存储的应用程序特定的模式进行匹配。这些模式可能是世界各地的地标、著名的汽车模型或博物馆文物，甚至是与音乐或歌曲相关的音频样本。如果匹配器在输入数据与它的预定义模式之一（如地标、车辆模型和音频样本）之间匹配成功，那么它将通知覆盖层有关该匹配的信息。接着，覆盖层将从 Web 服务或云服务之类的被动情境源中获得模式（如地标、汽车模型或博物馆文物）信息，之后将该信息与接收到的输入数据（如图片、音频或视频）进行整合。增强后的数据将包含用户数据（如视频或图片），这些数据标记了来自情境源的各种信息（如位置、时间，以及已知地标、汽车模型或人工制品的特定信息）。

　　增强后的数据将在设备的微控制器或 CPU 中进行最终处理，之后在设备的用户界面（如显示器或设备扬声器）呈现给用户。

11.2.3   增强现实的应用

　　增强现实有许多可能的应用，可以分为以下几类 [6]：

- **商业**：广告活动可以利用增强现实技术在线推广产品。例如，当用户在产品网站上向网络摄像头展示广告宣传单时，网站会向用户显示广告中产品的详细信息或模型。增强现实也可用于向用户展示产品原型，例如，可以向用户显示一个增强图像而不是构建昂贵的原型，在该图像中，根据新模型的要求对真实汽车的车身进行增强。带有增强现实功能的虚拟更衣室以及智能手机或平板电脑上的网络摄像头，可以让用户虚拟穿戴任何选定的服装。这种虚拟更衣系统会自动检测用户身体上的相关点，并相应地搭配衣服、鞋子、珠宝或手表之类的物品，以在设备屏幕上产生 3D 视图供用户选择。

- **娱乐 / 游戏** [7]：增强现实正以惊人的用户体验给游戏行业带来改变。由于传感器、

GPS 数据、先进计算环境以及高分辨率显示器的应用，即使像智能手机这样的小型
设备也可以支持高级游戏。例如，在手机上的射击游戏中，目标角色可以和真实世
界背景加以整合并在显示器上显示。

- **教育**：在培训期间，不同的演示需要操作不同的设备，而某些设备非常昂贵。增强
  现实提供了解决方案，学生可以通过增强的现实世界模拟来操作此类设备，避免任
  何因操作错误而产生的负面后果，如空军飞行模拟器和军事训练演习。

- **医学** [7]：医学院学生和医生可以使用先进的增强现实功能在受控环境中进行手术，并
  使用增强图像向患者解释复杂的医疗状况。增强现实技术还可以通过在病态器官或
  身体的真实视图中整合来自不同信息源（如 MRI 或 X 射线）的放射学数据，为外科
  医生提供增强的视野和感知，从而降低手术风险。例如，在神经外科手术中，增强
  现实可以将从放射学数据获得的 3D 脑图像叠加到患者的实际解剖结构上。这可以在
  许多方面给神经外科医生提供帮助，如确定手术的确切位置和切口深度等。

- **基于位置的服务**：增强现实在提供先进的基于位置的服务方面非常有用。例如，当智
  能手机用户将相机指向博物馆中的艺术品时，增强现实技术可以将该艺术品与其存
  储的信息相匹配，并且将相机图像与该艺术品的信息叠加（可能呈现 3D 视图）。类
  似地，可以通过增强现实生成的"PIN"来识别用户位置。

11.2.4　增强现实中的传感器融合

在将虚拟图像 / 对象对准真实世界图像 / 对象或场景时，两者准确对齐是非常重要的。
为了实现这一点，需要对输入设备（如照相机）的位置进行足够精确和快速的跟踪，以适应
不断变化的真实世界的图像、对象或场景。单个传感器无法有效跟踪输入设备的位置，因此
可能需要传感器融合 [8]。

图 11-4 显示了在无人机（UAV）中使用的增强现实融合系统实例 [9-10]。

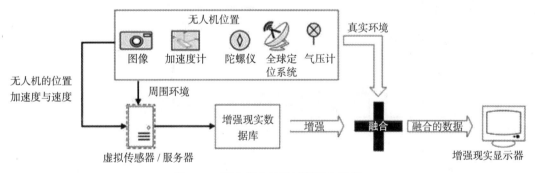

图 11-4　无人机中的传感器融合实例

该系统包括四个基本步骤：

1. **使用传感器获取真实场景的信息**：无人机将配备导航传感器，如惯性导航系统（INS）、
GPS 和气压传感器。无人机还可以配备单色、彩色和红外视觉传感器，以及二次成像系统
（通过激光测距仪改进的视觉系统）和雷达等设备。

2. **分析和处理真实场景信息**：无人机的导航部件融合 INS/GPS 和气压传感器数据，以
生成无人机使用的导航方案 / 场景。无人机上的成像传感器将观测静态场景并捕获目标位
置。将成像传感器数据融合以绘制真实世界坐标中已知目标的图像位置。

3. **生成虚拟场景**：模拟或虚拟传感器与增强世界中的虚拟实体交互。增强世界里有很多为虚拟实体创建的项目，如操作空间的 3D 地形、模拟车辆、静止或移动目标，以及真实无人机的实时虚拟实体。在该虚拟环境中，来自真实无人机的地面控制站的数据（如位置、速度和加速度数据）与模拟的无人机模型相关联，模拟无人机在虚拟 / 合成 3D 世界中的移动对应于真实 3D 世界中真实无人机（模拟无人机是虚拟实体）的移动。

4. **真实 - 虚拟数据融合以及用融合信息显示真实场景**：数据融合是指通过从真实和虚拟传感器获取的信息混合，对增强世界的状态进行估计。无人机的增强现实是指无人机传感器观测到的真实世界通过 AR 系统的虚拟观测而得到增强，将虚拟传感器和合成环境的观测结果进行特征提取，并将其转化为一个通用的参考系（地球坐标系）。根据无人机的相对位置和姿态、车辆上传感器工作负载的位置以及传感器模型特性，可以在坐标系内计算出车辆在观测中的位置。

图 11-5 显示了无人机头部跟踪器的地面控制单元组件。头部运动是根据偏航（由左右查看引起的左右移动）、俯仰（由头部上下移动引起）和翻滚（由头部侧向倾斜引起）来跟踪的。

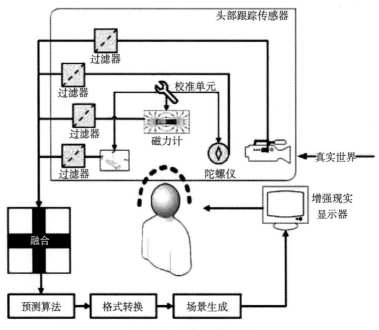

图 11-5　头部跟踪系统

头部跟踪器[11]使用加速度计来测量沿三个轴的线性加速度、使用陀螺仪来测量角速度、使用磁力计来测量地球磁场的强度和方向。加速度计还能测量地球的重力，因此可以提供加速度的大小和方向。当使用所有三个传感器，并且在三个方向上测量传感器数据时，所得到的头部跟踪器被称为 9- 轴或 9- 传感器模块。

传感器融合将来自各种传感器的数据组合成比单个传感器更精确的输出。在无人机头部跟踪器的地面控制单元中，融合算法还有助于融合从成像传感器 / 摄像机 / 视频捕获的真实视频场景和来自头部跟踪传感器的传感器数据。融合后的数据通过一种预测算法，在较短的时间内预测出头部的运动方向，从而减少头部跟踪器的响应时间。之后格式转换器将数据处理成一种可在显示器上显示增强场景的特殊格式。

11.2.5 增强现实中的深度传感器

在将虚拟图像 / 对象对准真实世界的图像 / 物体或场景上时，两者准确对齐是非常重要的。为了实现这个效果，需要准确确定如照相机这样的输入设备的位置和方向，而深度传感器[12]可用于此任务。这些深度传感器可以沿着环境的实际深度值（深度线索）跟踪单眼线索（二维并且通常通过单个传感器观察）。深度传感器的作用是测量到目标的距离。

基于这种技术，有两种类型的深度传感器可用于获得深度信息：

1. 使用来自目标的返回信号强度的传感器，其中信号强度与目标距离成反比。

2. 使用飞行时间信息的传感器，其中数据或信号带有时间戳，并且会通过信号数据和返回时间来测量准确的时间 / 距离。

手势[13]识别是一个可以将深度传感器和跳跃运动传感器结合使用的例子。跳跃运动传感器提供关于检测到的手指数量、指尖的 3D 位置、手掌中心的位置以及手的方向的数据。该数据在处理后可提供关于指尖角度（掌上指尖的方向）、指尖距离（指尖距掌心的 3D 距离）、指尖高度（指尖与掌面的距离）和指尖位置（3D 空间中指尖的坐标）的信息。

深度传感器 / 摄像机数据提供关于手的弯曲度、手的形状（通过手部轮廓上每个点距离手掌中心的距离来确定），以及手势中相互关联的组件的大小和数量的信息。

可以通过手势识别系统从跳跃运动传感器和深度传感器的组合信息中识别出手势[14]。这种手势识别系统的主要步骤是：

1. 使用颜色和深度数据将手部样本从背景中分割出来：

a. 将样本的颜色与用户的参考肤色（先前已获得）进行比较，评估每个样本颜色与参考肤色之间的差异，并丢弃色差低于预定阈值的样本，保留与用户肤色匹配的样本。这些样本可以是用户的手、脸或其他身体部位。

b. 搜索深度图上具有最小深度值的样本并将其选作手部检测过程的起点。为了避免选择孤立的对象，需要提供足够数量的样本，且具有相似的最小深度值。

c. 将手部样本进一步分成手掌、手指和手腕或手臂样本。其中手腕 / 手臂样本被忽略，因为它们没有关于手势的有用信息。

2. 从分割的样本中，获得与指尖和手掌的特征相关的信息，例如从手掌中心到指尖的距离、指尖相对于手掌的高度、手掌和手指区域轮廓的曲率、手掌区域形状、手指是否抬起或弯曲等。

3. 将所有提取的特征收集到表示手势的特征向量中。

手势特征向量 $F=[F_{Distance}, F_{Elevation}, F_{Curvature}, F_{Palm\ Area}]$ 包含四个特征向量。该手势特征向量被提供给多类别支持向量机分类器，该分类器将其与数据库中的多种手势进行匹配并识别用户的手势。

深度传感器在识别手势方面起着至关重要的作用，不需要额外像手套或其他可穿戴设备那样的特殊物理设备。因此，它们可以与移动和可穿戴设备（如智能手机或平板电脑）在 3D 虚拟 / 增强环境中进行更自然的交互。

11.3 传感器在汽车行业中的应用

在汽车[15]行业中安装和使用传感器技术，以确保更安全、更舒适的用户体验。这些传感器获取气压、汽车胎压或各种磁场等物理读数，并将其转换为电子信号进行额外处理，以便用户能够根据需要理解这些信息并进行操作。此传感器信息还可以提醒或通知用户任何有关安全的问题。

表 11-2 列出了可安装在车辆上的一些传感器，用于执行与汽车状态更新、安全性和舒适度相关的功能以及数据测量。

表 11-2　汽车应用中的传感器示例

传感器	用途	放置位置	解释
压力传感器	● 乘客和驾驶员侧的安全气囊 ● 行人保护系统 ● 轮胎压力监测	● 车门 ● 前保险杠 ● 轮胎	● 检测因侧面碰撞造成的压力峰值 ● 检测行人碰撞（压力变化）并释放引擎罩以减少冲击 ● 提醒驾驶员轮胎压力下降
射频发射器和接收器	● 汽车巡航控制 ● 盲点检测 ● 自动紧急制动	多种位置	● 允许 / 管理巡航控制 ● 检测盲点中物体的存在 ● 紧急 / 碰撞时自动制动
气压式空气压力传感器	汽车座椅舒适系统	汽车座椅	提升汽车座椅中不同压力区域的舒适度
轮速传感器	车轮系统	车轮	● 测量每个车轮的速度 ● 当自动制动系统启动时，检测车轮是否阻塞
磁性角度传感器 / 线性霍尔传感器	● 身体动作 / 信息系统 ● 安全系统 ● 汽车动力传动系统	方向盘、雨刷器、电动座椅、发动机、变速箱	测量转向角度和扭矩

接下来讨论在汽车行业中某些传感器应用的详细信息。

电子助力转向系统（EPS）：助力转向系统为转向机制增加了控制能量，驾驶员不必花费太多力气来转动车轮。EPS 的各种组件中有磁性传感器、光学传感器或基于电感的传感器，这些传感器还用于电子稳定控制系统，如果车辆在转弯过程中打滑，那么该系统可自动控制制动器和发动机输出，调节自适应前灯，辅助保持车道。例如，当驾驶员驾驶车辆时，转向角传感器会向防抱死制动系统（ABS）发送信号。当处于弯曲的道路上时，汽车的内侧车轮比外侧车轮的转速慢。如果驾驶员转向不足，则前轮的牵引力会下降，导致车辆转向更宽，左右前轮之间的速度差会减小。如果驾驶员过度转向，则后轮的牵引力会下降，导致车辆旋转，左右车轮之间的速度差会增加。传感器向 ABS 模块发送数据，然后 ABS 模块应用制动器到对应的车轮上，并降低发动机功率以恢复稳定性 [16]。

所使用的传感器有转向扭矩传感器、转向角传感器和 EPS 电机位置传感器。

11.3.1　转向扭矩传感器

转向扭矩传感器 [17] 测量并记录驾驶员施加在旋转转向轴上的转向力 / 扭矩。由动力转向装置提供的转向辅助量的大小取决于所测量的扭矩。如图 11-6 所示，转向轴分为输入轴和输出轴，输入轴和输出轴之间由扭力杆隔开，扭力杆上配置了扭矩传感器；输入轴是从方向盘到扭矩传感器，输出轴从扭矩传感器到转向联轴器。

图 11-6　扭矩传感器安装在方向盘轴上

接触式扭矩传感器可以使用与方向盘轴或扭力杆接合的应变计 [18]。如图 11-7 所示，安装在 Wheatstone 电桥结构中的四个应变计（与扭矩轴线成 45°）提供了当驾驶员施加扭矩到方向盘时产生的剪应力的温度补偿措施。

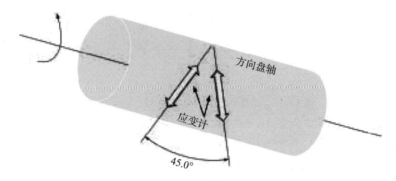

图 11-7　使用应变计检测转向扭矩

非接触式扭矩传感器使用磁性测量原理，如图 11-10 所示的是 Infineon 扭矩传感器示例。

这种扭矩传感器由转子（旋转）和定子（静止）组成。如图 11-8 所示的转子由固定在软铁磁轭上的多个磁体构成，并被固定在旋转输入转向轴上。

如图 11-9 所示，带齿的定子固定在扭力杆的另一端。

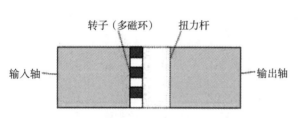

图 11-8　非接触式磁力矩传感器：转子位置

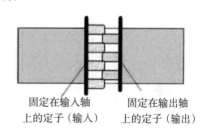

图 11-9　非接触式磁力矩传感器：定子位置

如图 11-10 所示，转子没入定子齿之间。转子上的磁铁与定子上的齿相配合。当转子旋转时，转子磁体在定子齿前方移动，从而在定子齿中产生磁通量变化。定子的外置圆盘集成各磁 - 齿耦合产生的磁通量。

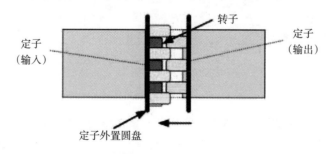

图 11-10　非接触式磁力矩传感器：转子和定子

磁体的角位置（以及因此转向）是定子齿中磁通量变化的线性函数，由位于转子 - 定子组件上的传感器来测量，如图 11-11 所示。

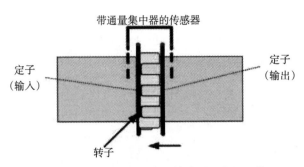

带通量集中器的传感器

定子
（输入）

定子
（输出）

转子

图 11-11　非接触式磁力矩传感器：完整组装

11.3.2　转向角传感器

　　转向角传感器用于测量方向盘位置角和转向率，放置在车辆的驾驶杆中。多个角度传感器可提供更多的数据验证。转向控制程序通常需要来自两个角度传感器的信号来确认方向盘位置。这些传感器主要基于光学、磁力学和电感工作原理。

　　图 11-12 显示了在感应式转向角传感器 [19] 中使用的概念。导体板附着在旋转转子上，转子的转动与方向盘转动成比例，导体区域随着方向盘的转动而变化，这将导致线圈感应的比例变化，因此线圈感应的变化对应于方向盘旋转角度。其中 L= 总电感、L_{COIL}= 线圈固有电感、M= 互感，这取决于导体板的面积、磁导率和板厚度。

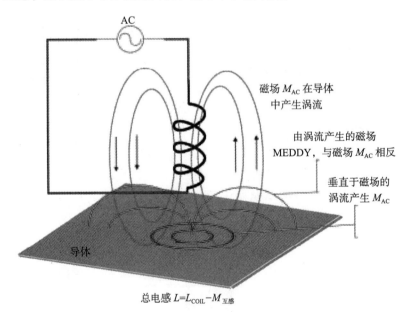

AC

磁场 M_{AC} 在导体
中产生涡流

由涡流产生的磁场
MEDDY，与磁场 M_{AC} 相反

垂直于磁场的
涡流产生 M_{AC}

导体

总电感 $L=L_{COIL}-M_{互感}$

图 11-12　感应式转向角传感器

　　如图 11-13 所示的是数字转向角传感器 [20-21]，该传感器使用导向光发射器和安装在旋转转向轴 / 车轮上的不同孔径的圆盘。盘上的每个孔径大小都可以对应一个角度。光学传感器或传感器阵列位于圆盘的另一侧。传感器 / 传感器阵列根据旋转盘上孔径大小的不同程度来进行光中断的测量。传感器输出数字方波信号，其频率取决于转轮速度。因此，传感器可以根据脉冲宽度确定实际旋转角度 α（从参考位置零（参考标记）起，带有一定分辨率）。多次检测可以通过软件来处理，该软件可以统计在同一旋转方向上检测到参考标记的次数。这种

数字传感器也被称为"非接触式传感器"。

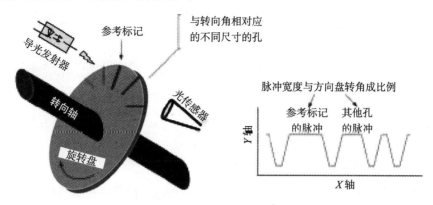

图 11-13　光学方向盘转角传感器

转向角传感器 [22] 也可以使用具有不同齿的齿轮来实现。利用两个角度传感器测量具有不同齿的齿轮的角度位置，然后用游标原理来计算方向盘的绝对位置。

11.3.3　助力转向电机位置传感器

在 EPS 中，无刷直流（DC）电机 [23] 用于驱动连接到转向轴或转向齿条的齿轮。将直流电机 / 发电机绕组中的交流电转换为直流的过程称为换向（commutation）。无刷直流电机利用位置传感器和电子开关对绕组进行电子换向。

如图 11-14 所示，永磁体安装在转向轴上。传感器检测旋转磁体的位置，当旋转磁体在传感器表面移动时，传感器改变其状态并将轴的角位置传递给传感器数据处理电路。处理电路分析传感器数据，并产生适量的辅助励磁 / 电流和绕组极性。绕组极性交替，因此产生相对于轴位置旋转的效果。绕组与转子永磁体的磁场发生反应，以产生所需的扭矩。

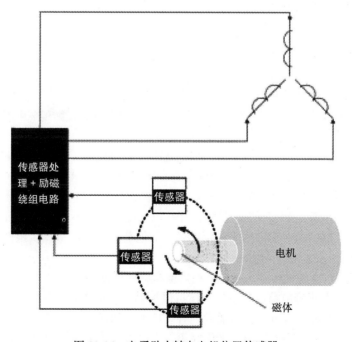

图 11-14　电子助力转向电机位置传感器

表 11-3 列出了传感器的其他一些工业应用。

表 11-3 传感器的工业应用

传感器	用途	放置示例	传感器	用途	放置示例
电流传感器	● 太阳能板系统 ● 电机电流检测	太阳能板	速度传感器	● 风速传感系统 ● 齿轮速度传感系统	● 风车 ● 火车 ● 工厂输送机
压力传感器	● 气压传感 ● 气动传感	● 风车 ● 工厂机器	磁性传感器	智能测量，接近传感	● 工厂阀门控制 ● 工厂 / 家用仪表

11.4 传感器在能量收集中的应用

典型的传感器子系统可以包含用于温度、压力或湿度，以及微控制器和通信接口的传感器。这些系统的电力 / 能源供应可以通过电池来处理。移动计算设备（如智能手机）的数量急剧增加，但目前的电池技术无法为这些设备提供令人满意的续航时间。有些传感器子系统部署在很难更换电池的位置，而这些电池的寿命有限，因此成为一个需要解决的问题。电池重量和尺寸也是其在移动计算和物联网应用中使用的限制因素。在这种情况下，通过使用能量收集来解决电池更换和管理问题是比较好的方法。

能量收集是从外部来源（如太阳辐射、风能、机械和热源）获取能量，并将其存储在用于移动计算或传感器子系统中的自治设备和传感器的过程。

能量收集可以减少移动计算或传感器系统的重量和体积、增加电池的固有使用寿命、降低维护成本（如电池更换成本），还可以启用新的传感用例（如"始终开启"传感）。

从这些能源中收集的能量是有限且可变的。因此，能量收集系统需要有一个高效的电源管理系统，该系统可以根据用户的电源需求和可用能量来调节。这种电源管理系统的主要目标是优化收集的能量与供应给传感器子系统或移动计算设备的能量之间的能量效率。

11.4.1 能量收集系统的组成

如图 11-15 所示，能量收集系统的主要组成部分是能量源 / 收集器、能量转换器和电源管理系统[24]。能量收集器的主要目的是从可用的能量源捕获少量能量并将其提供给能量转换器，能量转换器随后可以输出对移动设备或传感器子系统有用的能量 / 电力。

能量收集材料[25-26]类型有：

- **压电材料**：这些材料 / 晶体能够将材料 / 晶体（如石英和钛酸铅）中因机械应变、约束或形变而累积的电荷转换成电能。一些机械应变 / 压力可能来自振动、噪声或运动。
- **热电材料**：这些材料 / 晶体能够将材料 / 晶体（如碲化铋（Bi_2Te_3）和碲化铅）中的温度梯度转换成电压。如果在材料 / 晶体上存在恒定的温度梯度，则可以产生恒定电压。
- **热释电材料**：这些材料 / 晶体能够将材料 / 晶体（如电气石或氮化镓（GaN））的温度变化转化为电荷。如果材料 / 晶体内存在恒定温度，则不产生电荷。
- **光伏材料**：这些材料能够将光或辐射转换成电荷。用于制造光伏组件的材料有硅、铜铟硒（CIS）和碲化镉（CdTe）。
- **静电材料**：当这些材料在与其他某些表面接触而后分离（摩擦电效应或静电感应）时，能够在表面上积聚电荷。累积的电荷可以被释放，并作为电能使用。

能量可被收集的能源可分为机械能源、辐射能源和热源。机械能可以通过压电、电磁和静电收集器来收集，辐射能可以通过光伏收集器来收集，热能可以通过热电收集器来收集。

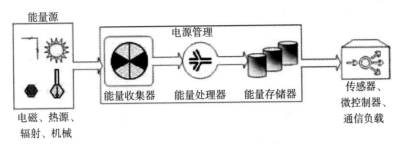

图 11-15　能量收集系统的构成

从能量收集源产生的能量可以有很大的范围，有时它可能不产生电力或产生不可用的电力，而有时它又可以产生很大的电力，可能损坏电子部件或电路。因此，需要一个电源管理系统，通过适当的能量处理、节省和存储来减少不可预知的电源问题。

11.4.2　Net-Zero 能源系统

Net-Zero 能源系统（NZS）[27] 是自主执行情境感知或监控，并收集和处理情境数据，再将其发送到云端的电子设备 / 系统。这些系统不需要外部电池、外部电源或充电，而是通过收集的环境能量自主运行。

如图 11-16 所示，NZS[28] 可以具有与图 11-15 中所讨论的相同的构成组件。它具有能量收集器、触发器子系统、电源管理子系统以及传感器、微控制器和通信设备，以在需要时将数据发送到云端。接下来简要描述这些组件。

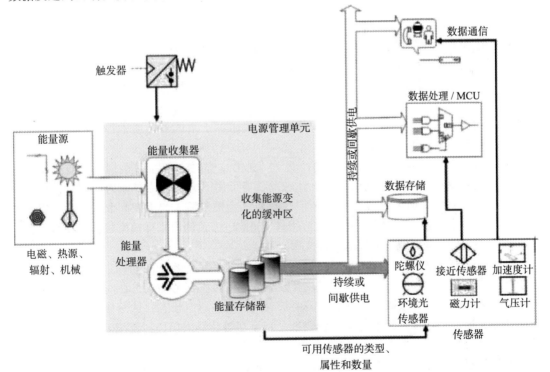

图 11-16　Net-Zero 能源系统

触发器：NZS 的数据传感、处理和通信功能可以根据应用需要通过触发器来激活。当受控参数发生外部变化（如环境光线、压力、温度、运动等变化），或者当电源管理单元指示有足够的能量运行 NZS 时，触发器被激活。基于能量收集源的应用和类型，触发器[28]可以是周期性的、机会性的或基于事件的。

- 如果需要定期采集传感器样本，并从能源中获得可预测的能量，则可以使用周期性触发器。如果电源管理单元没有足够的能量以周期性的速度运行一个或多个所需的传感器，则会丢失一些传感器样本（如果处于间歇性或无功率范围，如图 11-17 所示）。

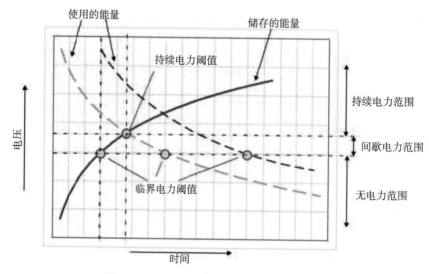

图 11-17　Net-Zero 能源系统中的电力可用性

- 当电源管理单元没有足够的电能存储，并且只能间歇性地向传感器子系统供电时（如果它处于如图 11-17 所示的间歇功率范围内），可使用机会性触发器。当电力存储达到临界电力阈值以上时，传感器子系统就会按照间歇性电力条件所允许的采样速率运行。如果电力存储高于持续电力阈值，则传感器子系统可以按照电源管理单元允许的较高采样速率运行。在这种情况下，传感器子系统采样速率甚至可能比传统的非能量收集 / 电池供电系统更快。
- 当有外部事件发生时（如用户情境更改 / 变化），使用基于事件的触发器。电源管理单元将继续存储能量直到发生事件触发。当可用电力低于临界电力阈值时，如果发生事件触发，那么传感器子系统 / MCU 将不会被激活。如果在间歇或持续电力范围内发生事件触发，则可根据电力可用性（间歇电力范围内采样速率较低，持续电力范围内采样速率较高）来调整采样速率。

传感监测子系统：为 NZS 选择传感器前，应仔细考虑传感器的功率、采样速率和延迟要求。在接收到电力和准备采样之间有较高唤醒延迟的传感器可能无法在间歇电力范围内正常工作，因为如果延迟较高，传感器将需要长时间保持在通电状态，从而导致更高的存储电力使用率，这会进一步导致电力可用性降低，甚至在传感器采集任何情境 / 数据之前，传感器的电源就会被切断（参考图 11-17 中的电力可用性范围）。

数据管理 / 通信：来自传感器子系统的数据可以被存储，由 MCU 处理，或根据应用需求发送到云端。

- 对于实时应用，传感器数据将在采样后立即传输到云端或其他输出系统。电源管理单元需要在持续电力范围内保证电力，以便传输数据。

- 对于非实时且仅在临界阈值时间（该应用必须接收数据）之前需要某些数据的应用，则可以存储采样的传感器数据，直至达到临界阈值时间。电源管理单元将继续累积电力（通过关闭各种子系统）直到开始数据传输，此时它将打开通信子系统或处理子系统的电源。

电源管理系统：电源管理系统使用能量收集设备／电路来收集各种来源（如机械、辐射、电磁或温度）的能量，按照系统要求将收集到的能量进行 AC-DC 处理，并将处理后的能量存储在电力储存装置（例如寿命较长的固态电池）中。根据能量收集源的特性，电源管理单元可为 NZS 的传感器、触发器、通信、处理和存储子系统提供持续电力（始终可用的电力）或间歇电力。电源管理单元将启用一定数量和类型的传感器，并根据可用电力调整其采样速率。例如，当处于间歇模式时，它将仅启用有限数量的传感器，且不会启用那些需要连续采样或高功率的传感器。

图 11-16 显示了一个基本的电源管理架构 [24]，其中包含三个组件：能量收集器、能量处理器和能量存储器。

图 11-18 显示了一个略微改进的多路径电源管理架构，该架构会根据能量收集源的特性进行调整。在能量源是持续的且足够大的情况下（例如白天的太阳能），电源管理单元将收集能量并直接提供能量（或通过电容器之类的简单小型存储装置提供能量）到 NZS 的各个子系统。如果能量源是间歇性或较小量级的，那么电源管理单元会将能量存储在固态电池这样较大且寿命较长的存储器中，再向有需要的子系统供电。其他情况下，如果子系统不需要电力并且存在剩余电力，或者当小型存储装置充满电时，无论能量源特性如何（持续还是间歇、较小还是充足），能量都将被存储在长寿命存储设备中，并通过小型存储器供应给子系统（如电容器完全充电并且不能再接受任何电荷时）。

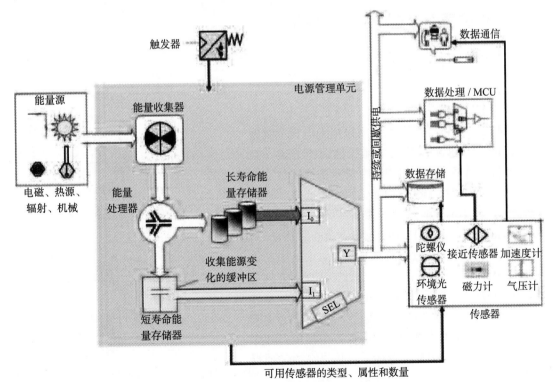

图 11-18　Net-Zero 系统多路径电源架构

11.4.3 能量收集的医学应用 [29]

使用锂电池的起搏器、输液泵和其他植入式设备每隔几年就需要更换一次电池。这种电池需要进行手术更换，导致维护成本增加且给患者带来不便。如果能量采集机制可用于这种植入物，那么它将对患者十分有益。

用于植入物的小型能量收集装置（也称为纳米收集器（NH））采用无毒材料制造。这些纳米收集器可以使用机械能（通过人体运动、肌肉运动或血流产生）基于压电、热电或电磁效应来产生所需的能量。

使用压电或热释电材料制造的纳米收集器可在身体肌肉的运动导致压电效应时为植入物生成所需的能量。人体关节为这类压电纳米收集器提供了一个很好的场所。随着心脏跳动而弯曲的压电条可为起搏器产生所需的电力，同样，静脉中的搏动可用于生成血压监测植入物所需的电力。

使用电磁装备时，将磁体植入体内，线圈放置在身体外部。当线圈被激励时，体内的磁体会处于一个旋转的磁场，从而触发体内的纳米收集器。

采用热电材料制造的纳米收集器可用于挖掘人体内部与皮肤外层之间的温度梯度。

采用热释电材料制造的纳米收集器可以通过血液和皮下组织之间的温差所产生的能量来为胰岛素输液泵提供动力。

因此，能量收集器可以从人体各个部位（如心脏和关节）的运动（如步行、骑自行车、手臂运动和呼吸）以及特性（如温度和压力）中收集能量。这种纳米收集器为无电池植入物和医疗设备带来了革新与未来，可以增加患者的便利并降低医疗维护成本。因此，这是发展和利用能源收集技术的一个非常有前景的领域。

11.5 传感器在健康产业中的应用

用户越来越多地使用移动设备、智能手机和相关的健康应用来监测他们的健康状况。随着移动设备和智能手机的普及，用户开始使用各种新的健康监测应用，一些示例如下。

11.5.1 心率监测

智能手机中的心率监测应用采用光电容积脉搏波描记法 [30]，这是一种获得体积描记器的光学技术。体积描记器是衡量组织微血管床中血容量变化的方法。为了使用光电容积描记术测量心率，用户需要将手指放在智能手机摄像头 [31] 上（同时覆盖LED 和摄像头，如图 11-19 所示）。当心脏跳动时，它会通过身体发出一股血液脉冲，导致皮肤中的微小毛细血管扩张。从智能手机强大的 LED 闪光灯发出的光线穿过手指，由心跳引起的血量变化导致的照明 / 颜色变化会被摄像头（充当光学传感器）检测到。在使用该技术计算心率时会考虑手指压力和影像的色彩饱和度。因此，智能手机可以在指尖捕捉心率波动。

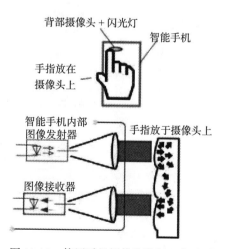

图 11-19 使用手机摄像头进行心率监测

11.5.2 健康检测

移动设备 / 智能手机具有内置传感器，可用于检测用户的跌倒和静止，并向紧急联系人、医院发送警报，甚至可以拨打紧急热线。由加速度计采样的加速度数据可以由移动设备的处理器处理，以进行跌倒检测[32-33]。但是，某些其他日常活动（如快速坐下或跳跃）也会导致相当大的垂直加速度，这可能引发虚假的跌倒警报。因此，不仅依靠加速度，身体方位信息也用于检测跌倒。可以使用倾斜传感器来监测身体方位，或者使用两个加速度计来监测倾斜和倾斜速度，也可以使用陀螺仪（例如放置在胸骨处的陀螺仪）来测量角速度、角加速度和胸部角度变化以检测跌倒。

图 11-20 显示了三轴加速度计和三轴陀螺仪在人体上的位置。一组传感器可以附着于胸部，另一组附着于大腿。

跌倒检测步骤包括活动强度分析、姿势分析和转换分析。

图 11-21 显示了跌倒检测流程。

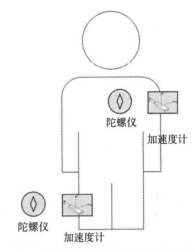

图 11-20 用于跌倒检测的传感器的放置位置

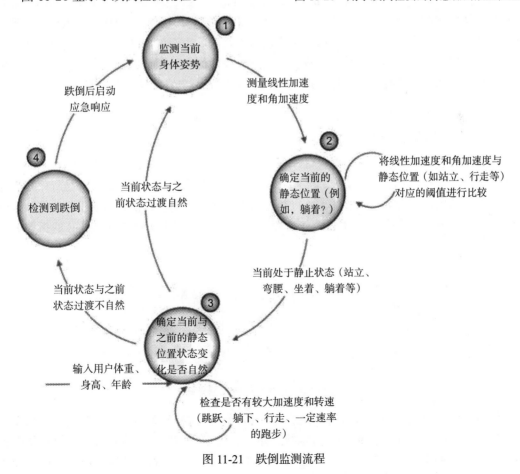

图 11-21 跌倒监测流程

第一阶段涉及识别当前时间的用户姿势。在附着于用户的节点处获取传感器读数以确定用户当前是否具有静态或动态姿势。如果图 11-20 中显示的节点可以测量胸部和大腿的线性加速度和转动速率，则可以用以下公式表示：

$$胸骨处线性加速度为 \ \alpha_A = \sqrt{\alpha_{Ax}^2 + \alpha_{Ay}^2 + \alpha_{Az}^2}$$

$$大腿处线性加速度为 \ \alpha_B = \sqrt{\alpha_{Bx}^2 + \alpha_{By}^2 + \alpha_{Bz}^2}$$

$$胸骨处转动速度为 \ \omega_A = \sqrt{\omega_{Ax}^2 + \omega_{Ay}^2 + \omega_{Az}^2}$$

$$大腿处转动速度为 \ \omega_B = \sqrt{\omega_{Bx}^2 + \omega_{By}^2 + \omega_{Bz}^2}$$

如果从传感器读数和相应公式中获得的线性加速度和转速低于某个阈值，则用户可以被分类为处于静态姿势（在静态姿势中这些参数的幅度较小），但如果超过阈值范围，则被分类为动态姿势。

在静态姿势下，胸部和躯干的线性加速度将接近引力常数 $1.0g$。根据胸部和大腿的倾斜角度，静态姿势可分为站立、弯腰、坐姿和卧姿。流程的第二阶段将识别用户处于哪一种静态姿势。

第三阶段将识别过渡到上述静态姿势的过程是否自然。跌倒被定义为从任何其他用户姿势非自然过渡到躺卧的过程。跌倒和其他高强度活动（跳跃、跑步、快速上下楼梯等）都具有较高的加速度和转速。如果加速度和角速度的峰值高于预定阈值，则从先前用户位置到当前卧位的过渡被认为是非自然的，监测结果显示为跌倒。用于识别跌倒的预定阈值受用户年龄、身高、体重和其他相关参数的影响。跌倒可能是前倾、后倾、右倾或左倾。当检测到跌倒时，移动设备 / 传感器可以发送警报（如发送给基站），然后计算机可以采取必要的行动，例如通知急救中心。

11.5.3　光纤健康传感器

如图 11-22 所示，使用光纤布拉格光栅（FBG）的光纤传感器，提供绝对波长测量，该测量取决于作用在传感器上的应变和温度效应。分布式布拉格反射器是通过在光纤中产生光纤芯折射率的周期性变化来构造的，使得其充当内联光学滤波器，仅阻挡或反射特定波长的光并透射所有其他光。可以使用强紫外光源（如紫外线激光器），使进入光纤芯的折射率产生变化。

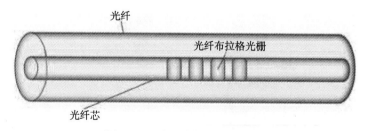

图 11-22　光纤布拉格光栅光纤

使用 FBG 的传感器不受整个系统光照水平的影响。这种传感器可用于监测糖尿病患者足底的压力 [34]。脚在支撑人体的同时也帮助跑步、行走和站立。形成足弧的几块骨骼在各种活动中吸收冲击，在适应不平坦的地面时提供灵活性。骨骼周围覆盖有肌肉、神经和血管。糖尿病患者可能会因神经损伤和糖尿病引发的相关疾病而出现各种足部问题。患者在日常活动中可能无意使脚的某个特定区域承受过大压力，使得脚跟容易发炎和受伤。不正确的站姿也会导致足底溃疡，如果情况严重且没有及时解决，则可能有截肢的风险。

基于 FBG 的足部压力传感器可以帮助测量患者足部的压力分布，并确定关键点所承受的力的大小。凭借这些信息，医学专家可以帮助纠正患者的行走、跑步或站立姿势，以便减小足部受损的概率。收集的传感器信息还可以为个别患者设计矫形鞋，或者为运动员提供运动医学相关的帮助。

11.6 参考文献

[1] EE Herald online article, Design guide.
[2] Azuma R. Augmented reality systems.
[3] Singh M, Singh MP. Augmented reality interfaces, Natural web interfaces.
[4] Ramdas CV, Parimal N, Utkarsh M, Sumit S, Ramya K, Smitha BP. Application of sensors in augmented reality based interactive learning environments.
[5] Fukayama A, Takamiya S, Nakagawa J, Arakawa N, Kanamaru N, Uchida N. Architecture and prototype of augmented reality videophone service.
[6] Total Imersion, Top 10 Augmented Reality Use cases.
[7] Perdue T. Applications of augmented reality, Augmented reality is evolving as computing power increases, updated June 9, 2014.
[8] Hol JD, Schön TB, Gustafsson F, Slycke PJ. Sensor fusion for augmented reality.
[9] Cai Z, Chen M, Yang L. Multi-source information fusion augmented reality, Benefited decision-making for unmanned aerial, Vehicles, A effective way for accurate operation.
[10] Göktoğan AH, Sukkarieh S. An augmented reality system for multi-UAV missions.
[11] Boger Y. What you should know about Head Trackers, The VRguy's Blog.
[12] Taskinen M, Lahdenoja O, Säntti T, Jokela S, Lehtonen T. Depth sensors in augmented reality solutions.
[13] Marin G, Dominio F, Zanuttigh P. Hand gesture recognition with jointly calibrated leap motion and depth sensor.
[14] Dominio F, Donadeo M, Zanuttigh P. Combining multiple depth-based descriptors for hand gesture recognition.
[15] Infineon. Sensing the world Sensor solutions for automotive, industrial and consumer applications.
[16] Chess T. Understanding 'Yaw Rate' and the 'Steering Angle Sensor.'
[17] Bosch Mobility Solutions. Torque sensor steering, Steering systems—Sensors.
[18] Applied Measurements Ltd. Torque transducers & torque sensors explained.
[19] Furukawa Review, No. 30 2006. High-resolution steering angle sensor.
[20] Hamamatsu website. Steering angle sensor.
[21] Methode Electornics. Inc. Optical.
[22] Application note. Electric power steering (EPS) with GMR-based angular and linear hall sensor, October 2008.
[23] Honeywell. Application Note: Magnetic position sensing in brushless DC electric motors.
[24] Christmann JF, Beigné E, Condemine C, Willemin J, Piguet C. Energy harvesting and power management for autonomous sensor nodes.
[25] IOP Institute of Physics. Types of energy harvesting materials.
[26] Yildiz F. Potential ambient energy-harvesting sources and techniques.
[27] Grady S, Zero Power Wireless Sensors Energy. Harvesting-based power solutions.
[28] Campbell B, Dutta P. An energy-harvesting sensor architecture and toolkit for building monitoring and event detection.
[29] Paulo J, Gaspar PD. Review and future trend of energy harvesting methods for portable medical devices. In: Proceedings of the world congress on engineering 2010

Vol II WCE 2010, June 30—July 2, 2010, London, UK.

[30] Pappas S. The best heart rate monitor apps, January 30, 2015.

[31] Parra L, Sendra S, Jiménez JM, Lloret J. Multimedia sensors embedded in smartphones for ambient assisted living and e-health.

[32] Chen J, Kwong K, Chang D, Luk J, Bajcsy R. Wearable sensors for reliable fall detection.

[33] Li Q, Stankovic JA, Hanson M, Barth A, Lach J, Zhou G. Accurate, fast fall detection using gyroscopes and accelerometer-derived posture information.

[34] Soh C-S, Yang Y, Bhalla S, Suresh R, Tjin SC, Hao J. Smart materials in structural applications of fiber Bragg grating sensors health monitoring, control and biomechanics, Chapter 11.